国防科技图书出版基金

火炸药技术系列专著

改性双基推进剂性能计算模拟

Performance Calculation and Simulation of Composite Modified Double Base Propellant

赵凤起　徐司雨　李　猛　高红旭　姚二岗　编著

国防工业出版社

·北京·

图书在版编目(CIP)数据

改性双基推进剂性能计算模拟/赵凤起等编著. —北京：
国防工业出版社,2015.1
ISBN 978-7-118-09952-2

Ⅰ. ①改… Ⅱ. ①赵… Ⅲ. ①改性双基推进剂—
性能—计算—模拟 Ⅳ. ①V512

中国版本图书馆 CIP 数据核字(2015)第 009326 号

※

国防工业出版社出版发行

（北京市海淀区紫竹院南路 23 号　邮政编码 100048）
北京嘉恒彩色印刷有限责任公司
新华书店经售

*

开本 710×960　1/16　印张 15¾　字数 298 千字
2015 年 1 月第 1 版第 1 次印刷　印数 1—2000 册　定价 89.00 元

（本书如有印装错误,我社负责调换）

国防书店：(010)88540777　　　发行邮购：(010)88540776
发行传真：(010)88540755　　　发行业务：(010)88540717

致 读 者

本书由国防科技图书出版基金资助出版。

国防科技图书出版工作是国防科技事业的一个重要方面。优秀的国防科技图书既是国防科技成果的一部分，又是国防科技水平的重要标志。为了促进国防科技和武器装备建设事业的发展，加强社会主义物质文明和精神文明建设，培养优秀科技人才，确保国防科技优秀图书的出版，原国防科工委于 1988 年初决定每年拨出专款，设立国防科技图书出版基金，成立评审委员会，扶持、审定出版国防科技优秀图书。

国防科技图书出版基金资助的对象是：

1. 在国防科学技术领域中，学术水平高，内容有创见，在学科上居领先地位的基础科学理论图书；在工程技术理论方面有突破的应用科学专著。

2. 学术思想新颖，内容具体、实用，对国防科技和武器装备发展具有较大推动作用的专著；密切结合国防现代化和武器装备现代化需要的高新技术内容的专著。

3. 有重要发展前景和有重大开拓使用价值，密切结合国防现代化和武器装备现代化需要的新工艺、新材料内容的专著。

4. 填补目前我国科技领域空白并具有军事应用前景的薄弱学科和边缘学科的科技图书。

国防科技图书出版基金评审委员会在总装备部的领导下开展工作，负责掌握出版基金的使用方向，评审受理的图书选题，决定资助的图书选题和资助金额，以及决定中断或取消资助等。经评审给予资助的图书，由总装备部国防工业出版社列选出版。

国防科技事业已经取得了举世瞩目的成就。国防科技图书承担着记载和弘扬这些成就，积累和传播科技知识的使命。在改革开放的新形势下，原国防科工委率先设立出版基金,扶持出版科技图书,这是一项具有深远意义的创举。此举势必促使国防科技图书的出版随着国防科技事业的发展更加兴旺。

设立出版基金是一件新生事物,是对出版工作的一项改革。因而,评审工作需要不断地摸索、认真地总结和及时地改进,这样,才能使有限的基金发挥出巨大的效能。评审工作更需要国防科技和武器装备建设战线广大科技工作者、专家、教授,以及社会各界朋友的热情支持。

让我们携起手来,为祖国昌盛、科技腾飞、出版繁荣而共同奋斗!

国防科技图书出版基金

评审委员会

序

火炸药包括枪炮发射药、推进剂和炸药,是陆、海、空、二炮武器装备实现"远程打击、高效毁伤"的动力能源、威力能源,是武器装备的重要组成部分,是大幅度提高武器装备作战效能最直接、最根本的源泉所在。武器装备的需求,有力促进了火炸药技术的发展;而火炸药的创新发展,又推动了武器装备的更新换代,甚至促使战争模式发生革命性变化。瑞典国防研究院一位专家曾说过:在现有基础上,使武器弹药的威力提高3倍以上时,武器装备的品种和战争模式将发生革命性变化,届时,战场上的毁伤与防护将出现不对称,占有技术和装备优势的一方,将完全占据战争的主动权。

我国火炸药行业经过几十年奋斗,从仿制走向自行研制,至今已形成一定规模的火炸药科研生产体系,为国防科技和武器装备发展做出了重要贡献。近十年来,在总装备部和国防科工局亲切关怀和领导下,火炸药行业技术进步取得令人瞩目的成绩,获得了大量创新性科研成果。

在国防工业出版社的大力支持下,我们开展《火炸药技术系列专著》的编著,目的是反映近十年来火炸药行业构建自主创新平台,加强与前沿技术交叉融合,努力提高自主创新能力等取得的丰硕成果。系列专著将充分展示这些成果的科学技术水平,体现火炸药及相关学科扎实的理论、新颖的学术思想和显著的技术创新。火炸药技术系列专著的出版,将为加强科学发展观的实践,为国防科技和武器装备发展,为科技人才培养做出贡献。

《火炸药技术系列专著》包括以下内容:

1. 先进火炸药设计与制备的理论和实践;
2. 火炸药装药设计与工艺理论及应用技术;
3. 火炸药用新型含能材料与功能材料技术;
4. 火炸药绿色制造与数字化工艺技术;
5. 新概念火炸药技术;
6. 火炸药燃烧爆炸基础理论与基础技术;

7. 火炸药性能测试与评估技术；

8. 废弃火炸药的处理与再利用技术。

上述内容，将充分反映著作者近年来在相关领域的最新科研成果，突出先进性和创新性；同时针对性地参考和引用国内外相关研究领域的最新科研动态，特别注重与相关化学、物理学、弹道学、材料力学、测试学、空气动力学、生物学、光学等学科的交叉融合，系统地、全面地描述当今火炸药科学与技术发展的最新研究成果，预测未来新军事变革和信息化战争对火炸药技术的需求、火炸药技术的发展趋势和应用前景。这些专著是火炸药专业人员和相关专业科技人员、管理人员的重要参考书和必备的火炸药学术著作。

总装备部火炸药技术专业组
2010 年 3 月

序

改性双基推进剂是近三十年逐渐发展起来成为战术火箭导弹发动机主要动力源的一种高性能推进剂，是未来战术火箭导弹的首选品种，已在国内外地空导弹、舰空导弹、反坦克导弹、空地导弹和火箭中获得了广泛应用。研究者们对改性双基推进剂的能量、燃烧、特征信号等性能开展了广泛而深入的研究，但对于该类推进剂主要性能计算模拟，目前国内外尚无一部系统性的专著。

燃烧与爆炸技术重点实验室从 2000 年就开展了改性双基推进剂能量性能优化及燃烧性能计算研究，并于 2009 年在火炸药基础产品创新项目中，承担了有关"推进剂仿真设计技术研究"方面的课题，对固体推进剂性能计算开展了系统研究。

十余年来，重点实验室研究团队在此领域内紧密协作，共同努力，在改性双基推进剂配方研制、性能调节等方面突破了多项关键技术，开发了固体推进剂主要性能优化设计软件，并结合多个固体推进剂型号研制和预研项目进行了应用，为这些项目的推进剂性能优化发挥了重要作用；为新型固体推进剂配方的设计，提供了准确、直观、操作方便的模拟计算软件。

本书内容十分丰富，总体结构层次分明，理论严谨，计算模拟方法科学新颖，体现了对多学科多内容的高度融合。其主要以作者们多年来在改性双基推进剂计算模拟领域的理论研究成果和武器装备对改性双基推进剂的实际应用需求为重点，系统全面地介绍了改性双基推进剂在能量性能、燃烧性能、特征信号性能、力学性能以及贮存性能方面的模拟计算工作，是改性双基推进剂计算模拟领域具有重要理论价值和应用前景的学术专著，反映了计算模拟技术在改性双基推进剂应用方面的发展水平，对系统掌握改性双基推进剂的计算模拟技术具有重要的指导价值。这为提升目前固体推进剂设计水平、实现由经验型设计向科学化设计的转变，奠定了坚实的理论基础，并为减少重复劳动、缩短研制周期和降低研制成本，提供了强有力的技术支撑。

原燃烧与爆炸技术
重点实验室学术委员会主任
2014 年 12 月

前　言

固体火箭发动机由于其结构简单、体积紧凑、工作可靠、操作简便、使用安全和能够长期贮存等优点,因而被广泛地用作各类战术、战略导弹的动力装置。固体推进剂作为固体火箭发动机的动力能源,主要分为双基、改性双基、复合以及NEPE推进剂。改性双基推进剂是在双基推进剂和复合推进剂技术的基础上发展起来的一种推进剂,它是双基推进剂和复合推进剂互相结合的产物,是固体推进剂的一个重要品种,具有很高的能量和密度,常被应用在某些对固体推进剂性能要求较高的火箭发动机中。

固体推进剂性能计算模拟作为固体火箭发动机仿真设计的重要工作,对提升推进剂性能水平具有重要意义。由于固体推进剂的计算模拟涉及不同品种、不同性能等多方面的内容,本书重点介绍了改性双基推进剂在能量性能、燃烧性能、特征信号性能、力学性能以及贮存性能方面的计算模拟结果,反映了计算模拟技术在改性双基推进剂应用方面的发展水平,对系统掌握改性双基推进剂的计算模拟技术具有重要的指导作用。

本书共分7章,依据推进剂产品从自身性能到满足使用要求的主线,分章对不同性能进行了系统阐述。第1章主要介绍改性双基推进剂的组成、主要性能以及最新研究进展,并概述了改性双基推进剂性能计算模拟的重要意义。第2章重点介绍了改性双基推进剂在能量性能方面的特性,分别从能量特性参数、能量计算原理以及计算方法方面进行了系统阐述,同时对含新材料的改性双基推进剂的能量性能进行了示例介绍。第3章介绍了改性双基推进剂在燃烧性能方面的计算模拟研究,重点从推进剂燃烧机理出发,通过建立计算模型获得了推进剂的燃速特性。第4章介绍了改性双基推进剂的特征信号性能,分别从特征信号的概念、计算模型以及计算分析等方面进行了详细阐述。第5章从力学性能模型、性能预估以及装药结构完整性方面重点介绍了改性双基推进剂在力学性能计算模拟方面的内容。第6章系统研究了改性双基推进剂的热安全性能,分别从热安全性理论、模型,改性双基推进剂的热安全性能参量计算流程以及典型改性双基推进剂的热安全性参量计算方面进行了详细叙述。第7章阐述了改性双基推进剂的贮存性能,分别从改性双基推进剂的热分解特性、老化机理、安定剂变化规律以及基于实验结果的贮存寿命预估等方面进行了重点介绍。

值此书稿完稿之际,适逢燃烧与爆炸技术重点实验室成立运行20周年,特编著此书以表纪念。在推进剂性能计算模拟方面,燃烧与爆炸技术重点实验室成立运行之初,即开展火炸药仿真设计试验平台建设方面的工作,通过不断创建积累推进剂数据库,编制能量性能、燃烧性能和力学性能等方面的计算模拟软件,逐渐形成了从原材料的选取、推进剂配方设计到性能优化的综合试验设计平台。

本书的完成也来自于各方面的支持及悉心帮助。在此,作者特别感谢总装备部国防重点实验室基金和国家国防科工局的项目资助。同时感谢国防科工局李红巡视员,张沅处长,中国兵器工业集团公司科技部黄辉处长、冯雪艳副处长,北京理工大学谭惠民、罗运军、张同来、王宁飞教授,南京理工大学李凤生、宋洪昌、芮筱亭、居学海教授,中北大学肖忠良教授,深圳大学田德余、洪伟良、贵大勇教授,西北大学赵宏安、谢钢、徐抗震教授,西安近代化学研究所李上文、胡荣祖、郝仲璋、张晓宏、樊学忠、衡淑云、蔚红建、孙美研究员;罗阳、王国强、韩芳、宋秀铎、仪建华、李吉祯、付小龙副研究员,以及西安近代化学研究所领导对本书编著的大力支持和悉心帮助。

由于作者水平有限,书中难免存在一些错误和不足之处,敬请读者批评指正。

编著者
于西安近代化学研究所
燃烧与爆炸技术重点实验室
2014 年 12 月

目　　录

Contents

Chapter 4　Signature properties ⋯⋯⋯⋯⋯⋯⋯ 101

第1章 绪 论

1.1 概 述

在固体推进剂的发展过程中,改性双基推进剂是20世纪50年代后期在双基推进剂(Double Base Propellant)和复合推进剂(Composite Propellant)技术的基础上发展起来的一种新型推进剂,它是双基推进剂和复合推进剂互相结合的产物,是推进剂的一个重要品种[1-5]。

双基推进剂是以硝酸酯(通常为丙三醇三硝酸酯,俗称硝化甘油)和纤维素硝酸酯(也称硝化纤维素,当以棉纤维为原料时,俗称硝化棉)为主要组分,添加一定量功能添加剂组成的一种均质推进剂。复合推进剂是一种以高分子黏合剂为基体,添加氧化剂、燃烧剂等固体填料制成的异质推进剂。为克服双基推进剂能量低和力学性能不理想、装药直径受挤压机能力限制等缺点,在双基推进剂中加入提高能量的固体组分(如氧化剂高氯酸铵、高能硝胺炸药和金属燃料铝粉等),或引入交联剂使黏合剂大分子硝化纤维素形成一定的空间网络,从而获得能量、力学性能上显著提高的一种推进剂,即改性双基推进剂。该推进剂在组成或结构上呈现了复合推进剂所具有的多相复合物的性质,属异质推进剂。

改性双基推进剂可分为两种类型,一种是复合改性双基(Composite Modified Double Base,CMDB)推进剂,另一种是交联改性双基(Cross-linked Modified Double Base,XLDB)推进剂,有的国家所称的复合双基(Composite Double Base,CDB)推进剂也属于XLDB推进剂的范畴。CMDB推进剂是以硝化纤维素和硝化甘油塑溶胶为黏合剂,加入氧化剂、高能炸药和金属燃料及其他添加剂所形成的一种不交联的固体推进剂。在CMDB推进剂的组分中,最基本的组分是硝化纤维素和硝化甘油,还有高氯酸铵、铝粉和硝胺炸药,后三者视不同CMDB推进剂品种,其加入与否或用量多少有所不同,目前广泛应用的有RDX(或HMX)-CMDB推进剂、AP-CMDB推进剂、RDX-Al-CMDB推进剂等。XLDB推进剂是在CMDB推进剂中引入交联剂而形成的一种交联固体推进剂,它既保持了

1

CMDB推进剂的能量水平,也使其力学性能,特别是低温延伸率获得明显提高,成为改性双基推进剂的一个新品种。此外,根据对推进剂性能的不同要求,改性双基推进剂也可分为高能改性双基推进剂、高燃速改性双基推进剂、低特征信号改性双基推进剂、低感改性双基推进剂等。

改性双基推进剂可以采用多种工艺技术制造,最常用的是无溶剂法挤出成型工艺和浇铸法制造工艺。改性双基推进剂的无溶剂法挤出工艺是指在硝化纤维素中加入硝化甘油(或硝化二乙二醇、或者其他硝酸酯、或多种硝酸酯混合),再加入固体填料,不加入挥发性溶剂,通过挤出机赋予推进剂一定形状的工艺,它主要由两部分组成,第一部分将各种原料在水中制成浆状混合物,称为吸收药制造;第二部分是吸收药驱除水分,塑化和挤出成型,称为推进剂成型。该工艺制造的产品具有弹道性能重现性好、可靠性高、制造成本低等特点。改性双基推进剂的浇铸工艺分为充隙浇铸工艺(简称粒铸工艺)和配浆浇铸工艺,这两种工艺的差别甚大,但从本质上来看,都包括"造粒"、"混合"、"浇铸"及"固化"等几个过程。浇铸工艺的特点是:①可制备大尺寸的形状复杂的药柱;②浇铸工艺的配方适应性广,配方组分的变化范围大;③浇铸药浆是一种以高氯酸铵、硝胺或铝粉为分散相,以黏合剂、增塑剂等液体组分为连续相的高固体含量悬浮液。

1.2　改性双基推进剂的组成

改性双基推进剂是以黏合剂为母体,并填充含能固体填料的复合材料,其组成包括:黏合剂、增塑剂、氧化剂、金属燃烧剂、燃烧催化剂、燃烧稳定剂、化学安定剂和工艺附加物等。

1.2.1　黏合剂

黏合剂是一种可将推进剂的其他组分黏结成性能均匀的整体,并赋予理想性能的高分子化合物。在改性双基推进剂中形成连续性的基体,并在燃烧过程中提供C、H、N等可燃元素以释放能量和功质。目前广泛使用的黏合剂包括可增塑的热塑性大分子硝化纤维素和具有多官能度的预聚物。

1. 硝化纤维素[6]

硝化纤维素是一种自身含有含能基团(硝酸酯)的大分子,由纤维素(棉花)经硝化而获得。根据硝化度(以含氮量表示)的不同,可有多种品号,适合于制作推进剂的有 3 号硝化棉、混合硝化棉(由 1 号和 3 号硝化棉混合组成)和皮罗硝化棉等,其含氮量在 11.5%($Q_a = 800\ \text{cal} \cdot \text{g}^{-1}$)到 13%($Q_a = 1010\ \text{cal} \cdot \text{g}^{-1}$)之间,对于改性双基推进剂,含氮量控制在 12.5% 最为合适。衡量硝化棉的质量指标有硝化度、醇醚溶解度、乙醇溶解度、黏度、细断度等,具体见表 1-1。

表 1-1 推进剂用硝化棉的质量指标

品号	指标名称							
	硝化度 /mL·g⁻¹	醇醚溶解度×100	乙醇溶解度×100	黏度 /m·Pa·s	细断度 /mL	灰分 ×100	碱度(以 CaCO₃ 计)×100	132℃安定性 /mL·No·g⁻¹
1 号硝化棉	≥210	≤15	≤4	22.3~148.2	≤90	≤0.5	≤0.25	≤3.5
2 号硝化棉	200~203.2	≥95	≤3	<22.3	≤60	≤0.5	≤0.25	≤2.5
3 号硝化棉	188~193.5	≥98	≤2	14.1~19.3	≤65	≤0.5	≤0.20	≤2.5

硝化纤维素是半结晶聚合物,它不像具有柔性链的聚酯或聚丁二烯那样易于添加高含量(70%~80%)的填料。由于改性双基推进剂的基本聚合物是硝化纤维素,因此要获得满意的力学性能,就应将相应的固含量控制在 45% 左右。

2. 预聚物

预聚物是具有多官能度的高分子化合物,它与硝化纤维素上剩余的羟基发生反应,使大分子间适当交联,形成网状结构,从而改善了推进剂的力学性能。预聚物在推进剂制造工艺的温度下必须是液体的,交联后又能允许加入高比例的增塑剂和固体组分。常用于 XLDB 推进剂的预聚物有:聚己二酸内酯、聚己二酸、聚己二酸乙二醇酯(PGA)、聚己二酸二乙二醇酯、聚丙二醇(PPG)、聚乙二醇(PEG)等。

迄今为止,应用最多的预聚物是 PGA 和 PEG。在环境温度下,PEG 通常为具有晶体结构的固态物质。但在适当应用高能增塑剂的温度下(50~60℃),它很容易溶解。当与高含量的增塑剂混合时,PEG 就失去了其晶体结构。

预聚物的相对分子质量的范围在 1500~5000,在实际应用中它们是影响推进剂性能,特别是力学性能的一个重要因素。

1.2.2 增塑剂

增塑剂是改性双基推进剂的重要组分之一,是一类可以降低高分子材料玻璃化温度、增加其柔韧性并使其易于加工或成型的物质。增塑剂可分为含能增塑剂和惰性增塑剂。

常用的含能增塑剂主要有:硝化甘油(NG)、硝化二乙二醇(DEGDN)、硝化三乙二醇(TEGDN)、1,2,4-丁三醇三硝酸酯(BTTN)、三羟甲基乙烷三硝酸酯(TMETN)等,它们既是硝化纤维素的一种良好增塑剂,又是改性双基推进剂的一个重要能量成分,其对半刚性的硝化纤维素成为可挤压成型的物料和降低玻璃化温度有重要作用。

最常用的惰性增塑剂有:甘油三醋酸酯、苯二甲酸二乙酯(DEP)、苯二甲酸二丁酯(DBP),它们是沸点高、蒸气压低、挥发性小的增塑剂,与黏合剂有良好的互溶性,且化学稳定性良好。

1.2.3 氧化剂和高能炸药

氧化剂是改性双基推进剂中的一个主要组分,其作用是在燃烧过程中提供所需要的氧,并且通过其粒度大小的级配可以控制推进剂的燃烧速度。因而,要求氧化剂应具有足够高的有效含氧量,并且有尽可能高的生成焓和密度,分解产物应为气体,在加工、贮存时物理化学安定性好。现用的氧化剂多为无机盐类,如高氯酸铵(AP)、硝酸铵(AN)等,也使用硝胺炸药如奥克托今(HMX)和黑索今(RDX)等作为氧化剂。在改性双基推进剂中,硝酸酯(如 NG、TEGEN 等)既是含能增塑剂,又充当氧化剂的作用。

AP 是目前应用最为广泛的氧化剂,其综合性能(生成热、有效氧含量、密度等)较为优越;缺点是燃烧产物中生成 HCl 气体,在火箭发动机排气羽流中形成大量的白色烟雾,容易暴露导弹的飞行轨迹。硝酸铵(AN)是另一种较有应用价值的氧化剂,优点是价格低廉、来源广泛。同时,它的燃烧产物不含 HCl,所以常用于一些能量性能要求不高,低燃速、低火焰温度的改性双基推进剂。AN 的最大缺点是易吸湿结块,而且温度变化时会产生晶型转变。为了抑制 AN 的吸湿和防止晶型转变,通常添加少量的 Ni、Cu、Zn 等化合物进行共晶,形成相稳定硝酸铵(PSAN)。

RDX 和 HMX 是推进剂中获得广泛应用的高能硝胺炸药,它们具有生成焓高、密度大、燃气无烟等优点,可以显著提高推进剂的能量水平和降低排气羽流特性。近年来,较有应用前途的高能氧化剂还有高能量密度化合物六硝基六氮杂异伍兹烷(CL-20)和二硝基酰胺铵(ADN),这些新型含能添加剂的生成焓、密度和燃气情况均优于目前已有的氧化剂,两者在改性双基推进剂中有着良好的应用价值。

1.2.4　金属燃料

金属燃料是改性双基推进剂的基本组分之一,其作用为:提高推进剂的燃烧热,进而提高推进剂比冲;提高推进剂的密度;抑制燃烧不稳定性。在改性双基推进剂中应用的金属燃料通常为高热值金属和它们的氢化物。

目前广泛应用的金属为铝粉,在某些特殊配方中还可以使用硼粉和镁粉,或其合金粉。它们的性能如表1-2所示。

表1-2　一些金属的性能

轻金属	相对原子质量	熔点/℃	密度/g·cm^{-3}	单位质量燃烧热/kJ·g^{-1}
铝	26.98	659	2.7	30.94
硼	10.81	2027	2.3	59.05
镁	24.31	650	1.74	24.72
锆	91.22	1832	6.5	11.84

一些金属的氢化物在燃烧时的放热量比金属高,而且生成低相对分子质量的气体,所以是提高推进剂能量的一条有效途径。曾研究过的金属氢化物包括氢化铝、氢化镁和氢化铍,但是这些金属氢化物的化学活性高,对空气湿度较为敏感,热稳定性较低,使用时要进行特殊的表面处理。金属铍有毒,因此一般不被使用。

1.2.5　燃烧催化剂和燃烧稳定剂

燃烧催化剂是用来调节改性双基推进剂燃烧性能的一种物质,又称燃速调节剂,根据提高和降低推进剂燃速的作用可分为正催化剂和负催化剂,其作用机理主要通过改变推进剂的燃烧波结构来调节燃速。燃烧催化剂还可以减少燃速受压力影响的程度,在一定压力范围内获得燃速不随压力变化的所谓"平台"燃烧效应。

改性双基推进剂常用的燃烧催化剂有以下几种类型:

(1)无机金属化合物,如PbO、Bi_2O_3、CuO、MgO、Co_2O_3、$PbCO_3$、锡酸铅、亚铬酸铜等。

(2)有机金属化合物,如水杨酸铅(PbSa)、β-雷索辛酸铅(β-Pb)、邻苯二甲酸铅(φ-Pb)、硝基-1,2,4-三唑-5-酮铅配合物(NTO-Pb)、水杨酸铜(CuSa)、己二酸铜等。

(3)负载型催化剂,如碳纳米管负载金属氧化物、碳纤维负载金属氧化物、石墨烯负载金属氧化物等。

（4）作为热的良导体的细金属丝，如 Cu 和 Ag 等。

调节改性双基推进剂燃烧性能多采用复合催化剂，即在铜化合物和炭黑（CB）存在的条件下，铅化物的燃速调节效果显著增大，因此 Pb – Cu – CB 复合催化剂是提高改性双基推进剂燃速、降低压力指数的主要技术途径。

燃烧稳定剂是用来消除推进剂不稳定燃烧、增加燃烧稳定性的物质，主要有 Al、Al_2O_3、MgO、ZrO_2、$CaCO_3$、$BaCO_3$ 等。铝粉加入到推进剂配方中，既是一个能量组分，其燃烧产物又可消除改性双基推进剂的振荡燃烧，起到燃烧稳定剂的作用。

1.2.6　化学安定剂及其他

为了抑制推进剂的分解老化，确保推进剂有足够长的贮存和使用寿命，在推进剂配方中要加入化学安定剂。化学安定剂作为一类弱碱性化合物，其作用机理是不断吸收硝酸酯缓慢分解产生的氮氧化物，是改性双基推进剂必不可少的组分。常用的化学安定剂为脲素的衍生物和苯胺的衍生物。脲素的衍生物称为中定剂，如：1 号中定剂—二乙基二苯基脲（C_1）；2 号中定剂—二甲基二苯基脲（C_2）；3 号中定剂—甲基乙基二苯基脲（C_3）。苯胺的衍生物主要是 2 – 硝基二苯胺（2 – NDPA）等。

为了保证改性双基推进剂的强度，需适当提高硝化棉的含量，但将使可塑性降低，加工困难且危险。为此，常加入一些工艺附加物以减少药料的内摩擦，使加工容易，常用的工艺附加物有凡士林、硬脂酸锌、石蜡等。

1.3　改性双基推进剂的主要性能

1.3.1　能量性能

能量性能是改性双基推进剂的重要性能，是决定导弹武器和宇航推进系统射程和运载能力的基础参数。表征推进剂能量特性的主要参数有：比冲、特征速度、密度、密度比冲、燃气比容、燃气平均相对分子质量等，其中比冲和密度是推进剂最重要、最常用的能量特性参数。

提高能量水平是改性双基推进剂发展中一直追求的目标，在满足综合性能使用情况下，尽量提高能量水平，是增加射程或减小发动机体积的有效途径。为了获得高能量特性的推进剂，必须在改性双基推进剂能量特性设计中分析推进剂组分及其燃烧产物的热力学性能对能量特性的匹配性，使燃烧过程中的氧化还原反应充分进行,推进剂的燃烧效率达到最高。

能量性能的理论计算是选择高能量推进剂配方的重要工作,其关键在于求解固体火箭发动机燃烧室中的燃气平衡组分,通常用平衡常数法和最小自由能法进行求解。由 NC、NG、AP 和铝粉组成的改性双基推进剂,理论比冲为 $2549 \sim 2598 \ N \cdot s \cdot kg^{-1}$,在成分中加入硝胺类高能炸药(如 HMX),实测比冲可达 $2442 \sim 2470N \cdot s \cdot kg^{-1}$,密度在 $1.75 \sim 1.80g \cdot cm^{-3}$,火焰温度达 $3650 \sim 3800K$。目前,评价推进剂能量水平常用的试验方法主要是通过静止试验台法来获得实测比冲。

1.3.2 燃烧性能

燃烧性能是直接影响火箭发动机弹道性能的重要因素,燃速的高低决定了发动机的工作时间和飞行速度;推进剂燃速受外界压力和温度的影响,其大小将直接影响发动机工作性能的稳定性。因此控制和调节推进剂的燃烧性能对火箭发动机是十分重要的。

改性双推进剂的燃烧性能包括诸多方面,如点火性能、稳态燃烧、不稳定燃烧、侵蚀燃烧、燃烧效率以及熄火性能等。稳态燃烧是固体火箭发动机工作的核心过程,稳态燃烧性能参数主要有燃速(u)、燃速压强指数(n)、燃速温度敏感系数(σ_p)、压力温度敏感系数(π_K)等。

推进剂的燃烧过程是一个复杂的传质传热过程,其本质是一个瞬时、高温、高压的放热化学反应,故化学反应速度、传质传热速度决定推进剂的燃速。如同反应物本身的性质及反应条件决定化学反应速度一样,推进剂的燃速也决定于其自身的性质,如组分及其含量、组分的物化性质、发动机的工作条件等。改性双基推进剂的燃速一般在 $5 \sim 35 \ mm \cdot s^{-1}$ 之间,加入超细 AP 的改性双基推进剂燃速可达 $60 \ mm \cdot s^{-1}$ 以上。改性双基推进剂的燃烧性能调节一般采用 Pb – Cu – CB 复合催化剂来调节,且铅化物或铜化物的种类决定了推进剂平台燃烧效应所出现的压力范围。燃速的测试方法包括静态燃速测试方法(燃速仪法)和动态燃速测试方法(发动机法)。

1.3.3 特征信号性能[7]

火箭发动机排气羽流的特征信号(Exhaust Plume Signature)是一种包含有系统或火箭发动机排气全部特性的术语,此特性可被用作探测、识别或拦截执行任务的发射平台或导弹。羽流的特征信号特性主要包括烟、辐射能的散发、能见度(视程/能见距离)和雷达波吸收等。

羽流中化学产物主要来自固体推进剂的燃烧,它是大量气体与少数凝聚物的混合物,少部分化学产物来自点火具、包覆层、绝热层、喷管、长尾管材料的燃烧、热分解、机械侵蚀和热侵蚀等。羽流燃烧产物中凝聚态物体可分为一次烟和二次烟两类,一次烟是由发动机喷管排出的燃气和固体或液体凝聚态粒子所组成的混合物,对紫外光、可见光和红外光同时具有吸收、反射和散射三种作用;二次烟主要是燃气中的水在一定温度和相对湿度条件下凝成小液滴而形成的。火箭发动机排气羽流的产生是一个复杂的物理化学过程,如湍流、电子激发、电离等,其中烟雾的生成和羽流的后燃(二次燃烧)对特征信号的产生起着关键的作用。烟雾和二次燃烧产生的辐射能与散发是羽流特征信号的两个主要表征参数,而能见度和雷达波吸收是由前两者派生的表征参数。

改性双基推进剂按特征信号分类,可分为低特征信号、微烟、少烟和有烟四个等级。所谓"低特征信号"是指火箭发动机排气羽流的烟(一次烟和二次烟)少和羽流的二次燃烧火焰的辐射(可见光、红外光和紫外光)特征信号低,从而不仅对导弹制导和通信信号衰减小,且使导弹或发射平台隐身性好,不易被敌方探测、识别和拦截。因此,低特征信号推进剂是保证一定能量水平前提下,具有既微烟又微焰(也就是说既不影响制导信号传输,又不影响导弹隐身)特性的一种达到更高特征信号要求的推进剂。少烟改性双基推进剂主要是含有一定量铝粉或 AP 的推进剂,一般一次烟和二次烟的烟雾等级为 B 级。有烟推进剂是指含大量铝粉或 AP 的改性双基推进剂,一般一次烟和二次烟的烟雾等级为 C 级。

1.3.4　力学性能

要保证推进剂的燃烧规律在燃烧过程中不被破坏,推进剂就必须有足够的力学性能。同时,在加工、贮存、运输和使用过程中推进剂应能承受各种载荷的作用,维持其结构完整性,这是确保火箭发动机正常工作的基本条件。

改性双基推进剂的力学性能是指其受到各种载荷作用时所发生的形变和破坏的性质。根据推进剂的受力情况,可以把表征推进剂力学性能的物理量分为两类:一类是描述推进剂在受到各种外力作用时所产生的响应量,这类量是描述推进剂形变性能的,如模量、柔量、泊松比等;另一类是在给定的力和形变范围内提供预测结构破坏判据的量,这一类是描述推进剂抵抗外力的极限能力,反映其破坏过程,如拉伸强度、延伸率、断裂强度、临界应力强度因子、裂纹扩散能力、表面能等。这两类物理量都是材料本身固有的参数。

改性双基推进剂中,NC 是重要的结构材料,它的含量越高,推进剂的拉伸强度越高,延伸率就越低。NC 的玻璃化温度在 173 ~ 176℃之间,加入增塑剂后推进剂的玻璃化温度降至常温附近,成为一种典型的热塑性材料。它的特点是在常温下有很好的拉伸和抗压强度,温度高于80℃变软,温度低于-50℃变脆。提高改性双基推进剂力学性能的主要技术途径有:合理设计配方、适当加入助溶剂、加入适量的高分子预聚物等交联剂、利用键合剂等。

改性双基推进剂力学性能测试方法主要有拉伸试验、应力松弛和蠕变试验及动态力学性能试验等。拉伸试验包括单轴拉伸试验、双轴拉伸试验和三轴拉伸试验,可获得推进剂的初始模量、最大拉伸强度、最大伸长率和断裂强度、断裂伸长率等。应力松弛试验是研究推进剂固化过程、交联固化网络完整性和老化降解的有效手段;蠕变试验是某一瞬间在推进剂试样上施加一应力,并保持其应力不变,测定其应变随时间变化的曲线;动态力学性能试验是研究推进剂黏弹性材料转变、内耗、界面粘接、"脱湿"现象、固体内部缺陷、黏合剂形态结构的重要方法,已成为研究推进剂力学性能的重要手段之一。

1.3.5 安全性能

改性双基推进剂在研制、生产、贮存、运输和使用过程中,难免会遇到意外的外界作用,如环境加热、火焰或火星点火、重物或飞行物体的撞击、机械摩擦、冲击波破坏、炸药诱爆、静电放电、电火花以及光或核辐射等。当外界作用达到一定程度时,改性双基推进剂就会发生燃烧或爆炸,因此含NG的改性双基推进剂是一极具燃烧或爆炸危险的物质。

一般来说,推进剂的安全性(危险性)主要包括两个方面:①在外界刺激作用下发生意外燃烧或爆炸的难易程度,或敏感程度;②发生燃烧或爆炸后可能产生的危害程度。前者可用推进剂对外界刺激作用的敏感程度即感度来表征,如撞击感度、摩擦感度、静电火花感度、热感度、冲击波感度等,引起燃烧或爆炸的最小激发冲量(外界刺激作用)越小,推进剂感度越高。后者又称为破坏效应,主要指推进剂或装有推进剂的火箭发动机发生意外事故时具有造成破坏作用的能力和程度,其破坏效应主要包括空气冲击波、爆炸破片和热辐射等。

改性双基推进剂的安全性主要与NG(温度低于13℃时NG可能发生结晶现象,导致晶粒之间容易产生摩擦)和添加的高能炸药(如RDX、HMX或CL-20)或氧化剂AP密切相关,含有NG的改性双基推进剂其危险等级为1.1级,若获得钝感的推进剂就必须用钝感增塑剂(如TMETN、BTTN等)取代NG;用钝感的高能添加剂取代硝胺炸药。

1.3.6 贮存性能

改性双基推进剂在贮存过程中,由于受到复杂的物理、化学等因素的综合作用,其性能逐渐发生变化而达不到使用指标要求,失去使用价值,即丧失了安全使用寿命。

改性双基推进剂的安全使用寿命,通常是指可满足固体火箭发动机对推进剂燃烧性能和力学性能等要求的贮存时间。推进剂的安全使用寿命决定着固体火箭发动机的安全使用期限。推进剂除满足发动机设计要求的能量、力学性能和内弹道性能外,还必须要有良好的长期贮存而不自燃的安全贮存寿命。

改性双基推进剂贮存中的老化主要有物理老化和化学老化两个方面。物理老化主要表现为吸湿、挥发性溶剂和增塑剂或液体组分的迁移、汗析及结晶化合物的晶析等。化学老化主要表现为推进剂中硝酸酯的热分解、热积累导致的分解加速作用以及含硝酸酯推进剂中的 H^+(酸)对推进剂中硝酸酯基的分解催化作用。提高改性双基推进剂安全贮存寿命最有效的方法是加入化学安定剂,常用的有 2 号中定剂、2 - 硝基二苯胺、间苯二酚等。改性双基推进剂的热分解是不可避免的,推进剂中加入安定剂不能阻止硝酸酯的热分解,但安定剂能吸收硝酸酯热分解放出的氮氧化物而抑制其对推进剂分解的催化作用,从而延长改性双基推进剂的安全贮存寿命。

1.4　改性双基推进剂的地位、作用和特点[8]

1.4.1　从美国战略导弹装备情况看改性双基推进剂的地位

1)改性双基推进剂一直应用于美国陆、海基战略导弹中

美国自 1957 年开始研制改性双基推进剂以来,先后将其应用在"北极星"A2、"北极星"A3,"海神","民兵"Ⅰ、"民兵"Ⅱ导弹中,1981 年装备部队的远程潜地导弹"三叉戟"Ⅰ的第一、二、三级全部采用高比冲、高密度的交联改性双基推进剂。由此认为,美国自大型战略导弹研究以来至 20 世纪 80 年代,一直在使用改性双基推进剂。

2)改性双基推进剂是美国潜地导弹的主要装药

改性双基推进剂具有高比冲和高密度的特点,这对于体积受限制的潜地导弹是非常适用的,由于潜艇服役期限较长,常常在已服役的潜艇上更新导弹,这就要求导弹的总体尺寸基本不变,而射程和有效载荷能成倍增加。因此,高比冲、高密度的改性双基推进剂在这类导弹中得到了广泛应用,而且由开始应用于末级发动机进而发展成在各级发动机中全部应用。如"北极星"A2、A3 和"海神"中的第二级发动机,然而到"三叉戟"Ⅰ导弹时,由于射程需要的紧迫性,在所有三级发动机中全部采用了改性双基推进剂,见表 1 - 3。这说明美国对改性双基推进剂适用于潜地导弹的特点深有体会。

表 1-3 "三叉戟"I导弹的第一、二、三级发动机用的推进剂

	一级	二级	三级
代号	VRP	VTG	VTG
易燃化学品分类	A	A	A
军用危险品分类	7	7	7
自燃温度/℃	210	210	200
理论比冲/($N \cdot s \cdot kg^{-1}$)	$2598.8 \sim 2647.8$	$2598.8 \sim 2647.8$	$2598.8 \sim 2647.8$
装药量/t	17.75	7.94	1.71
化学组分/%			
黏合剂	30	30	23
HMX	43	40.5	54
AP	8	10	4
Al	19	19.5	19

从"北极星"→"海神"→"三叉戟"导弹的发展过程可以看出,采用改性双基推进剂对潜地导弹射程和有效载荷的提高有着重大作用。

3) 改性双基推进剂多用于高性能的末级发动机

从美国战略导弹发动机装药看,绝大多数末级发动机采用改性双基推进剂。从理论上分析,导弹末级发动机的性能对导弹射程、有效载荷和精度的影响较前几级要大,如美国在提高"北极星"A2 的射程时就认识到,减轻第二级结构质量所增加的射程比减轻第一级同样质量所增加的射程大 8 倍。第二级发动机中推进剂比冲提高对导弹射程增加比第一级推进剂更有效。有人曾计算过,一枚中程二级导弹,第一级的推进剂比冲提高 $9.8N \cdot s \cdot kg^{-1}$,射程增加约 30km;第二级的推进剂比冲提高 $9.8N \cdot s \cdot kg^{-1}$,射程增加约 50km。可见,末级发动机在材料和推进剂选择上较前几级要高,这又进一步说明改性双基推进剂是能量特性很优越的一种推进剂。

由上可见,在 20 世纪 60 年代,改性双基推进剂就在美国战略导弹上获得应用,并对战略导弹的发展起着重要的作用。这表明,其性能基本可满足使用要求。20 世纪 70 年代以后,改性双基推进剂性能又获得重大改进,可进一步满足先进的战略导弹发动机设计要求。

1.4.2 国外战术导弹中重视应用改性双基推进剂

20 世纪 70 年代以前,改性双基推进剂主要用于战略导弹,之后,美、英、日、德、法和印度等国都已将它用于战术导弹中。

1. 美国

（1）在"陶 -2"（TOW -2）反坦克导弹中使用。"陶氏"导弹是美国第三代反坦克导弹,世界上已有二十多个国家购有此种导弹。导弹发动机原装有赫格力斯公司生产的普通双基推进剂。为了提高导弹的射程,新研制的改型"陶 -2"导弹的续航发动机采用壳体粘接交联改性双基推进剂。以上发动机质量只增加 0.57kg,而总冲提高约 30%,使导弹的射程由 3000m 提高到 5000m。

（2）在"小橛树"地空导弹中使用。"小橛树"导弹是美国四联装自选式近程地空导弹。过去它的发动机采用复合推进剂。1975 年以来,美国研究了改进型"小橛树"防空武器系统,使用特征信号最小(无烟)的改性双基推进剂。

（3）在"斧式"地地导弹中使用。"斧式"导弹是美国空军科学顾问委员会建议北约研制的一种新的战术导弹。目的在于攻击华约国机场和重要军事设施,而不致使战争升级到动用战术核武器的程度。据分析,用 2 ~ 3 枚导弹可摧毁一个机场,1 枚导弹可摧毁 4km 长的跑道。该导弹的射程为 650km,推进剂系统采用"三叉戟"I 潜地导弹第一级固体火箭发动机(长 4.77 m,直径 1.88 m),推进剂为交联改性双基推进剂。

（4）在其他战术导弹中使用。赫格力斯公司研制的交联改性双基推进剂低温延伸率高,可用于战术导弹,特别适用于防空战术导弹。

2. 英国

英国萨姆菲尔德研究所自 1958 年开始研究改性双基推进剂以来,在浇铸双基推进剂的基础上,研究了加铝粉和高氯酸铵的改性双基推进剂(FDB)和加合成高分子弹性体的改性双基推进剂(EMCDB),并对装填该推进剂的发动机作全面研究,取得了显著的成绩。例如使烟最小的推进剂能量得到提高,理论比冲达到 2405N · s · kg^{-1};低温下应变能力有改进,在 -30℃ 下,EMCDB 的延伸率为 40%,在 -55℃ 下使用贴壁浇铸装药时,不必采取消除应力措施;抑制了二次燃烧,使排气对雷达波衰减和红外特征信号减小;降低生产成本,在一台设备上一次浇铸 20 根药柱。用 150mm 发动机筛选许多配方,也进行 480mm 发动机点火试验,认为改性双基推进剂能适用于野战和海军作战遇到的温度和振动条件,现已装备于 1967 年生产的第二代全天候中型低、中、高空防空导弹 CNS -30"海标枪"的助推器中,推进剂比冲为 2392.8N · s · kg^{-1},燃速 22mm · s^{-1},装药质量 157kg,贮存期 7 年以上,工作温度 0 ~ 40℃。在萨姆菲尔德研究所设计的其他导弹中也有应用,如"旋火"、"长剑"、"海猫"、"海参"II 助推器和主发动机、"海贼欧"主发动机等。

3. 法国

法国火炸药公司是法国宇宙航空公司战术导弹固体火箭发动机的正式供应

商。该公司过去以生产普通双基、聚氨酯及聚丁二烯推进剂为主。该公司生产的含硝胺的复合改性双基推进剂,应用于反坦克导弹"米兰"、"霍特",地空导弹"罗兰特",空舰导弹"飞鱼",反舰导弹 AS15TT(全天候雷达校正遥控的 AS15 导弹)和 AS30Laster(激光制导导弹)。该公司指出,这种含硝胺的复合改性双基推进剂,能量特性有研改进,还保留一般双基推进剂的无烟特性。

4. 日本

日本防卫厅技术研究本部第三研究所久保田浪之介、正本武人、过角信男、角穆等人对复合双基推进剂的燃烧性能、燃烧机理、力学性能等都作了深入研究,并准备用于反坦克导弹中,日本 1967 年研制的第三代反坦克导弹"中马特"采用复合双基推进剂。1977 年完成预研工作,已正式进入试制阶段。这是继第一代"64"式"中马特"而成为日本反坦克武器装备的主力。日本地空导弹 SAM－1 过去使用复合推进剂,1982 年起采用双基推进剂。防卫厅技术研究本部决定,在未来的空空导弹"XAAM－1"和"XATM－3"导弹中,自 1982 年起全部转向复合双基推进剂。

5. 联邦德国

联邦德国从 1961 年开始研究复合双基推进剂,主要研究单位是弗劳恩霍费尔火炸药研究所,主要研究人员为 Wolfgang Klohn 博士。科恩—载尔勃律克代拿买特诺贝尔股份公司研究浇铸双基推进剂的制造工艺,发展了一种既能生成浇铸双基,又能生产复合推进剂和复合双基推进剂的通用设备,这种设备已生产了 25000 发反坦克导弹 FK－SS$_{11}$B$_1$ 起飞发动机用的复合推进剂和续航发动机用的双基推进剂。他们也研究了浇铸复合推进剂的方法。随着武器的不断发展,对推进剂的要求越来越高,于是导致了复合双基推进剂的发展。复合双基推进剂在能量方面达到现代复合推进剂的水平,但固体填料含量较少,这为弹道性能、力学性能的调节创造了良好的条件,也为制备各种性能的推进剂提供了可能性。他们用硝化棉、硝化甘油、高氯酸铵、奥克托今(或黑索今)、聚氨酯为主要成分制成各种推进剂,如含高氯酸铵的速燃高能推进剂、含奥克托今和黑索今的排气无烟的高能推进剂、以硝基胍或硝酸胍为基的低火焰温度的气体发生剂、火箭增程弹用的速燃微烟复合双基推进剂等。在 1976 年北大西洋公约组织航空研究与发展咨询部推进和动力小组召开的会议上,在讨论反坦克、防空和轻型炮兵火箭用的小型火箭发动机的推进系统时,该火炸药研究所作了高能复合改性双基推进剂的研究报告,认为该推进剂可作为双基或复合推进剂之后可大力发展的新型推进剂。可以看出,他们很早就在考虑将复合改性双基推进剂用于小型战术武器中。

1.4.3 改性双基推进剂的性能特点

在战略和战术导弹发展的推动下,在吸取复合推进剂优点的基础上,改性双基推进剂在组成和性能上有了许多改进,研制出一系列具有各种特性的推进剂。有适用于战略导弹用的高比冲、高密度为主要特性的推进剂,有应用于战术武器的能量较高、排气烟雾小和无腐蚀性、燃气温度低、力学性能和性能可调范围大为特性的交联改性双基推进剂。现将改性双基推进剂的性能特点总结如下:

1) 能量高

改性双基推进剂有机地组合了双基与复合推进剂的含能成分,它是国外实际使用的能量最高的推进剂之一,比冲达到 $2451.7 \sim 2500.7 N \cdot s \cdot kg^{-1}$,密度 $1.8g \cdot cm^{-3}$,超过聚丁二烯(丁羧、丁羟)复合推进剂的水平。能量高的原因在于:

(1) 它的黏合剂硝化棉是一种含硝酸酯基的含能高分子,而现装备的复合推进剂采用惰性黏合剂。

(2) 改性双基推进剂以硝化甘油作增塑剂。硝化甘油是具有正氧平衡的液态炸药,也是硝化棉的良好增塑剂和溶剂,它比常用的惰性增塑剂对提高推进剂的能量的贡献要大。

(3) 添加高能组分奥克托今(或黑索今)。奥克托今的生成热为正值,密度为 $1.9g \cdot cm^{-3}$。以奥克托今部分代替高氯酸铵,使推进剂燃气火焰温度降低。由于奥克托今在降低推进剂燃温的同时,又使燃气平均相对分子质量降低,所以即使在燃温下降的情况下,也会获得较高的比冲。在改性双基推进剂中奥克托今的含量在20%左右,推进剂最大理论比冲达 $2674.8 N \cdot s \cdot kg^{-1}$,比不含奥克托今的推进剂比冲约高 $49N \cdot s \cdot kg^{-1}$。

(4) 改性双基推进剂的比冲效率高,它有较高的氧系数和燃烧温度,有利于铝粉燃烧完全,因此,当改性双基推进剂与复合推进剂的理论比冲相同时,改性双基推进剂的实测比冲要大。

2) 排气烟雾少、腐蚀性小,有利于制成微烟推进剂

硝化棉和硝化甘油都是富氧的碳氢氧氮化合物,由它们制成的普通双基推进剂,历来就有无烟药之称。近年来,各国都在研究用 HMX(或 RDX)部分或完全取代高氯酸铵的复合改性双基推进剂,以减少烟雾和强腐蚀性的氯化氢气体排出,制成性能更好的微烟推进剂。

3) 性能可调范围大

复合改性双基推进剂由于采用硝化棉和硝化甘油为黏合剂体系,与能量相当的复合推进剂相比,固体氧化剂含量要少得多,通常在 50% 左右。推进剂中

14

固体含量少,又采用流球状硝化棉,使它工艺性能良好,能顺利进行浇注制造,并使推进剂存在很大的潜在能力,以便添加各种固体成分来调节配方,达到改善弹道性能、力学性能和物理性能的目的。

4）原材料有工业生产基础,工艺成熟,产品性能重现性好

改性双基推进剂主要原材料硝化棉和硝化甘油工业生产已有相当长的历史,生产工艺成熟、性能稳定。硝化棉是天然的棉纤维素经硝化而成,硝化棉分子结构也较复杂,但资料指出,硝化棉有一致的化学性质、力学性质和弹道性能。再则,剂制易于控制,复合改性双基推进剂是塑溶胶体系,固化过程是硝化甘油渗透到硝化棉中使其膨润和塑化溶解的过程,工艺过程易于控制,制成的推进剂性能重现性好。

5）抗化学老化性能好

美国已有使用 10 ~ 15 年之久的改性双基推进剂。英国的 FDB 和 EMCDB 改性双基推进剂使用寿命至少为 15 年。

1.5　改性双基推进剂研究的最新进展[9-13]

1.5.1　改性双基推进剂高能化研究

在无溶剂压伸的 CMDB 推进剂中通过加入大量 RDX 获得高固体含量高能 CMDB 推进剂,目前高固体含量 CMDB 推进剂中 RDX 的含量已达 50% 以上,密度高达 1.729g·cm^{-1},I_{sp} 达 2519N·s·kg^{-1}以上,与法国"飞鱼"导弹所用微烟 Nitramine CMDB(不含 AP)推进剂的能量水平持平("飞鱼"系列 CMDB 推进剂的 I_{sp} 为 2450N·s·kg^{-1})。高固体含量推进剂在能量提高的同时,推进剂的燃烧性能良好,推进剂燃速压强指数维持在 $n < 0.4$ 的水平。HMX 含量已达 50% 的高能 CMDB 推进剂密度达到 1.75g·cm^{-3}以上,比冲达到 2500N·s·kg^{-1}以上,目前已广泛应用于宇航工程和多个型号武器装备中。

近年来探索了在 CMDB 推进剂中引入标准生成焓 $\Delta H_f^{\ominus}$ 为 644.3kJ·mol^{-1} 的硝基呋咱类化合物 3,4 - 二硝基呋咱基氧化呋咱(DNTF),结果表明,用 DNTF 取代硝胺改性双基推进剂中的 RDX 和吉纳(DINA),推进剂的理论比冲、特征速度和火焰温度均有提高,33% 的 DNTF 取代 28% 的 RDX 和 5% DINA 后,推进剂的理论比冲提高了 34.27N·s·kg^{-1},特征速度增加了 10.6m·s^{-1}。同时,在燃烧性能研究中发现,在添加的 DNTF < 30% 时,CMDB 推进剂中当使用 Pb - Cu - CB 三元催化剂时,在 8 ~ 14MPa 压力范围内燃速压力指数可降到 $n = 0.38$。DNTF 的标准生成焓高于 CL - 20 和 HMX,但撞击和摩擦感度均低于 HMX 和

CL-20,且可溶于硝化甘油,对硝化纤维素具有增塑能力,因此有利于降低推进剂生产加工过程中的危险性,并可以改善推进剂的力学性能。此研究结果为提高螺压改性双基推进剂的能量水平提供了一条新的技术途径。

国内同时探索了高能量密度化合物CL-20在螺压CMDB推进剂中的应用效果。在加入CL-20的同时,控制金属燃料铝粉的含量可获得19.6~39.2 $N \cdot s \cdot kg^{-1}$ 的比冲增益。采用某些铅盐、铜盐和炭黑的合理组合,使得含CL-20的CMDB推进剂压力指数降至0.38以下。CMDB推进剂中加入CL-20和 AlH_3 可使CMDB推进剂能量性能更上一层楼。

1.5.2 改性双基推进剂力学性能研究

在改善改性双基推进剂力学性能研究方面,针对推进剂装药应用方式不同,采用了不同的技术途径。对于自由装填式装药,主要围绕CMDB推进剂开展工作;针对壳体粘接式发动机装药需求,着重发展了XLDB推进剂。

1. 改善CMDB推进剂力学性能研究

在改善CMDB推进剂力学性能方面,主要通过以下措施:①选择塑化能力强的硝酸酯取代或部分取代传统单一使用的硝化甘油;②控制硝化纤维素(NC)的硝基取代度(即氮含量N%),并严格控制NC的品质(原料的成熟度、相对分子质量大小及其分布宽窄、氮含量均一性等);③选择增塑性能良好的助溶剂;④添加与NC、硝化甘油体系互溶良好的柔性聚合物部分取代NC,增加推进剂的韧性;⑤对NC大分子进行改造,在维持NC在推进剂中使用性能要求的条件下,引入柔性的醚键,使NC的玻璃化温度降低;⑥结合上述措施优化工艺条件,在压延挤出成型过程中强化塑化效果。使得自由装填形式CMDB推进剂可以承受炮射导弹等重力加速度达8000~10000g的发射过载要求。

在硝酸酯选择、NC品质控制、助溶剂选择等方面,已成功开发出了以二缩三乙二醇二硝酸酯(TEGDN)与NG混合,用吉纳(DINA)取代二硝基甲苯(DNT)增强塑化效果。在选择柔性良好的聚合物对CMDB推进剂增强和增韧方面,研究了以环氧乙烷/四氢呋喃及聚酯四嵌段共聚的聚氨酯弹性体(TPU),以共混形式将该聚合物应用于螺压CMDB推进剂。发现:①引入TPU可明显改善推进剂的力学性能,药团在压延中易于塑化、压延成张的遍数明显减少;②在RDX含量为55%时,2%的TPU加入可使推进剂的低温断裂延伸率提高1.17倍以上,推进剂的低温脆变获得明显改善;⑤TPU的应用可提高RDX的加入量,获得同时提高能量和改善力学性能的效果。通过设计,合成了一系列叠氮高聚物、改性双基推进剂用键合剂,并将其应用于高固体含量改性双基推进剂中,可将55%固体含量推进剂在-40℃的延伸率从1.7%左右提高到3%以上。

将醚支链引入半刚性的 NC 大分子以实现内增塑的新型硝化纤维素是 CMDB 推进剂改善力学性能的另一途径。纤维素甘油醚(NGEC)取代 CMDB 推进剂中的硝化纤维素,可使推进剂的力学性能获得改善。由于甘油醚的引入,纤维素在硝化后可以获得 N% =11.8% ~13.6% 的氮量级别不同的产品,其结构式为如图 1 - 1 所示。

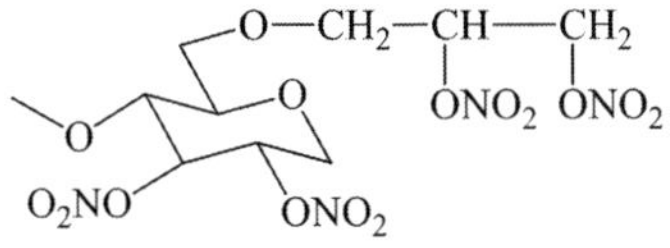

图 1 - 1　纤维素甘油醚的结构式

其玻璃化温度 T_g 比同氮量的 NC 下降了 30 ~ 50℃,实现了 NC 大分子的内增塑效果,目前已实现了千克级的制备。将 N% 为 12.5% 的 NGEC 应用于 54% RDX 的螺压 CMDB 推进剂中发现:①药团较传统 NC 易塑化,药料流动性好,工艺实现性好,有利于改善高 RDX 含量 CMDB 推进剂的安全性能;②应用 NGEC 的 CMDB 推进剂呈现优良的力学性能,其延伸率,特别是低温延伸率较使用 NC 的 CMDB 推进剂提高了 150% ~180% ;③所制备的推进剂在发动机中工作正常,高、低、常温的压力、推力曲线平滑、稳定。结果证实,对 NC 大分子进行内增塑改造是 CMDB 推进剂改善力学性能的又一良好途径,具有重要的开发前景。

2. 壳体粘接式 XLDB 推进剂力学性能研究

XLDB 推进剂研究起步较早,能量调节和燃烧性能控制较为成熟。先后完成了 $\phi 65mm$、$\phi 118mm$、$\phi 1000mm$ 发动机试车,已分别应用于多种武器,比冲达到 2530 $N \cdot s \cdot kg^{-1}$,低温延伸率达到 38% 以上。近年的主要研究重点是改善推进剂的力学性能以提高较大尺寸发动机中装药承受高、低温情况下各种载荷(包括固化降温、点火冲击、高低温循环等)的能力,以提高装药在较大尺寸下工作的结构完整性,同时深入研究能量、燃烧、力学、工艺等主要性能的内部影响规律。其中,在确保强度情况下,提高推进剂的低温延伸率以满足不同尺寸发动机的要求,是研究的重要方向。

提高 XLDB 推进剂的延伸率主要通过异氰酸酯与 NC 大分子剩余的羟基反应产生氨基甲酸酯的网络来实现。所选择的预聚物必须与 NC 大分子及硝化甘油等硝酸酯有良好的互溶性。同时,预聚物本身应有较低的玻璃化温度,使形成的交联网络在较宽的使用温度内可维持良好的弹性。预聚物的硬段与软段所形成的形态结构应处于微相分离状态。国内研究中使用过的预聚物包括柔性较好的环氧树脂、甲基丙烯酸酯类或丙烯酸与丁二烯的共聚物、脂肪酸与脂肪醇的聚酯、聚己内酯等。在 XLDB 推进剂中直接使用 HDI 对 NC 大分子实现交联,获得常温下30%左右的延伸率。近年来,应用不同的聚醚预聚物通过异氰酸酯与 NC 进行交联,分别获得 $-40℃$ 时 $\varepsilon_m \geqslant 30\% \sim 0$ 的延伸率。国内的研究中注意到由羰基形成的硬段与醚氧键形成的软段的相分离情况。当选择合适的异氰酸酯和二元醇时,硬段溶出硬段岛区在 $1\% \sim 6\%$ 之间,此时的力学性能与微相分离状态相对应,研究将推进剂的宏观力学性质与微相结构状态进行了关联和合理的解释。

国内解决了 RDX 在 XLDB 推进剂应力—应变曲线中的"脱湿"现象,获得了 $\varepsilon_m \geqslant 40\%$ 的低温($-40℃$)伸长率,制备的推进剂通过了小型发动机的试验,所达到的技术状态优于国外报道的 XLDB 推进剂的力学性能水平。

1.5.3 改性双基推进剂燃烧性能调节技术研究

调节 CMDB 推进剂燃烧性能的机理和技术已比较成熟。我国研究了在该类推进剂的不同配方中引入 Pb – Cu – CB 催化剂系统获得了具有平台燃烧效应的 CMDB 推进剂。近年研究的主要方向是探索纳米催化剂对改善催化效果的影响和拓展高燃速 CMDB 推进剂燃速上限的研究。研究结果表明:在相同条件下,纳米有机金属盐类催化剂较普通催化剂有更好的效果,推进剂的燃速可提高 $2 \sim 10\text{mm} \cdot \text{s}^{-1}$。从热分析结果中发现,纳米催化剂促使推进剂的热分解峰温降低。在提高 CMDB 推进剂燃速研究中,国内采用半溶剂压伸工艺制备的含高氯酸铵(AP)CMDB 推进剂,在 10 MPa 下燃速达 100 mm $\cdot$ s^{-1}。一些推进剂如改铵铜(GATo)已实现工业化生产,并已在武器中应用。目前又研发出了新一代高燃速推进剂改铵铝(GAL),该推进剂燃速较 GATo 提高 30% ,而摩擦感度(爆炸百分数)降低了 20% ,特性落高提高了 35% ,使高燃速 CMDB 推进剂提高到一个新的水平。

通过多年研究,我国在 CMDB 推进剂燃烧性能调节方面,如解决高燃速与低压强指数之间相互制约的矛盾、燃烧稳定性与内弹道稳定性及感度等问题,取得了长足进步,获得很大进展。

在进行传统 Pb – Cu – CB 催化剂纳米化研究的同时,近年来国内在非铅绿色催化剂、绿色多功能催化剂、含能绿色催化剂研究领域进行了大量研究工作,开发了系列非铅的多功能绿色催化剂,其燃烧性能调节达到与铅催化剂体系相近的效果,多种绿色催化剂已应用到型号研究中。

1.5.4 改性双基推进剂钝感化研究

在改性双基推进剂钝感化研究方面,近年来开展了大量研究工作,主要通过以下技术途径:①采用三羟甲基乙烷三硝酸酯(TMETN)、二缩三乙二醇二硝酸酯(TEGDN)、丁三醇三硝酸酯(BTTN)等硝酸酯替代 NG;②采用钝感耐热炸药如 FOX-7、FOX-12 等材料作为含能添加剂;③采用钝感黑索今(I-RDX)、钝感奥克托今(I-HMX)等材料取代普通 RDX 或 HMX;④添加钝感功能助剂等。

近年来,采用 TMETN 替代硝化甘油,并添加一定量的 FOX-7 和 FOX-12 的改性双基推进剂配方通过了危险等级典型试验,达到 1.3 级。如:NC/TMETN/TEGDN/FOX-7 钝感微烟推进剂已成为一种新型钝感 CMDB 推进剂,采用铅盐和炭黑复合催化剂可获得良好的燃烧性能,该类推进剂配方 12~22MPa 的压力指数可达 0.2 以下。在 NC/TMETN/RDX 体系,用钝感的 2,6-二氨基-3,5-二硝基吡嗪-1-氧化物(LLM-105)部分取代硝胺炸药亦可获得低感 CMDB 推进剂,目前该类推进剂的燃烧性能可调,在 8~20MPa 范围的压力指数可达 0.2 以下。

1.5.5 改性双基推进剂特征信号研究

改性双基推进剂具有特征信号低的优点,但是随着战场生存、高效突防、定点清除、高温高湿环境下使用寿命和发射平台防蚀需求,武器装备对微烟微焰推进剂提出了迫切需求。在降低改性双基推进剂烟焰特性研究方面,主要采用了以下技术途径:

(1) 设计合理的配方氧平衡。氧平衡太低,燃烧不完全可能生成游离碳,氧平衡过高又对能量不利。

(2) 不用或少用铝粉,因为 Al 的燃烧产物 Al_2O_3 是主要的一次烟源。配方设计时应根据能量和特征信号的综合要求对 Al 含量进行折中考虑。

(3) 不用或少用 AP,因为 AP 的燃烧产物 HCl 是主要的二次烟源。一般认为 AP 少于 20% 以下,二次烟就比较少了。

(4) 采用硝胺化合物(如常用的 RDX、HMX 和 CL-20)作为含能添加剂,因为它们生成热高,又能生成大量低特征信号的 N_2。

(5) 减少配方中金属盐燃烧催化剂的用量,或使用高效含能催化剂,因为它们的燃烧产物金属氧化物是一次烟源。

(6) 减少配方中耐熔物质(如 ZrO_2、ZrC 和 Al_2O_3)等燃烧稳定剂的用量,并对其品种、含量和粒度进行优化,在确保抑制不稳定燃烧的前提下减少一次烟源。

(7) 使用相稳定的硝酸铵部分或全部代替 AP 作为氧化剂,但 AN 能量较低,少量相稳定剂(Ni、K 等)可能是一次烟源。

(8) 使用含-N_3基团的增塑剂,部分代替硝酸酯增塑剂,既提高能量,又产生大量 N_2。亦可使用含-N_3基团的有机黏合剂如 GAP、BAMO、BAMO/MAMO

等代替 HTPB 黏合剂以提高能量和提高燃气中 N_2 含量。

（9）使用新的无氯的高能氧化剂代替 AP。这些氧化剂最吸引人的有 ADN 和 HNF。ADN 已在苏联战略导弹中（如井下发射的 SS – 24 导弹）应用，但需将 ADN 造粒以解决吸湿和安定性问题。HNF 在 20 世纪 70 年代已初露锋芒，仅由于相容性和安定性差，而被搁置三十余年。近来荷兰人报道已解决了其纯度问题，因此使用中的相容性问题已可以克服。国外已把 HNF 与 GAP 或 HTPB 黏合剂分别制成推进剂，并测试其性能，存放 1 ~ 2 年后未见异常。这两种新氧化剂对现有推进剂特别是低特征信号推进剂提高能量贡献是巨大的。初步计算表明用它们代替 AP 可使推进剂比冲有较大幅度增加（约 $68N \cdot s \cdot kg^{-1}$）。

（10）加入适量的钾盐作为推进剂后燃的抑制剂，可使羽流后燃减少 90%，但此措施对含 AP 的推进剂是无效的，因为 AP 会破坏钾盐抑制后燃的作用。但某些钾盐会生成一次烟并破坏平台燃烧，故对钾盐的含量、品种及加入方法应严格控制和筛选。

（11）加入适量电子捕获剂（$PbCrO_4$、MoO_3 等），可把羽流中自由电子加以捕获，从而有效地减少羽流对雷达波的衰减。对于用雷达波制导导弹的推进剂装药，应严格控制钾的含量（在每千克数十毫克范围内），因为它对雷达波衰减有重大影响。通常，复合推进剂中，K^+ 含量为 $15 ~ 300mg \cdot kg^{-1}$，主要来自 AP 的杂质。在双基推进剂中，K^+ 含量为 $5 ~ 7mg \cdot kg^{-1}$，主要来自 NC 的杂质。

通过合理地采用以上的某些技术途径，设计的改性双基推进剂发动机羽流一次烟和二次烟达 AA 级或 AB 级，基本消除了二次燃烧（后燃），如图 1 – 2 所示。并已在某舰载防空导弹中结合型号开展应用研究。

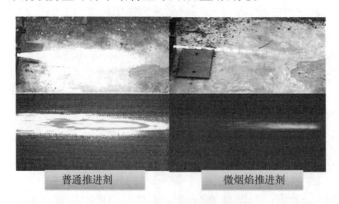

普通推进剂   微烟焰推进剂

图 1 – 2　不同推进剂的羽流特性

在开展降低改性双基推进剂烟焰特性研究同时，围绕推进剂特征信号评价表征技术开展了大量研究工作，建立了推进剂烟雾的检测方法、火焰辐射检测方法、雷达波衰减的检测方法等,并将推进剂特征信号研究表征工作从室内设定环境拓展到外场条件。

1.5.6 改性双基推进剂燃烧机理研究

1. 钝感低特征信号 CMDB 推进剂的燃烧机理

系统研究了集钝感(IM)和低特征信号(LS)两个特性于一体的含 2,6 - 二氨基 - 3,5 - 二硝基吡嗪 - 1 - 氧化物(LLM - 105)和 1,1 - 二氨基 - 2,2 - 二硝基乙烯(FOX - 7)的 NC/TMETN/RDX/LLM - 105 推进剂和 NC/TMETN/FOX - 7 推进剂的燃烧机理。

借助热重分析(TG - DTG)、差示扫描量热法(DSC)、固相原位池和傅里叶变换红外光谱仪联用技术、热分析 - 质谱 - 红外联用技术等手段,系统研究了 NC/TMETN/RDX/LLM - 105 推进剂和 NC/TMETN/FOX - 7 推进剂的燃烧机理,揭示了含 RDX、RDX/LLM - 105 和 FOX - 7 的 NC/TMETN 基改性钝感低特征信号推进剂的热分解和燃烧过程的影响机理,建立了 NC/TMETN/RDX/LLM - 105推进剂和 NC/TMETN/FOX - 7 推进剂的燃烧物理模型。也将两类推进剂的 PDSC 特征量与其燃速相关联,建立了该类推进剂热分解与燃速的关联数学模型,并对其燃速进行预估,计算值与实验值的相关性均在 0.99 以上。并基于固体推进剂燃烧性能预估方法———维气相反应流模型,在热分解实验的基础上,提出了 NC/TMETN/RDX/LLM - 105 推进剂和 NC/TMETN/FOX - 7 推进剂初期热分解反应假说,并对预估公式加以修正,建立了两类推进剂燃速预估模型,编制计算软件,较好地定量计算了该类推进剂的燃速。

2. 含高氮化合物的高燃速 CMDB 推进剂的燃烧机理

国内从微观角度研究了 3,6 - 双(1 氢 - 1,2,3,4 - 四唑 - 5 - 氨基) - 1,2,4,5 - 四嗪(BTATz)和 2 - 硝亚胺基 - 5 - 硝基 - 六氢化 - 1,3,5 - 三嗪(NNHT)高氮化合物对 CMDB 推进剂燃烧波结构、熄火形貌及表面元素组成的影响。BTATz 和 NNHT 自身不存在类似 RDX 那样的熔融过程,所以使得含高氮化合物的推进剂发散火焰束的产生成为可能;它们使得推进剂燃烧表面由熔融状变为疏松珊瑚状,火焰强度增强。随着压强升高,推进剂暗区迅速变薄,燃烧表面产生发散火焰束的活性点很多,使得火焰紧贴着燃烧表面,增加了火焰区热量对燃烧表面的反馈,加速了燃烧反应。催化剂体系不会改变 CMDB 推进剂火焰的基本形貌,即对推进剂燃烧反应中的气相区影响不大,但可改变推进剂燃烧表面新生成的高热碳粒,即有促进推进剂该类固相反应的作用,使固相区的热分解加速;催化体系使得试样紧靠燃烧表面上方和表面下方的温度梯度都比非催化试样的大,同时暗区厚度变薄。这说明催化体系加强了凝聚相及表面附近的放热反应,使对燃速起主导作用的表面反应区的主导地位更加突出,因此燃速会提高。

研究找到了一条能够很好地解释压强指数降低的有效途径——温度梯度系数(Ω),该物理量表示温度梯度随压强升高而增大(或减小)的速率。压强升高,凝聚相温度梯度系数呈减小趋势,由气相向凝聚相的热传导速率降低,使得推进剂燃速提升速率减小,燃速对压强的敏感程度降低,即燃速压强指数(n)降低,甚至出现平台和麦撒效应。低压下 Ω 值越高,对低压区燃速(u)的提升和高压区 n 的降低越有利。NNHT 较 BTATz 易使推进剂产生平台效应。

3. 高能微烟 CMDB 推进剂的燃烧机理

国内研究了含 CL–20 和 DNTF 两类高能量密度化合物的改性双基推进剂的燃烧规律,以及某些燃烧催化剂对两类推进剂燃烧过程的影响,进而为两类推进剂燃烧机理研究和燃烧性能调节提供了确凿的实验依据。

CL–20 的含量较小时(小于 36%),非催化 CL–20–CMDB 推进剂火焰结构与双基和 RDX–CMDB 推进剂的有相似之处,即火焰中存在明显的暗区,但此暗区内也出现了一些独特的始自燃烧表面的明亮发散状火焰束;当 CL–20的含量较大后(大于 36%),其火焰结构与 AP–CMDB 推进剂的类似,即燃烧火焰中见不到有明显的暗区,且此时燃烧行为变得剧烈。加入燃烧催化剂后,推进剂火焰变得明亮,燃烧表面处亮球变得细小,亮球层变薄,但不会明显改变火焰基本形貌。加入 Al 粉后,CL–20 含量小于 36% 的推进剂试样的火焰结构中均存在明显的暗区,火焰中飞散有明亮的 Al 粉颗粒燃烧痕迹,除了存在明显的明亮颗粒状物之外,还可观察到火焰中存在 CL–20 燃烧产生的气体流束亮线。

DNTF 的含量较小时(小于 30%),DNTF–CMDB 推进剂火焰结构与双基推进剂和 RDX–CMDB 推进剂的相类似,存在明显的暗区,但暗区内夹杂着始自燃面的火焰束;而当推进剂中 DNTF 的含量较大后(大于 30%),其火焰结构与AP–CMDB 推进剂的类似,即燃烧火焰结构中无明显的暗区存在,且燃烧行为变得剧烈。

利用微热电偶研究了含 CL–20、DNTF、Al 粉和上述几种混合物的典型推进剂试样的燃烧波结构,通过燃烧波温度分布曲线微分方法,进行了火焰各区的划分及温度确定。从测试结果可看出,CL–20–CMDB 推进剂的燃烧表面温度在360~480℃之间,燃烧火焰最高温度在 1320~2550℃之间,两个温度总体上随压强升高变大,随 CL–20 含量增加升高;DNTF–CMDB 推进剂试样的燃烧表面温度在 350~450℃之间,燃烧火焰最高温度在 1600~2600℃之间,两个温度总体上随压强升高变大,随 DNTF 含量增加降低;当将 DNTF 加入 CL–20–CMDB推进剂后,会使推进剂燃烧亚表面区(120~160℃范围内)出现明显的温度变化梯度,即 DNTF 熔点温度附近,可较好地调节推进剂的燃烧波稳定性。

通过研究,提出了含 CL - 20 的非催化 CMDB 推进剂的物理燃烧模型,即:在推进剂燃烧表面上方的气相区域,存在着两种预混火焰和一种扩散火焰,即双基黏合剂基体的 DB 预混焰、CL - 20 颗粒的 CL - 20 单元焰和上述两预混焰产物扩散形成的 DB/CL - 20 焰。且推进剂燃烧过程中,贴近燃烧表面的两种预混焰的燃烧有相互竞争的趋势。研究也提出了含 DNTF 的非催化 CMDB 推进剂的物理燃烧模型,即:在推进剂的燃烧亚表面及表面处,DNTF 会发生熔化、挥发和分解,其中熔化行为在燃烧亚表面处是主要行为,并开始点火燃烧,形成 DNTF 预混焰、DB 预混焰和 DNTF/DB 扩散火焰。随着推进剂中 DNTF 含量变大,燃面处熔融物面积增大,这两种火焰中的 DNTF 火焰逐渐成为主导燃烧火焰。

1.6　改性双基推进剂性能计算模拟的重要性

随着科学技术的进步,尤其是信息技术和计算机技术的发展,计算机计算模拟技术已成为分析、综合各类系统体系,特别是大型系统的一种有效研究方法和有力的研究工具。计算机性能模拟是通过建立某一过程或某一系统的模式,来描述该过程或该系统,然后用一系列有目的、有条件的计算机仿真实验来刻画系统的特征,从而得出数值指标,为决策者提供关于这一过程或系统的定量分析结果,作为决策的理论依据。如今,计算机模拟技术以其经济、安全、可重复和不受气候、场地、时间限制的优势,已经成为系统性能分析、研究、设计等不可替代的重要手段。应用计算机模拟技术可以降低研制成本,减少浪费,提高实验过程中的安全性,从而带来巨大的经济效益。

2013 年 10 月 9 日,2013 年诺贝尔化学奖授予了犹太裔美国理论化学家马丁·卡普拉斯(Martin Karplus)、美国斯坦福大学生物物理学家迈克尔·莱维特(Michael Levitt)和南加州大学化学家亚利耶·瓦谢尔(Arieh Warshel)。三位化学家因给复杂化学体系设计了多尺度模型,让传统的化学实验走上了信息化的快车道,通过计算机模拟仿真的方法,为研究人员更清楚地了解与预测化学反应过程提供了一种重要手段。

在计算机性能计算模拟方面,国外的技术相对先进成熟,具有许多成熟的性能计算软件。与国外相比,国内在计算机性能计算模拟方面相对起步较晚,特别在国防军工等高技术领域,受国防安全和国外禁运等多重影响,国外企业的产品受到很大限制,难以直接进入,而性能计算模拟又是一种高效、便捷的研发手段,在高科技武器装备的论证、研制、生产、使用和维护过程中发挥着不可或缺的重要作用。

改性双基推进剂性能的计算模拟是其配方优化设计的核心和关键。在改性双基推进剂的研制方面,目前主要采用的是"画加打"的传统研发模式,改性双基推进剂性能的计算模拟是实现推进剂配方设计由经验型"画加打"向科学化预测设计转变的重要途径,性能计算模拟可根据现有的定性配方性能,通过建立配方性能数据库和原材料性能数据库,在理论模型和经验数据支撑下,可在短期内优化筛选出满足使用性能要求的配方。对于改性双基推进剂,其性能主要体现在自身的能量特性、燃烧特性、为满足某些特殊任务需求的低特征信号性能、在安全使用和可长期安全贮存的力学性能、热安全性能和贮存性能等,因此,开展相关方面的性能计算模拟研究,对系统开发推进剂仿真设计平台、高效完成推进剂研发任务,缩短武器装备研发周期、减少资金投入、降低成本等具有重要意义。

参 考 文 献

[1] 张端庆. 固体火箭推进剂[M]. 北京:兵器工业出版社,1991.

[2] 达维纳. 固体火箭推进剂技术[M]. 张德雄,等译. 北京:宇航出版社,1997.

[3] Jai Prakash Agrawal. 高能材料—火药、炸药和烟火药[M]. 欧育湘,等译:北京:国防工业出版社,2013.

[4] 张续柱. 双基火药[M]. 北京:北京理工大学出版社,1997.

[5] 刘继华. 火药物理化学性能[M]. 北京:北京理工大学出版社,1997.

[6] 邵自强,王文俊. 硝化纤维素结构与性能[M]. 北京:国防工业出版社,2011.

[7] 李上文,赵凤起,徐司雨. 低特征信号固体推进剂技术[M]. 北京:国防工业出版社,2013.

[8] 火炸药理论与实践[M]. 中国北方化学工业总公司,2001.

[9] 中国兵工学会. 2012—2013 兵器科学技术发展报告(含能材料)[M]. 北京:中国科学技术出版社,2014.

[10] 李上文,赵凤起,袁潮,等. 国外固体推进剂研究与研发的趋势[J]. 固体火箭技术,2002,25(2):36 – 42.

[11] 徐司雨. 高能微烟 CMDB 推进剂燃烧机理及燃烧模型研究[D]. 西安近代化学研究所,2012.

[12] 高红旭. 新型钝感低特征信号 CMDB 推进剂研究[D]. 西安近代化学研究所,2009.

[13] 仪建华. 含高氮化合物的高燃速 CMDB 推进剂燃烧性能研究[D]. 西安近代化学研究所,2011.

第 2 章　能量性能

2.1　概　述

固体推进剂的能量性能是其诸多性能中非常重要的一个[1,2]。众所周知，在保持推进剂基本性能的条件下，推进剂的能量越高，火箭的射程就越远。为提高推进剂的比冲等性能，需要做很多实验，花费大量的人力、物力和财力，而用能量计算及优化设计方法可以少做许多实验，实现方便、操作简单，且所需时间短，从而大幅度缩短推进剂配方的研制周期，提高推进剂性能[3]。

20 世纪五六十年代推进剂的能量特性计算大多使用平衡常数法、热焓法、基本法等，随着不断发展的弹箭武器对固体推进技术的迫切需求，推进剂能量特性计算也蓬勃发展起来，目前常用的方法有最小自由能法等，该方法的核心是复杂系统平衡组成的计算[4,5]。配方设计工作时，总是力求从各种可能的方案中选择最优方案。燃烧与爆炸技术重点实验室基于最小自由能法和遗传算法编制了"能量计算之星"程序(ECS)，能通过输入的推进剂配方组分迅速地计算出能量特性，并能优化出最高比冲(或特征速度)下的最佳配比，具备绘制多种等性能三角图、二维等高图和三维立体图功能，可将推进剂配方的成分对能量特性贡献的大小直观地表示出来，并结合预研和型号项目开展了应用，计算值与 Φ50mm 标准发动机实测值相比误差很小。

随着新型高性能推进剂(高能、低特征、钝感、绿色等)的发展，新型含能材料的不断涌现，其能否在推进剂中得到应用，首先取决于它的能量水平。在对比分析国内外固体推进剂能量特性计算程序的基础上，采用 NASA - CEA、ECS 及田氏程序对典型 CMDB 推进剂进行了计算比较，验证了 ECS 程序的计算准确性。进一步采用 ECS 对金属氢化物(Metal Hydride)、新型含能添加剂 4,10 - 二硝基 - 2,6,8,12 - 四氧杂 - 4,10 - 二氮杂四环[5.5.0.0.^{5,9}0^{3,11}]十二烷(TEX)、5,5′ - 联四唑 - 1,1′ - 二氧二羟铵(TKX - 50)等在 CMDB 推进剂配方中的添加进行了能量特性计算，为高性能 CMDB 推进剂的发展及应用提供理论指导。

2.2　能量特性计算数值模型

2.2.1　能量特性参数[6]

1. 比冲

推进剂的比冲是指单位质量推进剂产生的冲量。由此定义,则有

$$I_{sp} = \frac{I}{m_p} = \frac{\int_0^{t_n} F \mathrm{d}t}{\int_0^{t_n} \dot{m}_t \mathrm{d}t} \qquad (2-1)$$

式中:I 为全部推进剂装药(质量为 m_p)所产生的总冲量;F 为 t 时刻发动机的推力;$\dot{m}_t$ 为燃烧产物的秒流量或推进剂全燃面的质量流速。

推进剂比冲(比推力)I_{sp} 还可定义为推力与质量流量之比。

$$I_{sp} = \frac{F}{\dot{m}_t} = v_{ef} \qquad (2-2)$$

2. 理论比冲

推进剂在燃烧室内的燃烧可简化为理想的等焓过程,在喷管中的流动膨胀过程可简化为理想的等熵过程。则根据能量守恒方程有

$$H_c + \frac{1}{2} v_c^2 = H_e + \frac{1}{2} v_e^2 \qquad (2-3)$$

式中:H_c 为单位质量推进剂燃气在燃烧室中的总焓;v_c 为单位质量推进剂燃气在燃烧室中的流速;H_e 为单位质量推进剂燃气在喷管出口处的总焓;v_e 为单位质量推进剂燃气在喷管出口处的流速。

由于出口处气流速度远远大于燃烧室气流速度,式(2-3)可简化为

$$v_e = \sqrt{2(H_c - H_e)} \qquad (2-4)$$

当发动机处于最佳膨胀条件下时,$v_{ef} = v_e$,根据式(2-2)有

$$I_{sp} = \sqrt{2(H_c - H_e)} \qquad (2-5)$$

根据热力学知识和燃气在喷管中为绝热可逆流动等假设,可以进一步得到比冲的另一表达形式:

$$I_{sp} = \sqrt{2 \cdot \frac{k}{k-1} \cdot \frac{RT_c}{\overline{M}} \cdot \left[1 - \left(\frac{p_e}{p_c} \right)^{\frac{k-1}{k}} \right]} \qquad (2-6)$$

式中:T_c 为燃烧室温度(K);p_e 为燃气在喷管出口处压强(Pa);p_c 为燃气在燃烧

室内压强(Pa);$\overline{M}$ 为燃气平均相对分子质量;k 为燃气平均比热比;R 为气体常数(kg·m·mol^{-1}·K^{-1})。

由式(2-6)可知,比冲不仅与推进剂本身特性(T_c、$\overline{M}$ 和 k)有关,而且与发动机设计(p_e 和 p_c)有关,因此它是一个整体发动机能量特性的综合评价因子。

3. 冻结比冲和平衡比冲

推进剂燃烧产物在燃烧室的温度和压强下已达到化学平衡,但在喷管膨胀加速过程中,由于温度和压强的下降,原有的化学平衡发生改变,温度降低,促使离解产物复合,而压强下降又促使产物离解,所以喷管中的流动就其化学反应而言,同时伴随着离解和复合反应。

如果燃烧产物在喷管中流动时,其化学反应速度大大超过燃烧产物温度、压强的变化速度,则可认为在喷管流动过程中燃烧产物的成分保持燃烧室条件下的平衡组成不变,即认为燃烧产物的化学平衡状态是"冻结"的,这种流动称为化学冻结流动。这时相应的反应速度为零,按照这种冻结流动条件下计算出的比冲称为冻结比冲。

如果燃烧产物在喷管中流动时,其复合反应速度大大超过燃烧产物温度、压强变化的速度,即当温度降低时,复合反应能瞬间完成,则可认为燃烧产物的成分在喷管的任一截面上均处于化学平衡状态,这种流动称为化学平衡流动。由于喷管各截面处温度、压强均是变化的,所以各截面处燃烧产物的平衡组分也不相同。根据化学平衡流动条件下计算出的比冲称为平衡比冲。

通常,喷管中燃气温度很高,其中必然含有一定量的离解产物。在喷管膨胀流动过程中,如果燃气组成处于冻结状态,离解产物无法复合,则不会放出附加的复合反应热。如果是平衡流动,当温度下降时,离解产物便会发生复合反应,放出复合反应热,并将其进一步转化为喷气动能。这部分热功转换对提高推进剂比冲的效果往往超过了由于复合导致燃气平均分子量增加所产生的不良影响,所以平衡比冲总是高于冻结比冲。可以这样说,在其他条件相同时,平衡比冲是推进剂能量的上限,而冻结比冲是能量的下限。

真实推进剂的比冲具体选择平衡流还是选择冻结流计算,取决于推进剂种类、配方以及发动机工作压强和膨胀压强等。对一般的双基推进剂,其燃烧温度较低,在燃烧过程中产物的离解较少,因而通常按冻结流动计算其理论比冲;而对于能量较高的推进剂,如含铝复合推进剂,其燃烧温度较高,而燃烧室压强较低,燃烧过程中产物的离解也较多,其含有大量的凝聚态产物,因此这类推进剂通常按平衡流动来计算其理论比冲。

4. 标准理论比冲

推进剂的比冲不仅取决于推进剂本身的特性,还与发动机的结构特性有关。

通常根据推进剂热力学性质计算出来的比冲称为理论比冲。但理论比冲计算值随燃烧室压强 P_c、环境压强 P_a、推进剂初温的选择不同而变化,这对于不同的推进剂系统就难以比较,因此需选择一个统一的标准。实际应用中一般规定计算的标准条件如下:

(1) 燃烧室压强 p_c 为 7 MPa;

(2) 环境压强 p_a 为 0.1013 MPa;

(3) 发动机工作为最佳膨胀状态,即 $p_e = p_a$;

(4) 推进剂初温为 298.15K;

(5) 喷管流动为化学平衡流动。

根据上述条件计算出的推进剂比冲称为推进剂的标准理论比冲,通常将它作为推进剂理论比冲的统一比较标准。

5. 密度和密度比冲

实际应用中固体推进剂是直接装填在发动机燃烧室中的,因此固体推进剂密度的大小直接影响燃烧室体积的大小,燃烧室大,发动机的质量要增加,火箭的消极质量增大,这就直接影响到火箭的射程。当推进剂比冲和装药量一定时,为了使发动机质量减小,则要求推进剂密度越大越好。固体推进剂理论估算密度可按下式求得:

$$\rho = \sum_{j=1}^{n} V_j\% \times \rho_j = \frac{1}{\sum_{j=1}^{n} w_j/\rho_j} \qquad (2-7)$$

式中:ρ_j 为推进剂中第 j 种组分的密度;w_j 为推进剂配方中第 j 种组分的质量百分数;$V_j\%$ 为推进剂中某一组分的体积百分含量。

密度比冲是一个全面评价推进剂能量特性的参数,由下式定义:

$$I_\rho = I_{sp} \cdot \rho \qquad (2-8)$$

6. 特征速度

特征速度是与通过喷管的质量流速有关的表征推进剂能量特性的重要参数。根据发动机工作原理,特征速度可表示为

$$C^* = \frac{A_t P_c}{\dot{m}_t} \qquad (2-9)$$

式中:A_t 为发动机喷管的喉部面积。

7. 氧系数、氧平衡和氧含量

1) 氧系数

氧系数(α)为推进剂中氧化元素量与可燃元素完全氧化所需氧化元素量之

28

比,是说明推进剂配方中氧化元素和可燃元素化学配比情况的一个参数。

$$\alpha = \frac{\sum (氧化性元素的摩尔原子数 \times 原子价数)}{\sum (可燃元素完全氧化所需氧化性元素的摩尔原子数 \times 原子价数)}$$

$$(2-10)$$

2)氧平衡

氧平衡(OB)是用来描述推进剂组分缺氧或富氧情况的参数。推进剂中含氧量(或氧化性元素)与所含可燃元素完全氧化所需的氧量之差值与该推进剂相对分子质量之比,乘以 100% 即为氧平衡。

$$OB = \frac{含氧量 - 需氧量}{相对分子质量} \times 100\% \qquad (2-11)$$

如果推进剂组分中所含的氧量能够完全氧化它所含的可燃元素,则称为零氧平衡。氧系数为 1 的化合物或推进剂,它们的氧平衡则为零氧平衡。如果所含氧量多于所需的氧量,则称为正氧平衡;反之,称为负氧平衡。氧平衡又称为有效氧含量。

3)氧含量

氧含量是指推进剂中含氧量的多少,一般来说,氧含量高的化合物其氧平衡亦高,但还要看化合物中可燃元素的多少,故氧含量最高的化合物,氧平衡不一定就高,同样含氧量的化合物若氮元素含量高,则氧平衡就高,若 C、H 等可燃元素多,则氧平衡就低。

$$氧含量 = \frac{化合物中含氧量}{相对分子质量} \times 100\% \qquad (2-12)$$

8. 平均相对分子质量

1000g 固体推进剂与燃烧后生成的燃烧气体产物的总摩尔数之比即为该推进剂的燃烧产物的平均相对分子质量。

$$\overline{M} = 1000/n \qquad (2-13)$$

式中:n 为固体推进剂燃烧产物的总摩尔数;1000 为 1000g 推进剂燃烧后所产生的燃烧产物的总相对分子质量。

推进剂在发动机中燃烧后,产生高温燃烧产物,用最小自由能法可以计算出各种燃气成分的摩尔数及总摩尔数,进而可求得该推进剂的平均相对分子质量。

2.2.2　计算原理

1. 基本假设

固体推进剂能量性能计算的基本假设是:

（1）能量计算基本方程如连续方程、能量方程、动量方程等都是一维的；

（2）燃烧室内气流速度视为零；

（3）在燃烧室内为绝热燃烧；即和外界无热交换，无热损失；

（4）膨胀过程视为等熵膨胀；

（5）燃烧室内燃气为理想气体，凝相产物的体积忽略不计；

（6）气相与凝聚相之间的温度和速度无滞后现象；

（7）平衡流过程指膨胀过程燃烧产物组成瞬时达到平衡；

（8）冻结流过程指膨胀过程燃烧产物组成保持不变。

2. 基本方程

1）质量守恒方程

固体推进剂是由 C、H、O、N、Cl、Al 等元素构成的化学物质的混合物。对于这样一个复杂系统，假设固体推进剂的燃烧产物共有 n 种，而固体推进剂所含有的元素共有 j 种，则对每一种元素而言，单位质量推进剂中所含该元素的原子摩尔数 b_j 应与单位质量推进剂燃气中各产物所含该元素原子摩尔数的总和相等。换言之，单位质量推进剂燃烧前后某元素的摩尔数应该相等。据此，对 j 元素的质量守恒方程可表达为

$$\sum_{i=1}^{n} a_{ij} x_i = b_j \qquad (2-14)$$

式中：a_{ij} 为物系中第 i 种燃烧产物含 j 种元素的原子摩尔数；x_i 为物系燃烧后第 i 种燃气的摩尔数；b_j 为物系中含 j 种元素的摩尔原子数。

2）能量守恒方程

（1）燃烧室。推进剂在火箭发动机内燃烧时，把它所具有的化学能（总焓）转化为热能，从而提高了燃烧产物的温度，如果不考虑损失，燃烧产物又没有对外做功，那么根据能量守恒定律，燃烧前后推进剂的总能量应该不变，燃烧产物的总焓应等于原始推进剂的总焓。

$$H_p = H_c \qquad (2-15)$$

式中：H_p 为单位质量推进剂在初温 T_0 时具有的总焓；H_c 为单位质量推进剂燃烧产物在平衡燃烧温度 T_c 下的总焓。

在燃烧室热力计算中，根据等焓方程来确定平衡燃烧温度，进而计算定温（T_c）和定压（燃烧室工作压强 p_c）条件下单位质量推进剂燃烧产物的平衡组成分布，然后求出平衡燃烧产物在 T_c 下的总熵 S_c。

（2）喷管。由基本假设，喷管流动过程是绝热可逆过程，根据热力学第二定律，在一绝热体系的可逆过程中熵的总量不变，即等熵膨胀。

$$S_c = S_e \qquad\qquad (2-16)$$

式中:S_c为单位质量推进剂燃烧产物在T_c下的总熵;S_e为单位质量推进剂燃烧产物在喷管出口温度T_e下的总熵。

在喷管热力计算中,根据等熵方程来确定燃烧产物在喷管出口截面处的平衡温度T_e,进而计算出在定温(T_e)和定压(p_e)条件下单位质量推进剂燃烧产物在喷管出口处的平衡组成,然后求出喷管出口处平衡燃烧产物的总焓H_e。

将式(2-15)代入式(2-5),则有

$$I_{sp} = \sqrt{2(H_p - H_e)} \qquad\qquad (2-17)$$

根据式(2-17),一旦计算出喷管出口处平衡燃烧产物的总焓,即可求出推进剂的比冲,然后再计算出推进剂的其他能量特性参数。

2.2.3 计算方法

1. 最小自由能法

自由能是反应或过程推动力的纯粹指数,当一种化学反应在一定的压力和温度下进行的时候,该反应系统中的自由能随着反应进行而不断下降,当其自由能下降到最低值时,该反应系统就达到了平衡状态。在高温条件下推进剂燃烧产物可视为理想气体,则整个系统的自由能就等于该系统各组分自由能的总和,已知物质的自由能是压力、温度和浓度的函数,当该体系达到化学平衡时,体系的自由能最小。因此,在一定的压力和温度条件下,求出既能使物系自由能最小又符合质量守恒定律的一组分值,则这组组分值即为该条件下物系的平衡组成,进而可以算出燃烧室和喷管出口的温度和其他热力学函数,根据能量特性参数计算式可获得推进剂比冲、特征速度、比热比等能量参数。

设体系由l种化学元素,m种燃气组成。体系自由能G为燃气中各种产物的自由能函数之总和:

$$G = \sum_{i=1}^{m} G_i \qquad\qquad (2-18)$$

又

$$G_i = n_i \left[(\Delta_f G_m^\ominus)_i + R \cdot T \cdot \ln \frac{n_i \cdot P}{\left(\sum_i n_i\right) \cdot P^\ominus} \right] \qquad (2-19)$$

$$\frac{(\Delta_f G_m^\ominus)_i}{R \cdot T} = \frac{1}{R} \left[\frac{(\Delta_f H_m^\ominus)_i}{T} - (S_{m \cdot T}^\ominus)_i \right] \qquad (2-20)$$

故

$$\frac{G_i}{R \cdot T} = n_i \left[\frac{1}{R} \frac{(\Delta_f H_m^\Theta)_i}{T} - (S_{m \cdot T}^\Theta)_i + \ln P + \ln n_i - \ln \sum_i n_i - \ln P^\Theta \right]$$

$$(2-21)$$

取函数 $E = G/RT$,则

$$E = \sum_{i=1}^m n_i \left[\frac{1}{R} \frac{(\Delta_f H_m^\Theta)_i}{T} - (S_{m \cdot T}^\Theta)_i + \ln P + \ln n_i - \ln \left(\sum_i n_i \right) - \ln P^\Theta \right]$$

$$(2-22)$$

此时,n_i 需满足以下条件:

$$\left. \begin{array}{ll} n_i \geqslant 0 & (i = 1,2,3,\cdots,m) \\ \displaystyle\sum_{i=1}^m a_{ij} \cdot n_i = (n_E)_j & (j = 1,2,3,\cdots,l) \end{array} \right\}$$

$$(2-23)$$

最小自由能法就是求出在满足式(2-23)条件下的一组 n_i 值,使得体系自由能最小。这是一个多元函数的条件极值问题,用拉格朗日乘数法则可解决。拉格朗日乘数法则简述如下:

对 m 元函数 $f(n_1,n_2,\cdots,n_m)$ 在 $l(l < m)$ 个附加条件

$$\left. \begin{array}{l} \psi_1(n_1,n_2,\cdots,n_m) = 0 \\ \psi_2(n_1,n_2,\cdots,n_m) = 0 \\ \qquad\qquad \vdots \\ \psi_l(n_1,n_2,\cdots,n_m) = 0 \end{array} \right\}$$

$$(2-24)$$

将常数 1、λ_1、λ_2、$\cdots$、λ_l 顺次乘以 f、ψ_1、ψ_1、$\cdots$、ψ_l 并把结果相加得

$$L(n_1,n_2,\cdots,n_m) = f + \lambda_1\psi_1 + \lambda_2\psi_2 + \cdots + \lambda_l\psi_i \qquad (2-25)$$

则其极值必要条件为

$$\left\{ \begin{array}{l} \dfrac{\partial L}{\partial n_1} = \dfrac{\partial f}{\partial n_1} + \lambda_1 \dfrac{\partial \psi_1}{\partial n_1} + \cdots + \lambda_1 \dfrac{\partial \psi_1}{\partial n_1} = 0 \\[3mm] \dfrac{\partial L}{\partial n_2} = \dfrac{\partial f}{\partial n_2} + \lambda_1 \dfrac{\partial \psi_1}{\partial n_2} + \cdots + \lambda_1 \dfrac{\partial \psi_1}{\partial n_2} = 0 \\[1mm] \qquad\qquad\qquad\qquad \vdots \\ \dfrac{\partial L}{\partial x_m} = \dfrac{\partial f}{\partial n_m} + \lambda_1 \dfrac{\partial \psi_1}{\partial n_m} + \cdots + \lambda_1 \dfrac{\partial \psi_1}{\partial n_m} = 0 \end{array} \right.$$

$$(2-26)$$

联立式(2-24)、式(2-26)约 $m + l$ 个方程即可解出 n_1、n_2、$\cdots$、n_m 及 λ_1、λ_2、$\cdots$、λ_l。

2. 遗传算法

配方设计工作时,总是力求从各种可能的方案中选择最优方案,推进剂配方优化设计就是基于这种思想,建立在最优化数学理论和现代计算技术的基础上,运用计算机自动计算和设计得出最优方案,是一种通过模拟自然进化过程搜索最优解的方法,包括选择、交叉、变异、评估等几个步骤。在优化问题中,如果目标函数是多峰或者搜索空间不规则,就要求所使用的算法必须具有高度的鲁棒性,避免在局部最优解附近徘徊。其优点恰好是擅长全局搜索,它本身并不要求对优化问题的性质作一些深入的数学分析。

1) 遗传算法中解的表示结构

最优化问题的解有两种表示方法——二进制向量或浮点向量。使用二进制向量作为一个结果来表示决策变量的真实值,向量的长度依赖于要求的精度,在求解复杂优化问题时,二进制向量表示结构不太方便;浮点向量法中,每一个结果由一个浮点向量表示,其长度与解向量相同。

在求解能量特性的最优解的过程中,研究中采用了浮点向量法,因为每个配方中组分的范围是[0,100]中的实数。这样可以方便最优解的评估以及进化操作。

2) 遗传算法中约束条件的处理

处理约束条件的关键在于两点:①删除约束条件中的所有等式;②设计恰当的操作以保证所有新产生的结果的可行集中。约束优化问题可以用如下公式表示:

$$\min f(x)$$

$$\text{s. t.} \begin{cases} g_i(x) \leqslant 0, i = 1, 2, \cdots, P \\ h_j(x) = 0, j = 1, 2, \cdots, Q, Q \leqslant M \end{cases} \quad (2-27)$$

$$x \in R^M, x = (x_1, x_2, \cdots, x_M), x_i \in [L_i, U_i]$$

通常遗传算法处理等式约束的方法是把一个等式变成两个不等式约束,这种方法的确定很难随机产生可行解,从而影响了算法的精度和收敛速度,并且不一定能得到真正的最优解;另一种是在等式约束的一边添加一个很小的数,把等式约束条件放宽。这种方法的缺陷是等式约束条件放宽以后,得到的解可能是比真实的最优值要小,放得越宽(即数取值越大),得到的解所对应的目标函数值可能要比真实的最优值更小。但是,这样的解不是真实的可行解。下面介绍使用参数方程法解决参数约束问题,由于向量维数是 M,把 Q 个等式约束看作一个参数方程组,不失一般性,我们选择 $M - Q$ 个变量 x_1、x_2、$\cdots$、x_{M-Q} 作为参数,利用参数方程求解方法,可得到参数解的一般形式:

$$\begin{cases} x_{M-Q+1} = q_1(x_1, x_2, \cdots, x_{M-Q}) \\ x_{M-Q+1} = q_2(x_1, x_2, \cdots, x_{M-Q}, x_{M-Q+1}) \\ \vdots \\ x_{M-1} = q_{Q-1}(x_1, x_2, \cdots, x_{M-Q-3}, x_{M-Q-2}) \\ x_M = q_Q(x_1, x_2, \cdots, x_{M-Q-2}, x_{M-Q-1}) \end{cases} \tag{2-28}$$

这样利用这个参数方程加上各个参数的约束就可以产生种群。

3）初始化种群

定义整数 pop_size 作为结果的个数,并且随机产生 pop_size 个结果。一般情况下由于优化问题的复杂性,解析产生可行的结果是困难的,可以用两种方法来代替。

(1) 设决策者能够给出可行集中的一个内点,记为 V_0,定义一个足够大的数 M,以保证遗传操作遍及整个可行集,此大数 M 不仅在初始化过程中使用而且在变异操作中使用。结果产生的方法:在 R_n 中随机选择一个方向 d,如果 $V_0 + M^* d$ 满足不等式约束,则将 $V = V_0 + M^* d$ 作为一个结果,否则,置 M 为 $0 \sim M$ 之间的一个随机数,直到 $V_0 + M^* d$ 可行为止。由于 V_0 是内点,所以在有限步内可以找到满足约束的可行解。重复以上过程 pop_size 次,从而产生 pop_size 个初始结果 $V_1, V_2, \cdots, V_{\text{pop\_size}}$。

(2) 如果决策者不能给出这样的内点,但可以确定一个包含最优解(不一定是整个可行集)的区域,一般情况下把该区域设计成一个易于计算的形状,从其中产生一个随机点,并检验其可行性。如果可行,则作为一个结果,否则,从区域中重新产生随机点,直到得到可行解为止。重复以上过程 pop_size 次,从而产生 pop_size 个初始结果 $V_1, V_2, \cdots, V_{\text{pop\_size}}$。

4）遗传算法中的评价函数

评价函数 eval(V) 用来对种群中的每一个结果 V 设定一个概率,以使该结果被选择的可能性与其种群中其他结果的适应性成比例(即通过轮盘赌,适应性强的结果被选择产生后代的机会要大)。有两种方法:

(1) 设目前该代中的结果为 $V_1, V_2, \cdots, V_{\text{pop\_size}}$,可以根据结果的序进行再生分配,而不是根据其实际的目标值而分配。无论何种数学规划都可以作一合理假设,在结果 $V_1, V_2, \cdots, V_{\text{pop\_size}}$ 中,决策者可以给出一个序的关系,使结果由好到坏进行重排。设参数 $a \in (0,1)$ 给定,定义基于序的评价函数为 eval($V_i = a(1-a)i - 1, i = 1, 2, \cdots, \text{pop\_size}$)。

(2) 通过对适应度的适当缩放调整(适应度定标)来设计评价函数,用 f_1, $f_2, \cdots, f_{\text{pop\_size}}$(即结果 $V_1, V_2, \cdots, V_{\text{pop\_size}}$ 各自的目标值)表示原来的适应度。

5）遗传算法中的选择过程

选择过程是以旋转赌轮 pop_size 次为基础,每次旋转都为新的种群选择一个结果,赌轮是按每个结果的适应度进行选择的,无论选择哪一种评价函数,选择过程都可以写成 4 个主要步骤:

（1）对每个结果 V_i 计算累计概率 q_i:

$$\begin{cases} q_0 = 0 \\ q_i = \sum_{j=1}^{i} \text{eval}(v_j), i = 1, 2, \cdots, \text{pop\_size} \end{cases}$$

（2）从区间 $(0, q_{\text{pop\_size}}]$ 中产生一个随机数 r;

若 $q_i - 1 < r < q_i$,则选择第 i 个结果 $V_i (1 \leq i \leq \text{pop\_size})$;

（3）重复步骤（2）和步骤（3）共 pop_size 次,这样可以得到 pop_size 个复制的结果。

在上述的过程中,并没有要求满足条件 $q_{\text{pop\_size}} = 1$,实际上可以用 $q_{\text{pop\_size}}$ 除以所有的 $q_i = 1, 2, \cdots, \text{pop\_size}$ 使 $q_{\text{pop\_size}} = 1$,新得到的概率同样与适应度成比例,这一点并没有在遗传过程中产生任何影响。

6）遗传算法中的交叉操作

首先定义参数 P_c 作为交叉操作的概率,这个概率说明种群中有期望值为 $P_c * \text{pop\_size}$ 个结果来进行交叉操作。为确定交叉操作的父代,从 $i = 1$ 到 pop_size 重复以下步骤:

从 $[0, 1]$ 中产生随机数 r,如果 $r < P_c$,则选择 V_i 作为一个父代。用 $V_{1'}$、$V_{2'}$、$V_{3'}$、$\cdots$ 表示上面选择的父代,并把它们随机分成下面的对 $(V_{1'}, V_{2'})$ $(V_{3'}, V_{5'})$ $(V_{5'}, V_{6'})\cdots$,以 $(V_{1'}, V_{2'})$ 为例,首先从开区间 $(0, 1)$ 中产生一个随机数 c,在 $V_{1'}$ 和 $V_{2'}$ 间进行交叉操作,产生两个后代 X 和 Y,其中 $X = c * V_{1'} + (1 - c) * V_{2'}$,$Y = (1 - c) * V_{1'} + c * V_{2'}$,如果可行集是凸的,在两个父代可行的情况下,能够保证两个后代也是可行的。但在许多情况下,可行集不一定是凸的,或很难验证其凸性,此时必须检验每一个后代的可行性。如果两个后代都可行,则用它们代替其父代,否则,保留其中可行的（如果存在）,然后产生新的随机数 c,重新进行交叉操作,直到得到两个可行的后代或循环给定次数为止,无论如何,仅用可行的后代取代其父代。

7）遗传算法中的变异操作

定义参数 P_m 作为遗传系统中的变异概率,这个概率表明,总体中有期望值为 $P_m * \text{pop\_size}$ 个结果用来进行变异操作。由 $i = 1$ 到 pop_size,重复下列过程:从区间 $[0, 1]$ 中产生随机数 r,如果 $r < P_m$,则选择结果 V_i 作为变异的父代。对

每一个选择的父代,用 $V = (x_1, x_2, \cdots, x_n)$ 表示,按下列方法进行变异:在 R_n 中随机选择变异方向 d,如果 $V + M^* d$ 是不可行的,就置 M 为 $0 \sim M$ 之间的随机数,直到其可行为止,其中 M 是初始化过程定义的一个足够大的数。如果在预先给定的迭代次数之内没有找到可行解,则置 $M = 0$。无论 M 为何值,总用 $X = V + M^* d$ 代替 V。

2.3 ECS 计算程序

燃烧与爆炸技术重点实验室基于最小自由能法和遗传算法编制了"能量计算之星"程序(ECS)[7],能通过输入的推进剂配方组分迅速地计算出能量特性,并能优化出最高比冲(或特征速度)下的最佳配比,具备绘制多种等性能三角图、二维等高图和三维立体图功能,可将推进剂配方的成分对能量特性贡献的大小直观地表示出来(图 2-1)。

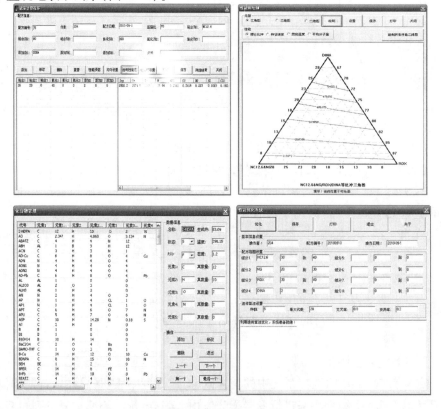

图 2-1 ECS 程序界面

2.3.1 能量特性参数计算及图形显示

应用编制的 ECS 计算程序对典型改性双基推进剂的能量性能进行了计算，利用程序的绘图功能绘制了等性能三角图、三维立体图、二维等高图，由图可形象、直观地看出组分与能量特性参数的关系。CMDB – 1 推进剂配方（质量分数）如表 2 – 1 所示，其中 NC 的氮含量为 12%。能量特性参数计算结果如表 2 –2 所示。图 2 – 2 ~ 图 2 – 4 分别为能量特性参数的三角图、三维立体图、二维等高图。

表 2 – 1   CMDB – 1 推进剂配方

配方	$w/\%$				
	NC	NG	DINA	RDX	Al
1	4.4444	4.4444	4.4444	73.3333	13.3333
2	3.0556	3.0556	3.0556	69.1667	21.6667
3	7.2222	7.2222	7.2222	69.1667	9.1667
4	3.0556	3.0556	3.0556	81.6667	9.1667
5	1.6667	1.6667	1.6667	77.5	17.5
6	5.8333	5.8333	5.8333	65	17.5
7	5.8333	5.8333	5.8333	77.5	5
8	10	10	10	65	5
9	1.6667	1.6667	1.6667	90	5
10	1.6667	1.6667	1.6667	65	30

表 2 – 2   CMDB – 1 推进剂能量特性参数计算结果

配方	$I_{sp}/\text{N} \cdot \text{s} \cdot \text{kg}^{-1}$	$C^*/\text{m} \cdot \text{s}^{-1}$	T_c/K	M_c	$\rho/\text{g} \cdot \text{cm}^{-3}$
1	2706.0	1669.3	3767	28.68	1.8564
2	2681.9	1641.9	3842	31.08	1.9239
3	2674.8	1655.3	3603	27.56	1.8050
4	2692.3	1667.2	3625	27.33	1.8442
5	2727.7	1676.0	3873	29.94	1.9108
6	2710.6	1666.3	3873	30.22	1.8687
7	2648.0	1649.8	3454	26.27	1.7935
8	2630.8	1638.3	3432	26.49	1.7563
9	2665.1	1661.7	3476	26.06	1.8322
10	2472.4	1494.7	3412	34.15	1.9965

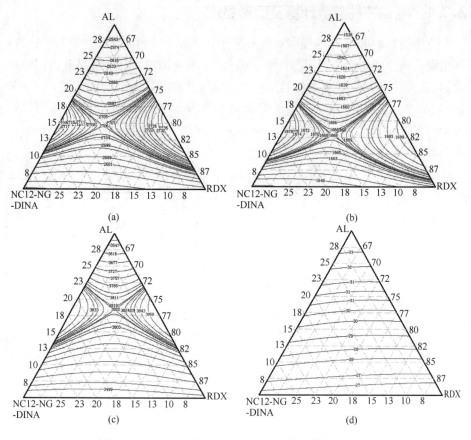

图 2-2　NC12-NG-DINA/RDX/Al 能量特性三角图

（a）等比冲；（b）等特征速度；（c）等燃烧温度；（d）等平均相对分子质量。

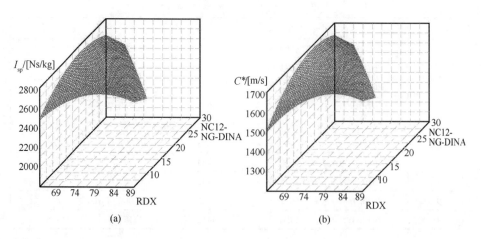

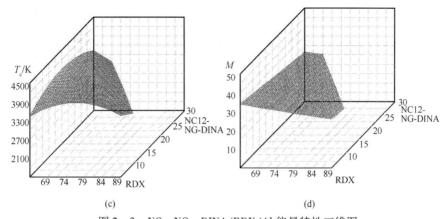

(c)   (d)

图 2 – 3　NC – NG – DINA/RDX/Al 能量特性三维图

（a）比冲；（b）特征速度；（c）燃烧温度；（d）平均相对分子质量。

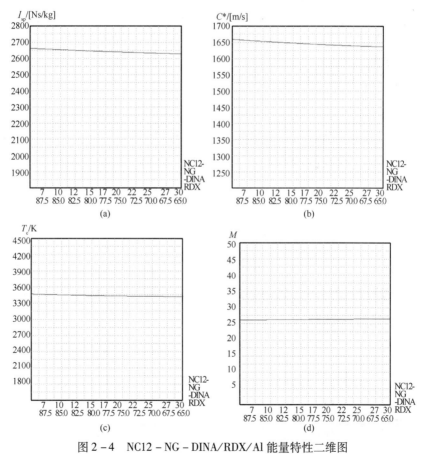

(a)   (b)

(c)   (d)

图 2 – 4　NC12 – NG – DINA/RDX/Al 能量特性二维图

（a）比冲；（b）特征速度；（c）燃烧温度；（d）平均相对分子质量。

由以硝化棉、硝化甘油及吉纳（NC – NG – DINA）为黏合剂,黑索今（RDX）为氧化剂,铝粉为添加剂组成的复合改性双基推进剂比冲三角图可知,当氧化剂含量为 75% ~87%,铝粉含量为 10% ~19%,出现了高比冲的对称范围区,比冲由 2705N·s·kg^{-1}向两边扩展,逐步升高至 2735N·s·kg^{-1},在这个双曲线范围之内可结合工艺实践调整配方。等特征速度、等燃烧温度三角图与等比冲三角图类似,都存在对称范围区,在双曲线范围内可以针对特征速度和燃烧温度进行配方调节。随着氧化剂含量的减少,铝粉含量的增加,燃气平均相对分子质量呈增加趋势。

由能量特性三维图可形象、直观看出推进剂配方组分与标准理论比冲、特征速度、燃烧温度、燃气平均相对分子质量之间的立体关系。

由能量特性二维图可直接看出推进剂组分含量变化对标准理论比冲、特征速度、燃烧温度、燃气平均相对分子质量的影响。

2.3.2 能量优化

1. 能量优化功能

采用 ECS 程序对典型复合改性双基推进剂进行能量优化计算,图 2 – 5 为三组分到八组分的优化计算过程界面显示。

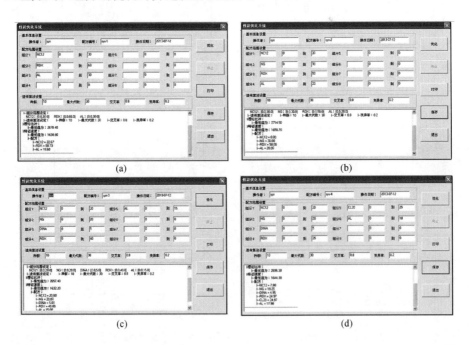

(a)　　　　　　　　　　　　(b)

(c)　　　　　　　　　　　　(d)

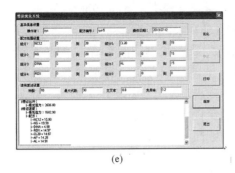
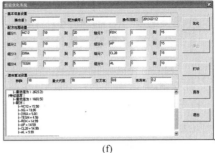

(e)　　　　　　　　　　　　　　　　　　　(f)

图 2-5　能量优化

(a) 三组分；(b) 四组分；(c) 五组分；(d) 六组分；(e) 七组分；(f) 八组分。

2. 改性双基推进剂能量优化计算及分析

影响遗传优化计算结果的主要因素是种群个数和迭代次数，针对典型复合改性双基推进剂，通过改变种群个数和迭代次数对配方进行优化计算，表 2-3 列出了优化计算结果，其中 NC 的氮含量为 12%。

表 2-3　种群个数和迭代次数对优化结果的影响

能量优化	种群个数	迭代次数	配方/%					$I_{sp}/N \cdot s \cdot kg^{-1}$
			NC	NG	C_2	RDX	DINA	
实例	—	—	30	29	1	37	3	2522.0
优化结果 1	2	10	30.44	28.07	1.2	37.39	3.2	2519.1
优化结果 2	5	20	30.13	29.4	1	35.47	4	2523.7
优化结果 3	10	40	30	29.47	1	36.63	2.9	2525.3
优化结果 4	15	50	30	28.86	1	37.74	2.4	2525.1
优化结果 5	20	50	30	29.28	1	37.32	2.4	2525.7
优化结果 6	20	80	30	29.53	1	37.32	2.15	2526.2
优化结果 7	25	100	30	29.61	1	36.99	2.4	2526.0

由表 2-3 可以看出，种群个数选取 5~25，迭代次数选取 20~100 时，优化计算结果波动不大。迭代次数选择 100 次，种群个数选择 25 个，结果最优。

2.3.3　ECS 与 CEA、Tian 的计算对比

NASA-CEA[4,5]（Chemical Equilibrium and Applications）是美国国家航空航天局飞行推进实验室（NASA Lewis Flight Propulsion Laboratory）的专业部门 NASA Lewis Research Center 为火箭、导弹用推进剂理论性能预估建立的计算代

码,可以计算给定热力学状态的化学平衡、膨胀过程中平衡流和冻结流,可以计算火箭的能量性能、入射和反射冲击波的性质以及爆轰性质等。

田德余教授将能量性能计算与优化方法、图形绘制功能相结合,编制了田氏能量性能优化程序[8],能通过用户输入的推进剂配方组分迅速计算出能量特性,并能优化出最高比冲下的最佳配比,为推进剂配方设计提供了很大的方便。

ECS 计算程序主要用于固体推进剂能量特性、发射药火药力计算等,可以用来确定任意化学系统在给定条件下的平衡特性、化学组成和相组成,也可以用于计算热力学和热物理性质。该程序在推进剂型号配方研制、高温高压下的发射药配方研制方面发挥了重要作用。

选用上述三种程序对典型 CMDB 推进剂进行能量特性参数计算,验证 ECS 程序的计算准确性。理论计算初始假设条件为:燃烧室压力设定为 7 MPa,喷管出口压力水平为 0.1013 MPa,配方组分化学式及生成热数据完全相同。针对三种不同的推进剂配方体系,通过改变配方中的组分配比进行循环计算。

1. CMDB-2 推进剂能量的计算

CMDB-2 推进剂配方(质量分数)如表 2-4 所示,其中 NC 的氮含量为 12%。能量特性参数计算结果如表 2-5 所示。

表 2-4　CMDB-2 推进剂配方

配方	$w/\%$				
	NC	NG	RDX	CL-20	Al
1	2.5	2.5	38.75	38.75	17.5
2	8.75	8.75	32.5	32.5	17.5
3	8.75	8.75	38.75	38.75	5
4	15	15	32.5	32.5	5
5	2.5	2.5	45	45	5
6	2.5	2.5	32.5	32.5	30

表 2-5　CMDB-2 推进剂能量特性参数计算结果

配方	$I_{sp}/N \cdot s \cdot kg^{-1}$			$C^*/m \cdot s^{-1}$			T_c/K			M_c		
	ECS	CEA	田氏	ECS	CEA	田氏	ECS	CEA	田氏	ECS	CEA	田氏
1	2720.8	2715.4	2723.6	1657.8	1651.9	1665.1	4011	3966	4039	29.18	30.11	32.24
2	2701.1	2696.3	2702.7	1647.2	1641.5	1653.5	3996	3951	4022	29.32	30.37	32.41
3	2663.9	2663.1	2660.9	1643.8	1642.8	1644.7	3602	3592	3602	27.58	27.17	28.31
4	2641.8	2641.2	2638.1	1629.9	1629.0	1630.3	3561	3552	3561	27.69	27.35	28.43
5	2686.0	2685.1	2683.6	1657.8	1656.7	1659.0	3643	3631	3644	27.48	27.00	28.20
6	2450.8	2447.8	2456.0	1498.1	1492.4	1502.0	3613	3564	3631	31.21	32.69	35.66

由表 2-5 可知,用 3 种能量程序计算的标准理论比冲一致性很高,计算值的相对偏差在 0.3% 之内;3 种程序计算的特征速度相对偏差小于 0.8%,燃烧温度的相对偏差小于 1.9%;当 Al 质量分数小于 17.5% 时,3 种能量程序计算的燃气平均相对分子质量相对偏差小于 10%,当 Al 质量分数为 30% 时,ECS 与田氏程序计算燃气平均相对分子质量的相对偏差达到 14.25%。

2. CMDB-3 推进剂能量的计算

CMDB-3 推进剂配方(质量分数)如表 2-6 所示,其中 NC 的氮含量为 12.6%。能量特性参数计算结果如表 2-7 所示。

表 2-6　CMDB-3 推进剂配方

配方	w/%					
	NC	NG	TEGN	RDX	CL-20	Al
1	4.5	4.5	4.5	36.5	36.5	13.5
2	3	3	3	35	35	21
3	7	7	7	35	35	9
4	3	3	3	40.5	40.5	10
5	1.6	1.6	1.6	40	40	15.2
6	5.8	5.8	5.8	32.5	32.5	17.6
7	5.8	5.8	5.8	38.75	38.75	5.1
8	10	10	10	32.5	32.5	5

表 2-7　CMDB-3 推进剂能量特性参数计算结果

配方	$I_{sp}/N \cdot s \cdot kg^{-1}$			$C^*/m \cdot s^{-1}$			T_c/K			M_c		
	ECS	CEA	田氏	ECS	CEA	田氏	ECS	CEA	田氏	ECS	CEA	田氏
1	2716.5	2701.0	2703.4	1667.5	1656.8	1664.5	3897	3841	3894	26.94	28.76	30.30
2	2689.0	2675.9	2686.8	1633.8	1624.4	1638.9	3952	3898	3975	28.25	30.61	32.70
3	2697.4	2675.5	2674.9	1662.0	1648.7	1652.3	3718	3665	3690	26.28	27.51	28.60
4	2709.9	2699.8	2699.9	1667.1	1660.1	1664.8	3806	3768	3800	26.65	27.98	29.32
5	2726.2	2717.9	2723.0	1668.6	1661.0	1671.8	3974	3924	3989	27.39	29.35	31.20
6	2719.5	2699.6	2706.6	1659.5	1645.9	1658.7	3950	3885	3959	27.40	29.68	31.52
7	2678.9	2659.5	2658.4	1657.8	1646.8	1649.2	3596	3555	3569	25.97	26.67	27.59
8	2655.2	2631.2	2630.0	1652.5	1633.4	1635.5	3540	3476	3489	25.71	26.42	27.15

由表 2 - 7 可知,ECS 计算的标准理论比冲值与 CEA、田氏计算值符合较好,ECS 与 CEA、田氏计算值相对偏差均小于 0.9%;ECS 计算的特征速度值与 CEA、田氏计算值相对偏差为 0.8%、0.5%;燃烧温度 ECS 计算值与 CEA、田氏计算值相对偏差为 1.8%、1.4%;燃气平均相对分子质量 ECS 计算值与 CEA、田氏计算值相对偏差为 8%、14%,说明 ECS 在能量特性参数计算方面与 CEA 符合较好。

3. CMDB - 4 推进剂能量的计算

CMDB - 4 推进剂配方(质量分数)如表 2 - 8 所示,其中 NC 的氮含量为 12%。能量特性参数计算结果如表 2 - 9 所示。

表 2 - 8　CMDB - 4 推进剂配方

配方	$w/\%$					
	NC	NG	DINA	AP	RDX	Al
1	2	2	1	45	45	5
2	12	12	6	32.5	32.5	5
3	2	2	1	32.5	32.5	30
4	7	7	3.5	38.75	38.75	5
5	7	7	3.5	32.5	32.5	17.5
6	2	2	1	38.75	38.75	17.5
7	3.6667	3.6667	1.8333	40.8333	40.8333	9.1667
8	8.6667	8.6667	4.3333	34.5833	34.5833	9.1667
9	3.6667	3.6667	1.8333	34.5833	34.5833	21.6667
10	5.3333	5.3333	2.6667	36.6667	36.6667	13.3333

表 2 - 9　CMDB - 4 推进剂能量特性参数计算结果

配方	$I_{sp}/N \cdot s \cdot kg^{-1}$			$C^*/m \cdot s^{-1}$			T_c/K			M_c		
	ECS	CEA	田氏	ECS	CEA	田氏	ECS	CEA	田氏	ECS	CEA	田氏
1	2575.1	2574.2	2573.1	1560.7	1560.0	1562.1	3403	3398	3405	28.13	28.87	30.96
2	2590.7	2589.8	2588.8	1573.6	1572.8	1574.9	3432	3427	3435	27.91	28.64	30.50
3	2579.5	2572.3	2589.8	1547.0	1541.7	1558.7	4174	4121	4202	31.90	36.39	39.42
4	2587.0	2586.1	2584.9	1568.2	1567.5	1569.7	3423	3418	3425	28.04	28.77	30.84
5	2625.9	2623.6	2627.1	1587.7	1585.5	1591.9	3929	3906	3936	29.45	32.31	34.92
6	2624.3	2622.1	2625.5	1585.0	1582.9	1589.2	3941	3920	3947	29.66	32.55	35.32
7	2603.8	2602.7	2602.6	1575.6	1574.8	1577.6	3600	3594	3603	28.60	30.01	32.43
8	2606.9	2605.9	2605.8	1580.0	1579.2	1581.9	3603	3596	3606	28.45	29.85	32.08
9	2625.2	2621.2	2628.4	1583.3	1579.5	1589.2	4069	4032	4080	30.18	33.74	36.58
10	2618.5	2617.1	2618.3	1584.1	1582.9	1587	3775	3763.3	3779	29.02	31.15	33.68

由表 2-9 可知,标准理论比冲 ECS 计算值与 CEA、田氏计算值相对偏差均小于 0.3%;特征速度 ECS 计算值与 CEA、田氏相对偏差为 0.4%、0.8%,而田氏与 CEA 特征速度计算值相对偏差为 1.1%,说明在特征速度计算方面,ECS 与 CEA 符合较好;燃烧温度 ECS 计算值与 CEA 计算值相对偏差小于 1.2%,与田氏计算值相对偏差小于 0.7%,而田氏燃烧温度计算值与 CEA 相对偏差最大为 2%,说明在燃烧温度计算方面,ECS 与 CEA 符合较好;燃气平均相对分子质量计算值 ECS 与 CEA 相对偏差最大为 12%,与田氏最大相对偏差为 19%,而田氏与 CEA 相对偏差最大为 9%。

2.3.4　ECS 计算值与实验值对比

利用 ECS 程序对在研 CMDB 推进剂配方进行了能量计算,并将计算结果与兵器 Φ50 标准发动机实验结果进行了比较,由于 Φ50 标准发动机实验过程中有热损失,因此对程序的理论计算结果乘以 0.9 的比冲效率修正系数。在研 CM-DB 推进剂配方见表 2-10 ~ 表 2-14,其中 NC 的氮含量为 12%。实验曲线见图 2-6,对比数据见表 2-15。

表 2-10　双基推进剂标准物质 BC1-0401

NC + NG	DEP	C_2	VSL	Al_2O_3	催化剂
87	5	2.0	1.5	1.5	3

表 2-11　改性双基推进剂标准物质 BC2-0401

NC + NG	DINA	RDX	C_2	2-NDPA	Al_2O_3	催化剂
58.4	3.7	32.3	1.5	1.5	1.5	2.6

表 2-12　改性双基推进剂配方 09BD-13-5

NC + NG	DINA	RDX	FOX-12	2-NDPA	Al	催化剂
54	2	28.5	5	1.5	5	4

表 2-13　改性双基推进剂配方 09BD-13-6

NC + NG	DINA	RDX	FOX-12	2-NDPA	Al	催化剂
54	2	23.5	10	1.5	5	4

表 2-14　改性双基推进剂配方 09BD-23

NC + NG	DINA	HMX	C_2	2-NDPA	Al	催化剂
54	2	34	1	1	5	2

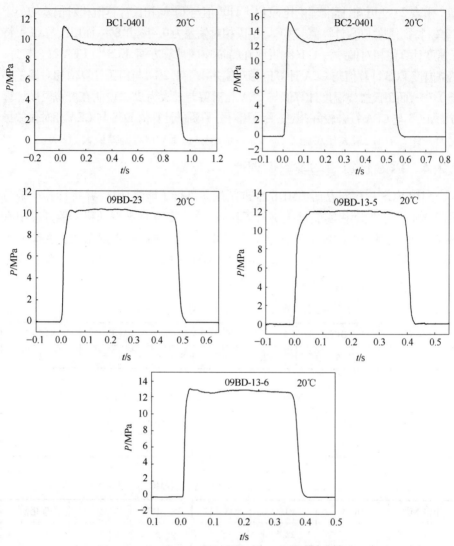

图 2 - 6 在研 CMDB 推进剂的 Φ50 发动机实验曲线

表 2 - 15 计算结果与 Φ50 发动机试验结果的比较

推进剂	理论计算值 /N·s·kg⁻¹	比冲效率 0.90 时 的比冲/N·s·kg⁻¹	Φ50 发动机实测 结果/N·s·kg⁻¹	相对偏差/%
BC1 - 0401	2227.3	2004.6	1952.88	2.65
BC2 - 0401	2500.2	2250.2	2222.63	1.24
09BD - 23	2589.5	2330.6	2350.86	- 0.86
09BD - 13 - 5	2567.6	2310.8	2330.87	- 0.86
09BD - 13 - 6	2563.0	2306.7	2320.32	- 0.59

由表 2－15 可知,ECS 计算值与兵器 Φ50mm 标准发动机中的实验测试值(在考虑了热损失后)符合较好,相对偏差值在 ±3％ 以内。

为了进一步验证 ECS 的改性双基推进剂配方设计能力,对已定型的推进剂配方进行了能量计算,并将理论比冲计算值与定型配方实测数据进行了对比,如表 2－16 所示。

表 2－16　软件计算结果与已定型配方实验结果的比较

推进剂	理论计算值/N·s·kg^{-1}	比冲效率 0.90 时的比冲/N·s·kg^{-1}	Φ50 发动机实测结果/N·s·kg^{-1}	相对偏差/％
GHQ－2－1(G)	2470.7	2223.6	2254	－1.35
GHQ－2A(G)	2490.2	2241.2	2265	－1.05
双铅－2(S)	2176.6	1958.9	1948.24	0.55
P15(G)	2588.3	2329.5	2377	－2.00
ST$_0$－1(S)	2245.7	2021.1	2032	－0.53
SDP－10(S)	2132.8	1919.5	1960	－2.07
SQ－5(S)	2202.5	1982.3	1976	0.316
PT－12(S)	2228.8	2005.9	2030.56	－1.21
双钴－2(S)	2168.2	1951.4	1963.92	－0.64
ZNP－20(S)	2361.1	2125	2109.94	0.713
84(G)	2639.1	2375.2	2355	0.857
161(S)	2297.1	2067.4	2047.22	0.985
双石－2(S)	2208.9	1988	1965.88	1.126
171－25(S)	2562.6	2306.3	2279.48	1.178
双铅－1(S)	2199.2	1979.3	1952.16	1.389
13 螺压少烟(G)	2588.3	2329.5	2292	1.635
671－3(S)	2320	2088	2053.1	1.7
双芳镁－1(S)	2205	1984.5	1949.22	1.81
KPT(S)	2163.9	1947.5	1992.34	－2.25
M－54(S)	2068.7	1861.8	1910	－2.52
浇铸双基平台－1(S)	2178.7	1960.8	1905.12	2.924
MS－10(S)	2155.7	1940.1	2007	－3.33
双钴－1(S)	2116.9	1905.2	1966.86	－3.13
GOQ－1－1(DG)	2083.4	1875.1	1810	3.594
MSD－1(DG)	2453.9	2208.5	2310	－4.39

由表 2 - 16 可以看出,理论比冲 ECS 计算值在考虑比冲效率后,与数据库中定型配方实验测试比冲符合较好,相对偏差大部分在 ±3% 以内。部分计算结果略有超差,但超差范围很小,进一步验证了 ECS 在推进剂理论比冲方面的准确性和可靠性。

2.4 含金属氢化物 CMDB 推进剂能量特性

金属氢化物(金属燃料与氢的有机结合体)用作高热值火炸药组分,为高能火炸药研究带来新的思路。一方面,金属氢化物作为优良的储氢材料,含氢量达 5%～15%,体积氢密度是液氢的 2 倍,由此使得更适合氢的贮存和推进应用,且燃烧产物平均相对分子质量大大降低;另一方面,金属氢化物是一种高效、方便的释氢材料,热分解温度为 100～900℃,远远低于燃烧室中推进剂燃烧温度。在发动机工作过程中,氢完全被释放出来,释放出来的氢与分离后的金属一起参与燃烧和能量释放,增加了反应体系及燃烧产物流动的热能,由此使得比冲大大增加。

国外对金属氢化物材料性能及其在含能材料中的应用已进行了系统化的研究[9-11],研究表明,含 AlH_3 推进剂比冲比含 Be 的推进剂高 17% 左右。另据报道,俄罗斯已将其应用于固体推进剂和云雾爆轰药中,其 AlH_3/ADN 体系的新型高能推进剂实测比冲已经突破 2940 N·s·kg^{-1}。在解决了 AlH_3 的不稳定性及与黏合剂不相容的问题后,将 AlH_3 成功应用于"白杨"导弹。

表 2 - 17 列出了金属氢化物材料性能参数[12],由于 B 与一般氧化剂很难完全燃烧,Be 及其化合物有剧毒,不适合在推进剂中应用,因此没有列出。

表 2 - 17 金属氢化物材料理化性能

金属氢化物	密度/g·cm^{-3}	氢含量/%	体积氢密度/g·L^{-1}	分解温度/K	生成热/kJ·mol^{-1}
AlH_3	1.486	10	150.1	423	-11.51
BaH_2	4.21	1.45	61.0	948	-178.7
CaH_2	1.7	4.79	81.6	873	-181.5
CsH	3.4	0.75	25.6	443	-54.2
$LiAlH_4$	0.917	10.6	97.6	438	-116.3
$Mg(AlH_4)_2$	1.046	9.34	97.9	413	-152.7
MgH_2	1.45	7.6	111.3	600	-76.15
SrH_2	3.26	2.25	73.4	948	-180.3
TiH_2	3.75	4.04	151.9	653	-144.35
ZrH_2	5.67	2.16	122.8	500	-169.0

2.4.1 六组元 CMDB 推进剂能量计算及分析

为研究不同金属氢化物对改性双基推进剂能量特性的影响规律,设计了硝化棉(NC)和硝化甘油(NG)含量为28%和18%,吉纳(DINA)含量为2%,二号中定剂(C_2)含量为1%,其他为黑索今(RDX)的基础配方。在基础配方的基础上,通过逐步添加金属氢化物材料,相应减少 RDX 的含量,设计了系列化的配方。采用 ECS 程序对配方进行了能量计算,金属氢化物对各能量特性参数的影响规律如图 2-7 所示。

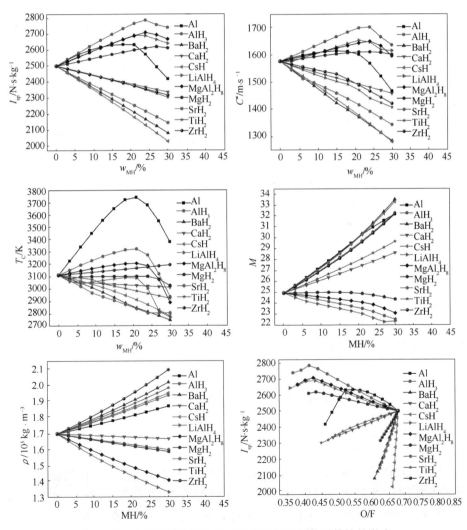

图 2-7　金属氢化物对六组元 CMDB 推进剂能量特性的影响

由图 2 - 7 可知,并不是所有金属氢化物都能提高 CMDB 六组元配方体系的能量性能。分析其原因可知,由于标准理论比冲与燃烧温度成正比、与燃气平均相对分子质量成反比,对于 AlH_3、$LiAlH_4$、$Mg(AlH_4)_2$、MgH_2,由于氢含量高,从而导致燃气平均相对分子质量降低很多,因此虽然燃烧温度降低,但综合起来标准理论比冲仍然比 Al/CMDB 六组元配方体系高;对于 TiH_2、CaH_2、ZrH_2、SrH_2、BaH_2、CsH,由于其氢含量较低,从而使得燃气平均分子质量降低较少,同时燃烧温度也降低,所以综合起来标准理论比冲比 Al/CMDB 六组元配方体系低。对于 ZrH_2、BaH_2、TiH_2、CsH、SrH_2,由于其密度较大,使得 CMDB 六组元配方体系密度增加较大,从而使得推进剂密度比冲增加较多。高能改性双基推进剂配方优化设计需综合考虑标准理论比冲和密度比冲。

2.4.2 金属氢化物对 AP - CMDB 推进剂能量的影响

AP - CMDB 推进剂具有能量高、力学性能好、燃速可调范围大、原材料易得及可利用双基推进剂成熟制备工艺等优点而备受关注,为研究金属氢化物对 AP - CMDB 推进剂能量性能的影响规律,设计了硝化棉(NC)和硝化甘油(NG)含量分别为 23% 和 28%,催化剂 2%,功能助剂 5%,AP 和金属氢化物总质量分数为 42% 的 AP - CMDB 推进剂配方,通过保持配方中其他组分含量不变,调节 AP 和金属氢化物的质量比,研究 AP 和金属氢化物含量变化对 AP - CMDB 推进剂能量性能的影响(图 2 - 8)。

以 Al/AP - CMDB 推进剂的标准理论比冲为基准,可以将上述金属氢化物分为两类,第一类为标准理论比冲值高于 Al/AP - CMDB 推进剂的金属氢化物,包含 AlH_3、$LiAlH_4$、$Mg(AlH_4)_2$、MgH_2;第二类为标准理论比冲值低于 Al/AP - CMDB 推进剂的金属氢化物,包含 TiH_2、CaH_2、ZrH_2、SrH_2、BaH_2、CsH。由于 ZrH_2、BaH_2、TiH_2、CsH、SrH_2 的密度较大,使得 AP - CMDB 推进剂密度和密度比冲增加较多,其规律与金属氢化物添加到六组元 CMDB 推进剂中能量特性一致。

2.4.3 含金属氢化物 CMDB 推进剂能量特性计算实例

某 CMDB 推进剂基础配方(质量分数):NC + NG(47% ~ 57%);RDX(20% ~ 35%);Al(0% ~ 15%);燃烧催化剂(3.5% ~ 4.5%);其他助剂(4.5% ~ 6.5%)。采用 ECS 对基础配方进行了能量性能计算,计算标准理论比冲与实测比冲误差在 3% 以内。在基础配方基础上,以 AlH_3、$LiAlH_4$、$Mg(AlH_4)_2$ 及 MgH_2 逐步添加的方式设计递进配方,基于初始假设条件计算了推进剂的能量性能。

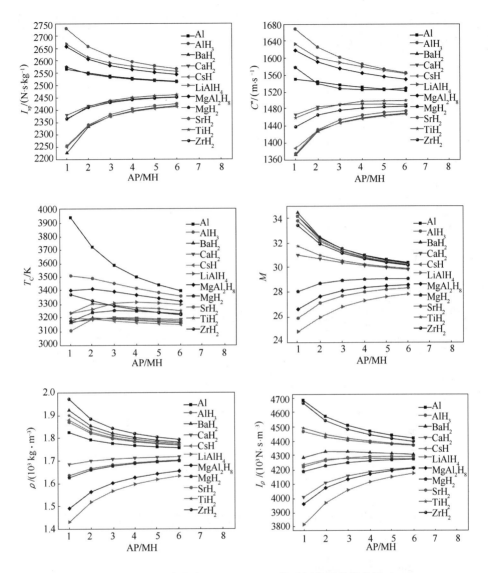

图 2 - 8 金属氢化物对 AP - CMDB 推进剂能量特性的影响

由图 2 - 9 可知,AlH₃ 添加到 CMDB 推进剂中,使得燃烧温度最高,而燃气平均相对分子质量较低,因此使得标准理论比冲最大。MgH₂ 添加到 CMDB 推进剂中,使得燃烧温度较低,而燃气平均相对分子质量最高,因此使得标准理论比冲最小。由于 LiAlH₄ 氢含量大于 Mg(AlH₄)₂,使得燃气平均相对分子质量小于 Mg(AlH₄)₂,然而 CMDB 推进剂中添加 LiAlH₄ 却使得燃烧温度比添加 Mg(AlH₄)₂ 的低,综合比较而言,添加 Mg(AlH₄)₂ 比添加 LiAlH₄ 使得 CMDB 推进剂

燃烧温度增加比率要比燃气平均相对分子质量增加比率大,因此使得含 Mg
（AlH₄）₂的 CMDB 推进剂标准理论比冲要高。

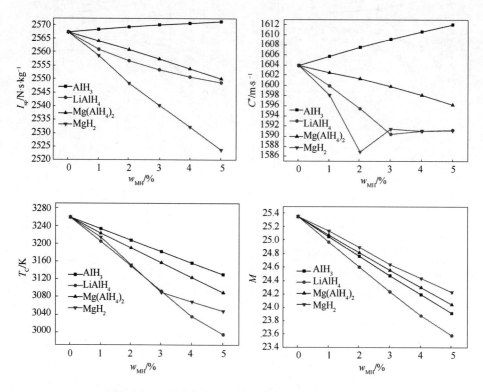

图 2－9　金属氢化物对 CMDB 推进剂能量特性的影响

2.5　含新型含能添加剂 CMDB 推进剂能量特性

2.5.1　钝感含能添加剂

　　随着高新技术在现代战争中的大量应用和武器使用环境的日趋苛刻,对武器在战场上生存能力的要求越来越高。尤其对于机载、舰载这些高价值平台而言,自身携带武器的钝感性能,在很大程度上决定了武器系统的抗打击生存能力。历史上诸多安全事故的起因大多是由于固体推进剂低易损性能不足,在外界激励下发生意外,据统计,现代战争中坦克的破坏大约 60% 是由于受到外界袭击引起自身弹药的爆炸而引发的。为此世界各军事强国都建立了钝感弹药的相关标准,美国建立了非核弹药危险性评估试验标准 MIL‐STD‐2105D,北约建立了钝感弹药评估与试验标准 STANAG4439。

高能钝感固体推进剂是低易损制导兵器推进系统的重要组成部分,低感度添加剂的研究及应用可以从本质上降低固体推进剂的感度,为此国内外广泛开展了钝感含能添加剂原材料的合成与应用研究。近年来,国外用低成本原材料进行工艺优化合成了高密度、高热安定性及低冲击感度的 TEX[13,14] 钝感含能材料,并已应用于大尺寸钝感弹药中。采用 ECS 程序分析计算了钝感添加剂(TEX、I‐RDX、FOX‐7 及 FOX‐12)单元推进剂的能量特性,表 2‐18 列出了4 种典型钝感添加剂的物理化学性能,表 2‐19 为钝感添加剂单质的能量性能。

表 2‐18 钝感含能添加剂的理化性能

钝感添加剂	化学式	相对分子质量	分解温度 /℃	撞击感度 /(h_{50},cm)	摩擦感度 /(极限负载,N)	生成热 /kJ·mol^{-1}	密度 /g·cm^{-3}
TEX	$C_6H_6N_4O_8$	318.16	304	>177	360	‐443.8	1.99
I‐RDX	$C_3H_6N_6O_6$	222.12	219			61.55	1.81
FOX‐7	$C_2H_4N_4O_4$	148.08	254	126	>350	‐133.8	1.89
FOX‐12	$C_2H_7N_7O_5$	209.12	222	>159	>350	‐355.3	1.80

表 2‐19 钝感含能添加剂的能量特性

钝感添加剂	I_{sp}/N·s·kg^{-1}	C^*/m·s^{-1}	T_c/K	M_c	氧系数
TEX	2065.9	1315.9	2162.73	23.829	0.533
I‐RDX	2608.9	1644.1	3278.53	24.269	0.667
FOX‐7	2350.5	1489.7	2794.07	24.609	0.667
FOX‐12	2094.5	1331.2	2136.52	23.234	0.667

由表 2‐19 可知,I‐RDX 钝感单元推进剂的标准理论比冲最高,其次为 FOX‐7 和 FOX‐12,TEX 钝感单元推进剂标准理论比冲值最低,主要是由于 4 种钝感单元推进剂含氧量相差不大,而 I‐RDX 具有正的生成热,其他 3 种钝感单元推进剂生成热数均为负值,且 TEX 生成热负值达到最大。

为研究钝感含能添加剂(FOX‐7、FOX‐12、I‐RDX 及 TEX)添加到 CMDB 推进剂中引起的能量性能变化规律,设计了硝化棉(NC12)和硝化甘油(NG)含量保持不变,分别为 36% 和 28%,高能添加剂 HMX 为 30%,其他助剂为 6%,采用 ECS 程序对基本配方进行了能量计算,标准理论比冲计算结果与实测比冲误差在 3% 以内。在基础配方基础上,以钝感含能添加剂逐步添加的方式设计递进配方,基于初始假设条件计算推进剂的能量性能(图 2‐10)。

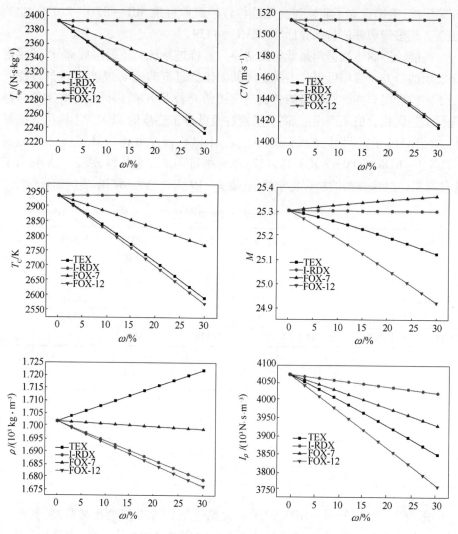

图 2 – 10　钝感添加剂对 CMDB 推进剂能量特性影响

由图 2 – 10 可知,随着 I – RDX、FOX – 7、TEX、FOX – 12 逐步取代 HMX,含 I – RDX 的 CMDB 推进剂标准理论比冲变化不大,而含 FOX – 7、TEX、FOX – 12 的 CMDB 推进剂标准理论比冲均呈直线下降,按标准理论比冲值大小,4 种钝感添加剂排序为 I – RDX > FOX – 7 > FOX – 12 > TEX。分析其原因,I – RDX 和 HMX 含氧量相同,而生成热数值相差不大,因此使得含 I – RDX 的 CMDB 推进剂标准理论比冲变化趋势不明显;而 FOX – 7、TEX、FOX – 12 的生成热数值比 HMX 小很多,当逐步取代 HMX 后 CMDB 推进剂标准理论比冲直线下降。

随着 I-RDX、FOX-7、TEX、FOX-12 逐步取代 HMX,CMDB 推进剂密度比冲均呈下降趋势,按密度比冲大小 4 种钝感添加剂排序为 I-RDX > TEX > FOX-7 > FOX-12。钝感添加剂 TEX 密度比 HMX 密度大,而 I-RDX、FOX-7、FOX-12 密度均小于 HMX,因此使得逐步取代 HMX 后 CMDB 推进剂密度均减小,综合考量标准理论比冲值和密度值大小,含 TEX 的 CMDB 推进剂密度比冲比含 FOX-7、FOX-12 的大。按密度比冲值大小,4 种钝感添加剂排序为 I-RDX > TEX > FOX-7 > FOX-12。

2.5.2 新型高能添加剂

四唑类含能化合物是一类新型高氮含能材料,不仅具有高能量、低特征信号、钝感和对环境友好等特点,而且密度、生成焓和气体生成量都较高。在固体推进剂、气体发生剂、烟火剂、高能钝感炸药等领域获得广泛的应用。当前为了进一步提高四唑类含能材料特性,大量研究表明,通过引入 NO_x 基团可使化合物拥有更高的密度、稳定性、低敏感性以及很好的氧平衡。德国慕尼黑大学(LMU)设计了简单、安全的合成路线,在美国陆军武器发展与工程中心(ARDEC)、美国陆军研究实验室(ARL)的资助下合成出了继环三亚甲基三硝胺(RDX)、环四亚甲基四硝胺(HMX)、六硝基六氮杂异戊兹烷(CL-20)、八硝基立方烷(ONC)之后的又一高性能炸药 TKX-50[15,16]。其与高性能炸药研制采用了相同的策略,结构为环形或笼形,具有更高的生成热,化合物包含两性离子。

1. TKX-50 与其他高能添加剂的性能比较[17-19]

TKX-50 与 RDX、HMX、CL-20 及 ONC 相比,保持或者提高了含能材料的性能,并且消除了诸多缺陷:对有机体的毒性低于 RDX、HMX、CL-20,合成难度和价格低于 HMX、CL-20、ONC,对机械刺激的敏感性低于 RDX、HMX、CL-20、ONC,并且不会像 CL-20 一样自发地改变特性。TKX-50 热分解峰值温度为 221℃,高于 RDX、CL-20 的热分解峰值温度。表 2-20 列出了 TKX-50 与其他高能添加剂的物理化学性能,表 2-21 为 TKX-50 与其他高能添加剂单质的能量性能。

表 2-20 TKX-50 及现用添加剂的性能参数

添加剂	化学式	相对分子质量	氧平衡/%	生成热/($kJ \cdot mol^{-1}$)	氮含量/%	密度/($g \cdot cm^{-3}$)
TKX-50	$C_2H_8N_{10}O_4$	236.15	-27.10	446.6	59.30	1.877
RDX	$C_3H_6N_6O_6$	222.12	-21.61	70.7	37.84	1.818
HMX	$C_4H_8N_8O_8$	296.16	-21.61	75.02	37.83	1.905

添加剂	化学式	相对分子质量	氧平衡/%	生成热/(kJ·mol^{-1})	氮含量/%	密度/(g·cm^{-3})
CL-20	$C_6H_6N_{12}O_{12}$	438.2	-3.65	416.0	38.36	2.04
AP	NH_4ClO_4	117.49	34.04	-290.45	11.04	1.95
ONC	$C_8N_8O_{16}$	464	0	339.13	24.20	2.10

表 2-21　TKX-50 及现用添加剂的能量特性

添加剂		TKX-50	RDX	HMX	CL-20	AP	ONC
氧系数		0.500	0.667	0.667	0.800	2.250	1.000
能量特性参数	I_{sp}/N·s·kg^{-1}	2623.7	2617.2	2604.1	2673.6	1556.0	2577.7
	C^*/m·s^{-1}	1674.9	1648.7	1641.4	1638.4	990.9	1560.5
	T_c/K	3072.47	3292.10	3270.6	3589.07	1434.20	3804.31
	M_c	21.315	24.251	24.28	27.368	27.901	32.101
主要产物质量分数/%	H_2	0.02	0.01	0.01			
	N_2	0.59	0.38	0.38	0.37	0.12	0.22
	Cl_2				0.05		
	O_2				0.02	0.33	0.11
	HCl				0.26		
	H_2O	0.13	0.17	0.17	0.09	0.24	
	CO	0.21	0.29	0.28	0.24		0.26
	CO_2	0.04	0.15	0.15	0.22		0.35

添加剂对推进剂能量的贡献主要取决于密度、氧含量、生成热数值及燃气生成量。TKX-50 的密度比 RDX 的密度大,生成热数值大于现用添加剂,但是氧平衡最小,氮含量最大。由表 2-21 可知,CL-20 单元推进剂的标准理论比冲最高,其次为 RDX、HMX,低于 2600N·s·kg^{-1} 的添加剂为 ONC 和 AP。TKX-50 单元推进剂的标准理论比冲大于 RDX,主要是由于氧平衡相差不大,而生成热数值比 RDX 大得多。TKX-50 比 CL-20 的氧平衡小得多,而生成热数值相差不大,因此单元推进剂标准理论比冲小于 CL-20。AP 的氧平衡最大,但其燃气中含有 HCl 和 Cl$_2$,使得燃气平均相对分子质量大大增加,加上 AP 相对高的负生成热,使得 AP 单元推进剂标准理论比冲最小。

2. 含 TKX-50 的 CMDB 推进剂能量特性

为充分发挥 TKX-50 高能特性,基于真实 CMDB 推进剂配方,其中硝化棉

（NC）和硝化甘油（NG）含量分别为 25% 和 33%，RDX 含量为 27.7%，Al 含量为 5%，其他助剂 9.3%，包括吉纳（DINA）、二号中定剂（C_2）和凡士林（V）。采用 TKX - 50 逐步取代配方中的 RDX，考察推进剂的能量变化规律，其结果见表 2 - 22。

表 2 - 22　含 TKX - 50 的 CMDB 推进剂的能量特性

RDX	TKX - 50	I_{sp}/(N·s·kg^{-1})	C^*/(m·s^{-1})	T_c/K	M_c
27.7	0	2517.2	1572.5	3184.64	25.719
24.7	3	2517.9	1573.5	3177.02	25.605
21.7	6	2518.6	1574.5	3169.37	25.492
18.7	9	2519.3	1575.4	3161.69	25.380
15.7	12	2519.9	1576.4	3153.98	25.269
12.7	15	2520.6	1577.3	3146.26	25.159
9.7	18	2521.2	1578.5	3138.51	25.049
6.7	21	2521.8	1579.1	3130.74	24.941
3.7	24	2522.4	1580.0	3122.95	24.833
0	27.7	2523.1	1581.1	3113.33	24.701

由表 2 - 22 可知，随着 TKX - 50 含量的增加，RDX 含量的减少，体系的标准理论比冲、特征速度都呈微弱增加趋势，燃烧温度和燃气平均相对分子质量呈减少趋势，说明采用 TKX - 50 取代 CMDB 推进剂中的 RDX，保持了体系的能量水平。

3. 含 TKX - 50 的 AP - CMDB 推进剂能量特性

AP - CMDB 推进剂基础配方中硝化棉（NC）和硝化甘油（NG）含量分别为 23% 和 28%，催化剂 2%，功能助剂 5%，AP 和 Al 总质量分数为 42%，保持配方中其他组分含量不变，调节氧化剂（TKX - 50 和 AP）与金属氢化物的质量比，并采用 TKX - 50 逐步取代配方中的 AP 设计系列化配方，采用 ECS 对配方进行了能量计算。

由图 2 - 11 可知，随着 AP 与 Al 质量比的增加，AP - CMDB 推进剂标准理论比冲、燃烧温度、特征速度及燃气平均相对分子质量都呈减小趋势。随着 TKX - 50 取代 AP 含量增加，体系的标准理论比冲和特征速度增大，燃烧温度先增后降，而燃气平均相对分子质量减小，说明 AP - CMDB 推进剂中添加 TKX - 50 存在标准理论比冲的最大值，其最大值位于 TKX - 50 含量达 25% 时，TKX - 50 对增加 AP - CMDB 推进剂能量是有益的。

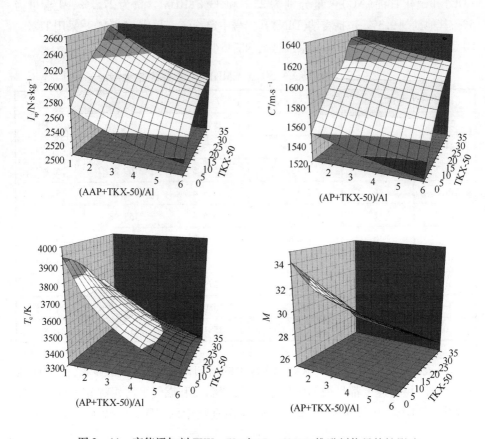

图 2 – 11　高能添加剂 TKX – 50 对 AP – CMDB 推进剂能量特性影响

2.6　高能 CMDB 推进剂能量特性[20 – 26]

为研究改性双基推进剂在当前或者未来一段时间内可能达到的最高能量水平,设计了硝化棉(NC)和硝化甘油(NG)含量为 21% 和 26%,其他为高能添加剂和金属燃料,含量和为 53%,分别为 DNTF + Al、DNTF + AlH₃、CL – 20 + Al 及 CL – 20 + AlH₃。通过逐步变换高能添加剂和金属燃料的质量配比,设计系列化配方,采用 ECS 程序对配方进行了能量计算。

由图 2 – 12 可知,随着 Al 和 AlH₃ 含量的增加,DNTF 和 CL – 20 含量的减少,标准理论比冲会出现拐点,且 CL – 20 和 AlH₃ 拐点最后出现,其标准理论比冲最大值达 2821.6 N · s · kg⁻¹,近似为 288s。综合考虑标准理论比冲与氧系数变化趋势图,可知 DNTF + AlH₃ 及 CL – 20 + AlH₃ 体系都有超过 280 s 的标准理论比冲出现,且其氧系数介于 0.5 左右,为高能改性双基推进剂能量目标制定提供参考。

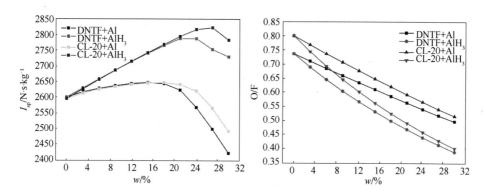

图 2-12　高能添加剂和金属燃料的质量配比对 CMDB 推进剂能量特性影响

进一步设计硝化棉(NC)和硝化甘油(NG)含量为 21% 和 26%,高能增塑剂 DNTF 含量为 6% ~ 10%,CL-20 与 AlH$_3$ 含量和为 43% ~ 47%,通过逐步变换 CL-20 与 AlH$_3$ 的质量配比,设计系列化配方,采用 ECS 程序对配方进行了能量计算。

由图 2-13 可知,随着增塑剂 DNTF 含量由 6% 增加到 10%,标准理论比冲值基本无变化。当固定 DNTF 含量后,随着 AlH$_3$ 含量的增加,CL-20 含量的减少,标准理论比冲值呈线性增加趋势,其标准理论比冲最大值达 2815N·s·kg^{-1},近似为 287s。

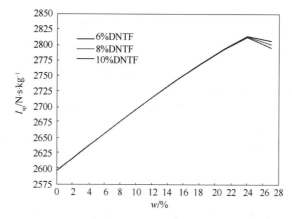

图 2-13　高能添加剂和金属燃料的含量对 CMDB 推进剂能量特性影响

参 考 文 献

[1] 李上文,赵凤起,袁潮,等. 国外固体推进剂研究与开发的趋势[J]. 固体火箭技术,2001,24(2)：41 – 53.

[2] National Research Council (U. S.). Technology for the United States Navy and Marine Corps. 2000 – 2035,Becoming a 21st – Century Force[R]. Weapons,National Academy Press,1997,5.

[3] 田德余,赵凤起,刘剑洪. 含能材料及相关物手册[M]. 北京：国防工业出版社,2011.

[4] Gordon S,McBride B J. Computer program for calculation chemical equilibrium compositions and applications：I Analysis[R]. NASA RP – 1311,1994.

[5] McBride B J,Gordon S. Computer program for calculation of chemical equilibrium compositions and applications：II Users manual and program description[R]. NASA RP – 1311,1996.

[6] 中华人民共和国国家军用标准,推进剂能量计算方法[S]. GJB/Z84 – 96.

[7] 李猛,赵凤起,徐司雨,等. 三种能量计算程序在推进剂配方设计中的比较[J]. 火炸药学报,2013,36(3)：73 – 77.

[8] 田德余,刘剑洪. 化学推进剂计算能量学[M]. 郑州：河南科学技术出版社,2011.

[9] Gariani F Maggi,Galfetti L,et al. Theoretical analysis of hydrides in solid and hybrid rocket propulsion[J]. International Journal of Hydrogen Energy,2012,37：1760 – 1769.

[10] Kempa P B,Thome V M. Herrmann. Structure,chemical and physical behavior of aluminum[J]. Hydride, Part. Syst. Charact. ,2009,26：132 – 137.

[11] Francois G J,Shih C I. Solid propulsion for spaee applcation：An updated road [J]. Acta Astronautics, 2010,66：201 – 219.

[12] 李猛,赵凤起,徐司雨,等. 含金属氢化物的复合推进剂能量特性[J]. 固体火箭技术,2014,37(1)：86 – 90.

[13] Bayat Y,Azizkhani V. Synthesis of 4,10 – dinitro – 2,6,8,12 – tetraoxa – 4,10 – diazaisowurtzitane (TEX) using heteropolyacids as efficient and recyclable heterogeneous catalysts[J]. Journal of Energetic Materials,2012,30(3)：209 – 219.

[14] Velarde S,Johnston G,Bertholf A. TEX：a rational,next – generation IM explosive & propellant component [C]. ATK Energetic Systems. 2012 IM/EM Technology Symposium May 2012.

[15] Fischer N,Fischer D,klapotke T M,et al. Pushing the limits of energetic materials – the synthesis and characterization of dihydroxylammonium 5,5′ – bistetrazole – 1,1′ – diolate[J]. Journal of Materials Chemistry,2012,22：20418 – 20422.

[16] Fischer N,klapotke T M. A selection of alkali and alkaline earth metal salt of 5,5′ – bis(1 – hydroxytetrazole) in protechnic compositions[J]. Propellants,Explosives,Pyrotechnics,2013,38(3)：448 – 459.

[17] 李猛,赵凤起,罗阳,等. 含5,5′ – 联四唑 – 1,1′ – 二氧二羟铵(TKX – 50)推进剂的能量特性计算研究[J]. 含能材料,2014,22(3)：286 – 290.

[18] 李猛,赵凤起,徐司雨,等. 含不同氧化剂的复合推进剂能量及特征信号研究[J]. 推进技术,2013,34(8)：1134 – 1138.

[19] Ernst – Christian Koch. Comparison of thermochemical codes：CERV,CHEETAH,EKVI,EXPLO,ICT, THOR[C]. Proceedings of 36th International pyrotechnics seminar and symposium,23 – 28 August 2009,

Rotterdam, The Netherlands.

[20] Nair U R, Asthana S N, Subhananda Rao A, et al. Advances in high energy materials[J]. Denfence Science Journal, 2010, 60(2): 137 – 151.

[21] Talawar M B, Sivabalan R, Anniyappan M. Emerging trends in advanced high energy materials[J]. Combustion, Explosion and Shock Waves, 2007, 43(1): 62 – 72.

[22] Keshavarz M H. Simple method for prediction energies of the thermal decomposition of nitramines[J]. Journal of Hazardous Materials, 2004, 162: 1557 – 1562.

[23] Burke L A, Fazen P J. Correlation analysis of the interconversion and nitrogen loss reactions of aryl pentazenes and pentazoles derived from aryl diazonium and azideions[J]. International Journal of Quantum Chemistry, 2009, 109(15): 3613 – 3618.

[24] Boneberg F, Kirchner A, Klapotke T M, et al. A study of cyanotetrazole oxides and derivatives thereof[J]. Chemistry – An Asian Journal, 2013, 8(1): 148 – 159.

[25] Gobel G, Karaghiosoff K, Klapotke T M. Nitrotetrazolate – 2N – oxides and the strategy of N – oxide introduction[J]. J. Am. Chem. Soc., 2010, 132: 17216 – 17226.

[26] Klapotke T M, Piercey D G. 1 – 1' – azobis(tetrazole): A highly energetic nitrogen – rich compound with a N10 chain[J]. Inorg. Chem., 2011, 50(7): 2732 – 2734.

第 3 章　燃 烧 性 能

3.1　概　述

推进剂燃烧时的火焰结构和燃速与配方本身及外部条件的关系研究结果表明，无论是均质推进剂或者非均质推进剂，它们的燃烧过程都相当复杂。目前，常用的燃速公式($u = u_1 p^n$)过于简单，它除了能表明推进剂燃速与压力有明显的关系以外，所有其他影响推进剂燃速的因素都被综合于两个系数之中。这些关系式虽然能够比较正确地反映不同推进剂的燃速，但是，不能直接反映推进剂燃速与推进剂配方的关系，而推进剂燃速与配方的关系恰好是推进剂配方设计人员最需要的知识。

人们为了掌握推进剂燃烧规律及寻找推进剂燃速与配方的关系，对推进剂的燃烧过程进行了大量的实验与理论研究，企图从推进剂配方直接计算推进剂的燃速。然而，由于推进剂的真实燃烧过程相当复杂，其中的许多化学反应过程不十分清楚，故欲将所有影响推进剂燃速的因素都综合进推进剂燃速公式还有困难。到目前为止，人们尚未完全掌握其规律性，但可以依据燃烧实验现象建立一系列理论模型来描述其燃烧过程，并开展定量计算，这些研究对于指导我们进行燃烧理论研究、推进剂配方设计与发动机设计仍具有十分重要的意义。本章重点介绍基于一维气相反应流理论进行推进剂燃速性能计算的方法。

3.2　一维气相反应流燃烧预估模型简介

1986 年，宋洪昌提出了非催化双基推进剂的燃速预估模型[1]。该模型从分析推进剂化学结构与特征反应间关系入手，以准一维气相反应流为基础，结合质量输运建立了一种化学—数学模型。该模型认为非催化双基推进剂燃烧时，在燃烧表面附近的气相中会裂解成五类基团：氧化性基团 $-[NO_2]$、还原性基团 $-[CH_2O]$、可裂解自由基基团 $-[CHO]$ 及两类中性基团 $-[CH]$ 和 $[CO]$。在某特征压强($p*$)下，1 kg 双基推进剂产生的这五类气体的量，可分别记为 δ'、γ'、q'、β' 和 α'，其中的 $[CHO]$ 基团随压强变化会发生不同程度的裂解，并引入了函数 $\eta(p)$ 对其自然裂解情况进行表达，且有

$$\eta(p) = 2 - \exp[0.6931(1 - p/p^*)] \tag{3-1}$$

令 $\alpha = \alpha'/\delta'$、$\beta = \beta'/\delta'$、$q = q'/\delta'$、$\gamma = \gamma'/\delta'$,则能计算出燃烧表面附近气相区域中氧化性基团的摩尔分数 $\theta_0(p)$:

$$\theta_0(p) = \frac{1}{\alpha + \beta + q \cdot \eta(p) + \gamma + 1} \tag{3-2}$$

在准一维气相反应流假设、"嘶嘶"区特征反应假设和燃烧产物质量流守衡的基础上,结合大量燃速实验数据,由化学反应动力学的碰撞原理,推导出了初温 20℃时的非催化双基推进剂燃速计算式:

$$u(p) = 1.709p\theta_0^2(p)/\rho_s \tag{3-3}$$

当催化剂加入推进剂后,推进剂燃烧表面结构与非催化双基推进剂燃烧表面结构明显不同,其在催化作用压力范围内燃烧表面出现大量含有铅的松散的炭质结构,使气相与固相之间的界限变得模糊不清,处于一种弥散状态。当推进剂热分解产物通过燃烧表面时必然受到催化中心的作用。

通过研究催化推进剂燃烧表面结构时,发现推进剂的"超速"燃烧与燃烧表面出现的大量炭质物质有关,而"麦撒"燃烧时炭质物质消失。Summerfield[2]等分析在催化推进剂燃烧过程中,铅化合物的分解产生的金属铅或氧化铅在亚表面反应区或燃烧表面上使硝酸酯分解历程发生改变,一部分硝酸酯的降解生成了炭;而 Ferrira[3]等研究揭示了铅化合物与硝酸酯分解出的醛类会发生化学反应而生成炭。

由气态烃形成炭黑的基础研究结论认为[4],无论最初的烃类和最终产物的中间产物如何,炭黑都是通过聚合过程产生的,第一步是小分子化合物的聚合;第二步是通过缩合和分子重排而热解成固态物质。对于催化推进剂而言,超速燃烧时燃烧表面的炭来自于两个方面:一是硝酸酯分子中某些含碳基团的热解受到催化中心的抑制而未能及时分解气相产物,因而无法充分参加燃烧反应而形成炭黑;二是气相分解产物中的某些含碳自由基经过催化中心时,在催化中心表面聚合,未能充分燃烧而裂解为炭黑。按照非催化双基推进剂燃速预估模型,在推进剂燃烧初期的五种气相分解产物中,[CHO] 自由基具有易聚合又易裂解的特性。在非催化条件下,其自然裂解反应可表示为

$$[CHO] \rightarrow [CO] + [H] \tag{3-4}$$

在催化状态下,其自然裂解过程发生改变,成为

$$[CHO] \rightarrow [CHO]_n \rightarrow 进一步反应生成炭黑 \tag{3-5}$$

若将 [CHO] 视为凝聚相中硝酸酯的某一基团,则反应(3-5)也可代表含碳基团的裂解被催化中心所抑制。反应(3-5)改变了推进剂燃烧麦面附近气相

组成,并减少了气相分解产物的总量。因此,上文表达式(3-2)将改写为

$$\theta_0(p,X) = \frac{1}{\alpha + \beta + q[\eta(p) - g(p,X)] + \gamma + 1} \qquad (3-6)$$

式中:函数 $g(p,X)$ 表示不同压力下催化剂对反应(3-5)的影响程度。催化作用函数 $g(p,X)$ 具有以下特征:

$$g(p,X) = \begin{cases} 0, \text{催化作用最大} \\ 1, \text{无催化作用} \end{cases} \qquad (3-7)$$

函数 $g(p,X)$ 的具体表达式可从催化剂对推进剂燃烧性能影响的规律获得,除了铅盐的主催化作用和铜盐及炭黑的助催化作用外,铜盐的催化作用又具有独立性,因此 $g(p,X)$ 函数可表示为

$$g(p,X) = g_1(p,X) + g_2(p,X) \qquad (3-8)$$

式中: $g_1(p,X)$ 和 $g_2(p,X)$ 分别为铅盐和铜盐对反应(3-5)的影响程度。

由大量实验研究结果[5]可知,推进剂燃烧表面的铅百分含量与催化活性大小呈一致性关系。随着压强升高,推进剂燃烧表面的铅表现出生成、增长和消失的发展过程。推进剂燃烧表面铅百分含量随压强的变化规律可采用正态分布函数描述。因此

$$g_1(p,X) = C_1(X) e^{-\left(\frac{p - p_\alpha}{w_\alpha}\right)^2} \qquad (3-9)$$

式中: p_α 为燃烧表面新生的铅百分含量最大时的压强(MPa),实验研究结果表明[6],低压下燃烧表面的铅含量较大,因此,假设 p_α 与催化剂的含量无关,并取 $p_\alpha = 1.96\text{MPa}$; $C_1(X)$ 为催化活性系数,与催化剂的种类和含量有关,无量纲; w_α 为与催化作用的压强范围有关的参量(MPa); X 为催化剂的含量,无量纲。

当推进剂中只含有铅盐催化剂时,系数 $C_1(X)$ 只与铅盐有关,并以 C_A 表示。因炭黑对铅盐的热分解有促进作用并使燃烧表面的铅百分含量增加,因此,当推进剂含有铅—炭催化剂时,

$$C_1(X) = C_A(1 + C_B) \qquad (3-10)$$

式中: C_B 为炭黑对铅盐催化活性的增强系数,无量纲。

若把铜盐对铅盐催化活性增强系数记为 C_C,则当推进剂含有铅—铜—炭催化剂时,

$$C_1(X) = C_A(1 + C_B)(1 + C_C) \qquad (3-11)$$

早期的研究中,很少涉及14.7MPa以上压力时推进剂的燃烧性能。因此对铜盐单独作为燃速催化剂的认识不足。李上文等人[7-9]的研究结果表明,铜化合物在中、高压区(14.7~20.5MPa)可以起到平台催化作用。假设铜化合物形

成的催化中心对反应(3-5)也有促进作用,则 $g_2(p, X)$ 表示为

$$g_2(p, X) = C_2(X) e^{-\left(\frac{p-p'_\alpha}{w'_\alpha}\right)^2} \qquad (3-12)$$

式中: $C_2(X)$ 为铜盐的催化活性系数,与铜盐的种类和含量有关,无量纲。

当催化剂种类一定时,催化活性与催化剂的含量有关。大量的实验研究表明, $C_1(X)$ 中的 C_A、C_B、C_C 以及 $C_2(X)$ 可取同一形式:

$$Y = \begin{cases} \Phi \exp[-(X-X_0)/XX_0], & X > 0 \\ 0, & X = 0 \end{cases} \qquad (3-13)$$

式中: Φ 为权重值,与催化剂本身的性质有关,无量纲; X 为推进剂中的铅含量、C/Pb 之比以及 Cu/Pb 之比; X_0 为催化剂含量特征值,无量纲。

Φ 和 X_0 的数值可通过典型双基平台推进剂体系确定。催化作用压力范围参数 w_α 的大小与催化中心在燃烧表面停留的时间有关,可通过推进剂燃速规律确定。

3.3 含 TMETN 的新型钝感改性双基推进剂燃速性能计算

3.3.1 TMETN 燃烧初期的热分解机理

文献[10]运用 DSC、TGA 和 FTIR 等热分析手段,研究了 TMETN 的热分解特性。研究结论认为,低压和常压时 TMETN 的热分解由 O-NO$_2$ 键断裂的脱硝反应控制,主要分解产物是 NO$_2$ 和低分子醛类;高压时由于分解的气相产物不易从凝聚相向外扩散,则在 TMETN 体系中 O-NO$_2$ 键断裂的同时,会伴有分解产物 NO$_2$ 参与的自催化反应、NO$_2$ 与 CH$_2$O、乙烯与 NO 间的二次反应。分析大量的实验研究结果,得出热分解过程中 TMETN 分解活化能的下降值与其他硝酸酯热分解反应活化能的下降值相当。因此,推测 TMETN 的热分解历程如下:

$$\begin{array}{c} CH_2ONO_2 \\ | \\ H_3C-C-CH_2ONO_2 \\ | \\ CH_2ONO_2 \end{array} \longrightarrow 3NO_2 + \begin{array}{c} CH_2O\cdot \\ | \\ H_3C-C-CH_2O\cdot \\ | \\ CH_2O\cdot \end{array} \qquad (3-14)$$

$$\begin{array}{c} CH_2\dot{O} \\ | \\ H_3C-C-CH_2\dot{O} \\ | \\ CH_2\dot{O} \end{array} \longrightarrow 2CH_2O + H_3C-\dot{C}-CH_2\dot{O} \qquad (3-15)$$

$$H_3C-\dot{C}-CH_2\dot{O} \xrightarrow{\text{重排}} CH_3-\dot{C}H-CH=O \longrightarrow CH_2=CH_2 + \dot{C}HO$$

$$(3-16)$$

同时,在 TMETN 热分解过程中,还将伴有如下反应发生:

$$HCHO + NO_2 \rightarrow CO + H_2O + NO \quad\quad (3-17)$$

$$O = \dot{C} + NO_2 \rightarrow HCO\dot{C} + NO \quad\quad (3-18)$$

$$HCOO \cdot + NO_2 \rightarrow CO_2 + HNO_2 \quad\quad (3-19)$$

$$2HNO_2 \rightarrow H_2O + NO + NO_2 \quad\quad (3-20)$$

$$HCHO + NO \rightarrow CO + H_2O + 1/2N_2 \quad\quad (3-21)$$

$$CH_2 = CH_2 + 2NO \rightarrow 2CO + 2H_2 + N_2 \quad\quad (3-22)$$

根据上述得到的热分解机理,可表达出燃烧初期特征压强($p*$)下 TMETN 的热分解总方程:

$$C_5H_9O_9N_3 \rightarrow 3NO_2 + 3CH_2O + 2CH + H \quad\quad (3-23)$$

依据一维气相反应模型,可将 TMETN 燃烧初期产物中的 NO_2 归入氧化性基团($[NO_2]$),CH_2O 归入还原性基团($[CH_2O]$),CH 和 H 分别归入中性基团($[CH]$ 和 $[CO]$)。进而可确定出 TMETN 的化学结构参数:$\delta' = 11.76$、$\gamma' = 11.76$、$q' = 0$、$\beta' = 7.84$ 和 $\alpha' = 3.92$。基于获得的 TMETN 结构参数,即可计算出含 TMETN 的钝感推进剂的燃速(u)。

3.3.2 FOX-7 燃烧初期的热分解机理

1. 量子化学计算

文献[11]研究了 FOX-7 晶体结构,其晶体结构和分子在晶胞中的堆积分别见图 3-1 和图 3-2。原子坐标键长数据列于表 3-1。由计算结果可知,FOX-7 的分子结构属于推—拉型烯烃,C1-C2 的键长为 0.14580nm,比通常的 C1 = C2 键 0.134nm 长,两个氨基 N-C 键长分别为 0.1306nm 和 0.1322nm,两个硝基 N-C 键长分别为 0.13938nm 和 0.14184nm,较短且接近双键。

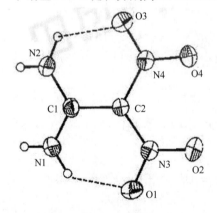

图 3-1 FOX-7 的晶体结构

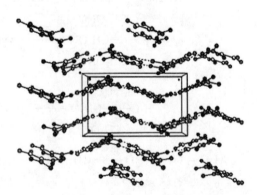

图 3-2 FOX-7 分子在晶胞中的堆积图

表 3 – 1 FOX – 7 中典型化学键键长

C – C 键	键长/nm	C – N 键	键长/nm	O – N 键	键长/nm
C1 – C3	0.1458	N1 – C1	0.1306	O1 – N3	0.1242
		N2 – C1	0.1322	O2 – N3	0.1247
		N3 – C2	0.1394	O3 – N4	0.1236
		N4 – C2	0.1418	O4 – N4	0.1236

2. 仪器分析

文献[12]利用 DSC 和 TG 对 FOX – 7 的热分解进行了研究（图 3 – 3 和图 3 –4），从 DSC 曲线可看出，FOX – 7 有两个放热过程，峰温分别位于 211 ~ 233℃和 290 ~ 296℃。由 TG – DTG 曲线可看出，第一个放热分解阶段在 160 ~ 247℃，在 230.6℃时分解速率最大，质量损失为 21.9%，该失重量与 FOX – 7 失去 NO 的理论值（20.3%）基本一致，说明第一阶段是"脱硝"过程；第二个放热分解阶段在 247 ~ 336℃，最大分解速率位于 293.1℃，质量损失为 64.2%。

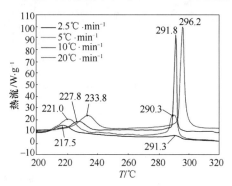

图 3 – 3 FOX – 7 的不同升温速率时 DSC 曲线

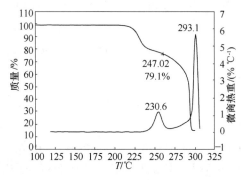

图 3 – 4 FOX – 7 的 TG – DTG 曲线（$\beta = 20℃ \cdot min^{-1}$）

文献[12,13]实验模拟了 FOX-7 瞬间热分解历程,在 230℃ 左右时 FOX-7 的热分解气相产物红外光图谱如图 3-5 所示。红外分析仪在线检测到的热分解的气相产物有:NO($1908cm^{-1}$、$1895cm^{-1}$)、HNCO($2280cm^{-1}$)、CH_3CONH_2($1722cm^{-1}$)、HONO($794cm^{-1}$)、CO_2($2361cm^{-1}$、$2333cm^{-1}$)、CO($2120cm^{-1}$、$2175cm^{-1}$)、N_2O($2237cm^{-1}$、$2208cm^{-1}$)、HCN($714cm^{-1}$)、NH_3($852cm^{-1}$)、升华的 FOX-7($1630cm^{-1}$、$1238cm^{-1}$)和 NO_2($1600cm^{-1}$、$1630cm^{-1}$)。实验结果显示此阶段产生了 NO 气体,说明热分解初期存在"脱硝"过程;同时检测到 CO_2、CO、HCN、N_2O、NH_3 等气体,分析可能是样品进一步分解的产物,检测到升华的 FOX-7 说明热分解反应在气相中也存在分解过程。

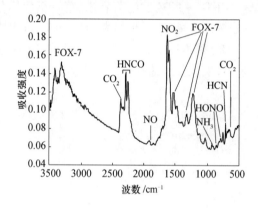

图 3-5　FOX-7 热分解气体产物红外光谱图

FOX-7 热分解过程中释放出的气体的特征红外吸收强度随温度的变化见图 3-6。从图中可看出,CH_3CONH_2、HNCO、NH_3、NO_2、HONO 的红外吸收强度都随时间先增加后降低,有的(如 CH_3CONH_2 和 HNCO)吸收强度降到了零,这些气体在生成之后可能又分解或者是参加了二次反应,从而导致吸收强度降低;NO、N_2O、CO_2、HCN 的红外吸收强度随时间推移有两次吸收强度增加的过程,这说明有两个过程都生成了上述几种气体;其中 HCN 在第二次红外吸收强度增加之后又有一个强度下降的过程,这可能是由于后期的反应消耗了 HCN 的缘故。在整个反应过程中可能只有前期的反应中生成了 CO 气体,因此 CO 在生成之后红外吸收强度就基本保持恒定。实验测试分析可知,FOX-7 分解首先发生的是硝基-亚硝基重排,然后 N-O 键断裂产生 NO,FOX-7 热分解气相产物主要有 NO、HNCO、CO_2、HCN、CHO 和 NH_3。

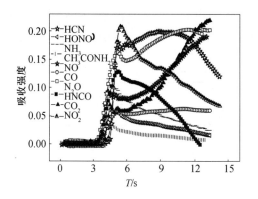

图 3-6 FOX-7 热分解气体产物红外特征吸收强度

3. FOX-7 燃烧初期热分解反应假说

通过对上述实验数据分析,可推断出 FOX-7 热分解的途径如图 3-7 所示。

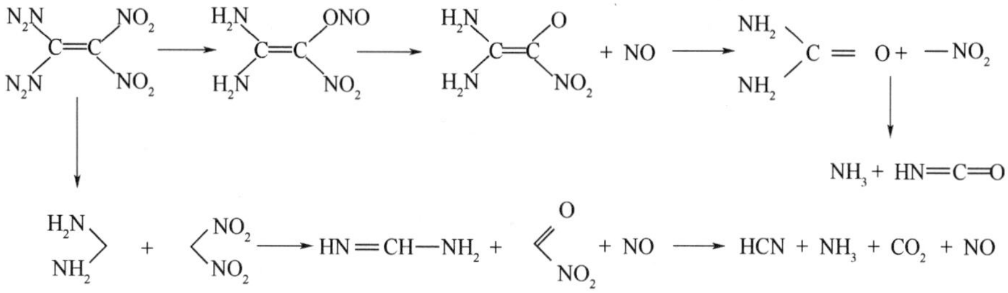

图 3-7 FOX-7 热分解的主要途径

根据以上结果,可得出燃烧初期 FOX-7 热分解反应的总方程:

$$C_2H_4O_4N_4 \rightarrow NH_3 + NO_2 + N_2O + CO + CH \qquad (3-24)$$

根据上述一维气相流理论的基本原理,研究中将 FOX-7 燃烧初期热分解产物中的 NO_2 和 N_2O 归入氧化性基团,NH_3 归入可裂解自由基团,CO 和 CH 归入惰性基团—[CH]。可算得燃烧初期 FOX-7 分解成五类基团的量分别为:氧化性基团—13.5mol·kg^{-1},还原性基团—6.75mol·kg^{-1},可裂解自由基基团—6.75mol·kg^{-1},两类惰性基团为 6.75mol·kg^{-1}。

3.3.3 含 TMETN 推进剂燃速计算值与实测值对比

运用一维气相反应模型,计算了由 TMETN 和二缩三乙二醇二硝酸酯 (TEGDN)形成的系列钝感双基系推进剂的燃速,计算所用的推进剂配方组成见

表 3-2。表中的 TGR 为 TEGDN、工艺助剂、燃烧稳定剂和消焰剂 KD 的混合物，APb、BPb 和 OPb 为有机铅盐，ACu 为有机铜盐，CB 为炭黑[14-17]。

表 3-2　几种推进剂的配方组成

试样	组分含量/%							
	NC	NG	TMETN	TGR	FOX-7	Pb 盐	Cu 盐	CB
IMN-0	59	30	0	8	0	0	0	0
IMN-1	59	20	10	8	0	0	0	0
IMN-2	59	10	20	8	0	0	0	0
IMN-3	59	0	30	8	0	0	0	0
IML-0	59	30	0	8	0	APb-2	ACu 0.6	0.4
IML-1	59	20	10	8	0	APb-2	ACu 0.6	0.4
IML-2	59	10	20	8	0	APb-2	ACu 0.6	0.4
IML-3	59	0	30	8	0	APb-2	ACu 0.6	0.4
IMK-0	59	0	30	10	0	APb-0	ACu 0	0
IMK-1	59	0	30	10	0	APb-2	ACu 0	0
IMK-2	59	0	30	10	0	APb-2	ACu 0	0.4
IMK-3	59	0	30	10	0	APb-2	ACu 0.6	0.4
IMG05	37.0	27.7	–	7.3	28.0	0	0	0
IMG06	37.0	–	27.7	7.3	28.0	0	0	0
IMG07	30.0	23.0	–	7.0	40.0	0	0	0
IMG08	30.0	–	23.0	7.0	40.0	0	0	0
IMG11	37.0	–	23.0		40.0	OPb-2.6	–	0.4
IM0813	30.0	–	23.0		40.0	BPb-2.6	–	0.4
IM0814	30.0	–	23.0		40.0	BPb-2.0	CuSa-0.6	0.4
IM0816	30.0	–	23.0		40.0	OPb-1.6	ACu-0.6	0.8

图 3-8 ~ 图 3-12 所示的燃速理论值和实测值显示，TMETN 的含量、所用燃烧催化剂及所用添加剂对推进剂的燃烧性能均有不同程度的影响。从图 3-8 和图 3-9 计算结果可看出，随着双基系推进剂中 TMETN 质量分数增大，非催化双基系推进剂的燃速降低；当推进剂中 FOX-7 含量增加，FOX-CMDB 推进

剂的燃速稍有降低。分析其原因,可能是由于 TMETN 的化学结构中氧化性基团([NO₂])和可裂解自由基([CHO])的含量均比 NG 的小,结合自由基裂解理论可知,随着 TMETN 取代量的增大,推进剂燃烧初期产生的氧化性基团([NO₂])和催化作用受体([CHO])的含量均逐渐变小,即燃烧过程中缺少影响燃速的氧化性基团和催化作用受体;且推进剂在燃烧初期热分解过程中,生成的 NO₂ 会参与 TMETN 自催化反应,导致[NO₂]总量有所损耗。因此,出现了上述图示计算结果。

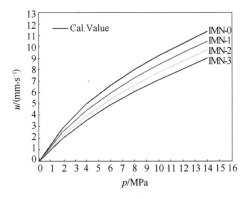

图 3 – 8　非催化钝感双基推进剂燃速计算结果

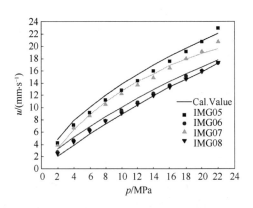

图 3 – 9　非催化钝感 FOX – 7 – CMDB 推进剂燃速计算结果

通过图 3 – 10 中部分配方的理论计算值与实测值对比可看出,0 ~ 14MPa 间,含 TMETN 的钝感推进剂的燃速计算值大多与实测值吻合很好。对比单位质量 TMETN 和 NG 所产生的化学结构基团的数量可知,TMETN 在燃烧初期进行热分解产生的[NO₂]基团的物质的量的分数较小。则随着 TMETN 逐渐取代双基推进剂中的 NG,较低压强(0 ~ 8MPa)范围内,推进剂的燃速逐渐降低;但较高压强(8～14MPa)范围内,由于复合催化剂的催化作用,使得 NG 含量较高(催化作用受体[CHO]量大)的双基推进剂,产生的平台作用效果较显著,因此,高压段出现了高 NG 含量的推进剂燃速比高 TMETN 含量的推进剂的燃速低的结果。

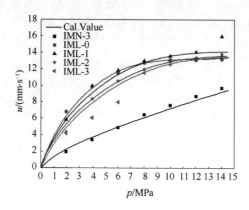

图 3 – 10　催化钝感双基推进剂燃速计算结果

　　分析 TMETN 的化学结构参数还可知,其热分解产物中缺少可裂解自由基([CHO]),因此,用 TMETN 逐渐取代双基推进剂体系内的 NG 后,会使得推进剂中催化作用受体([CHO]基团)总量变少,平台化作用效果下降,从而导致推进剂的燃速压强指数逐渐升高。从表 3 – 2 所示的推进剂配方组成看出,这些推进剂中的催化作用受体[CHO]主要靠硝化棉提供,配方中 NC 的含量并未随着 TMETN 含量的增加而降低,且配方中 NC 的质量分数大于 30%,因此,表 3 – 2 所示部分推进剂配方中的 NG,虽然逐渐被无[CHO]基团的 TMETN 取代,但取代后形成的新推进剂在燃烧催化剂的作用下,仍可呈现出平台燃烧特性。

　　对比图 3 – 11 中 IMN – 3 号配方(不含燃烧催化剂和消焰剂)与 IMK – 0 号配方(不含燃烧催化剂,但含消焰剂)的实测燃速值可知,向含 TMETN 的钝感低特征信号推进剂中引入某种有机钾盐作消焰剂,不但可大幅度降低此类推进剂的二次燃烧火焰[21,23],同时还有提高此类推进剂燃速的作用。鉴于此,研究中将所用的有机钾盐 KD 对含 TMETN 推进剂燃速的作用效果做类似于复合燃烧催化剂中的铅盐作用效果来处理,并进行了理论计算。从图 3 – 11 中燃速理论计算值与实测值对比可看出,在所测试的压强范围内,含 TMETN 的钝感低特征信号推进剂的燃速计算值与实测值吻合较好。从该图中 3 个含消焰剂配方的燃速结果可看出,研究所用的消焰剂,并不会因其本身对推进剂燃速的增强作用而影响常用的"铅–铜–炭"复合燃烧催化剂的平台作用效果($n<0.3$)。相反,该研究中所用的消焰剂 KD 可使催化的含 TMETN 的钝感低特征信号推进剂的平台作用范围向低压区移动,且平台效果变得更显著。

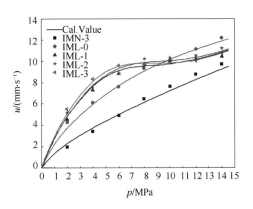

图 3 – 11　含消焰剂的催化钝感双基推进剂燃速计算结果

从图 3 – 12 计算值与实测值对比可知,对于含典型催化剂的催化 FOX – 7 – CMDB 推进剂的燃速计算值与实测值吻合较好。由图中所示几个试样的计算结果可看出,应用研究建立的催化推进剂的燃速预估模型,可定量地计算此类推进剂的燃速,且计算值与实测值符合的较好。

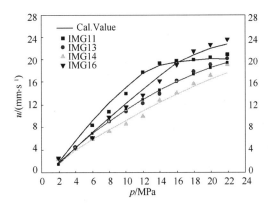

图 3 – 12　催化钝感 FOX – 7 – CMDB 推进剂燃速计算结果

由模拟计算结果讨论可知,随着 TMETN 含量增大,非催化钝感双基系推进剂的燃速降低、燃速压强指数增加;在催化钝感低特征信号推进剂中,只要推进剂中 NC 的含量足够,采用适合的催化剂品种,可调节出较好的平台效果。

3.4 RDX – CMDB 推进剂燃速性能模拟计算

3.4.1 RDX 燃烧初期分解机理

1. 量子化学计算

利用量子化学中 SCF – MO(自洽场分子轨道)方法和高精度的密度泛函理论(DFT)B3LYP 方法,计算得到了 RDX 的结构和性能,给出了全优化的分子几何构型(键长、键角和二面角)电子结构(原子的净电荷和原子间键级)。通过比较 RDX 分子中原子间的键级数据和重叠集居数(DFT 结果)发现,在 RDX 中以 N – NO$_2$ 键的重叠集居数最小(图 3 – 13,表 3 – 3,表 3 – 4)。从而在微观层次上阐明了在 RDX 中,N – NO$_2$ 键上电子分布较少,N – NO$_2$ 键较弱,为热解和爆炸的引发键,热解和起爆应始于 N – NO$_2$ 键断裂。

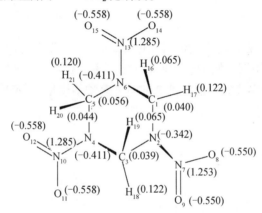

图 3 – 13 RDX 原子编号和原子上的电荷

表 3 – 3 RDX 分子中原子间的键级数据

键	键级	键	键级
C1 – N2	0.9667	N10 – O11	1.5233
N2 – C3	0.9651	N10 – O12	1.5231
C3 – N4	0.9342	N6 – N13	0.8344
N4 – C5	0.9483	N13 – O14	1.5232
C5 – N6	0.9483	N13 – O15	1.5232
N6 – C1	0.9342	C1 – H16	0.9651
N2 – N7	0.8126	C1 – H17	0.9600

74

键	键级	键	键级
N7 – O8	1.5320	C3 – H18	0.9600
N7 – O9	1.5321	C3 – H19	0.9651
N4 – N10	0.8344	C5 – H20	0.9607
C5 – H21	0.9646		

表 3 – 4　RDX 分子中部分键的重叠集居数

键	重叠集居数	键	重叠集居数
C1 – N2	0.237	N7 – O9	0.327
N2 – C3	0.237	C1 – H16	0.386
N2 – N7	0.166	C1 – H17	0.353
N7 – C8	0.327		

2. RDX 燃烧初期的热分解规律

RDX 的热分解研究一直为推进剂研究者所关注,研究资料给出了 RDX 的热分解机理:NO_2 基团的消失和环的协调断裂产生亚甲基亚胺自由基($CH = N \cdot$)和亚甲基硝胺($CH = N - NO_2$);接下来不稳定的亚甲基硝胺转变为甲醛(CH_2O)和 N_2O,亚甲基亚胺自由基离解为 HCN 和 H·;初始产物中 NO_2 和 N_2O 可与甲醛发生反应生成 CO、CO_2、N_2 和 NO 等。由此可将 RDX 燃烧初期的热分解反应规律表示为

$$C_3H_6O_6N_6(RDX) \rightarrow NO_2 + HCN + H + 2N_2O + 2CH_2O \qquad (3 – 25)$$

依据一维气相反应模型,可将 RDX 燃烧初期产物中的 NO_2 和 N_2O 归入氧化性基团($[NO_2]$),CH_2O 归入还原性基团($[CH_2O]$),HCN 归入可裂解基团($[CHO]$),H 归入中性基团($[CO]$)。

3.4.2　含 RDX 的改性双基推进剂燃速预估公式

在文献[19]中,给出了 RDX 对双基体系中催化剂热分解的影响,DSC 实验结果说明了 RDX 对铅盐热分解的促进作用,随着体系中 RDX 含量的增加,铝盐的热分解温度降低而热分解放热量增加。这一实验现象与炭黑对铅盐的作用是一致的。结合对 RDX – CMDB 推进剂燃烧性能影响的研究,文献[20]认为 RDX 在一定程度上可增强平台催化剂的催化效果。

对 RDX 的热分解研究结果表明[21,22],硝胺采取 C – N 键断裂方式或者 N – N 键断裂方式与温度有关。在低温下,主要采取 C – N 键断裂,气相产物中 N_2O

居多;高温下,主要采取 N – N 键断裂,气相产物中以 NO_2 居多。众所周知,推进剂燃烧表面温度在一定范围内与压力一致,因此,硝胺采取 C – N 键断裂方式或者 N – N 键断裂方式也随压力的变化而变化。若把硝胺热分解时 C – N 键断裂到 N – N 键断裂的转化用函数 $\xi(p)$ 表示,则

$$\xi(p) = 1 - e^{-p/p**} \qquad (3-26)$$

式中:p 为燃烧室压强(MPa);$p**$ 为 RDX 分解反应的第二特征压强。

若 1kg 推进剂中[N_2O]的量为 X_N,$a_N = X_N/\delta'$,则式(3 – 6)可改写为

$$\theta_0(p,X) = \frac{1 + \alpha_N \cdot \xi(p)}{\alpha + \beta + q \cdot [\eta(p) - g(p,X)] + \gamma + 1} \qquad (3-27)$$

由于处于燃烧表面层中 RDX 颗粒粒径对燃烧表面积相对增量有一定的影响,对于这种粒径大小对燃速的影响采用参数 h_H 表示:

$$h_H = 1 + 11.73(\rho_p/\rho_H)^{1/3}(\alpha_H)^{1/3}d_H \qquad (3-28)$$

式中:ρ_H 为 RDX 的密度(g/cm^3);d_H 为推进剂中 RDX 的粒径(cm);α_H 为推进剂中 RDX 的含量。

由式(3 – 26)~式(3 – 28)可改写式(3 – 3)为

$$u(p,X) = 1.709P\theta_0^2(p,X)h_H/\rho_p, cm/s \qquad (3-29)$$

该式即为含 RDX 的 CMDB 平台推进剂燃速计算公式。

3.4.3 燃烧性能的预估分析

采用含 RDX 改性双基推进剂燃速预估模型,计算了系列 RDX 含量变化的非催化 RDX – CMDB 推进剂试样燃速性能,系列配方组成如表 3 – 5 所示,并将计算值与实测结果进行了对比,如图 3 – 14 所示。

表 3 – 5　含 RDX 的非催化 CMDB 推进剂配方组成表

试样	NC + NG/%	RDX/%	DINA/%	工艺助剂/%
R – 1	74.5	20	3.5	2.0
R – 2	64.5	30	3.5	2.0
R – 3	54.5	40	3.5	2.0
R – 4	44.5	50	3.5	2.0
R – 5	39.5	55	3.5	2.0

通过计算结果与实测结果对比可以发现,对于含 RDX 的非催化改性双基推进剂,燃速计算值与实测值一致性较好,其中 90% 以上的数据误差在 10% 以内。

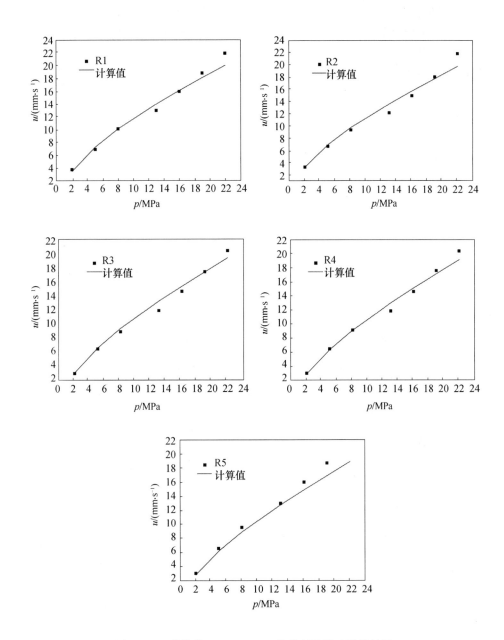

图 3 – 14 非催化 RDX – CMDB 推进剂的燃速计算结果

　　采用上述一维气相反应模型计算的不同类型催化剂的 RDX 改性双基推进剂燃速,其计算结果图 3 – 15 所示。对于计算的催化推进剂试样的基础配方组成为:双基黏合剂(NC+NG)65.1%,RDX 26%,DINA 5%;工艺助剂3.9%。所用典型催化剂有2,4-二羟基苯甲酸铅(β-Pb)、邻苯二甲酸铅(φ-Pb)、2,4-二羟基苯甲酸铜(β-Cu)、己二酸铜(己-Cu)和炭黑(CB),配方所用燃烧催化剂均采用外加方法加入,具体的催化剂加入量如表3-6所示。

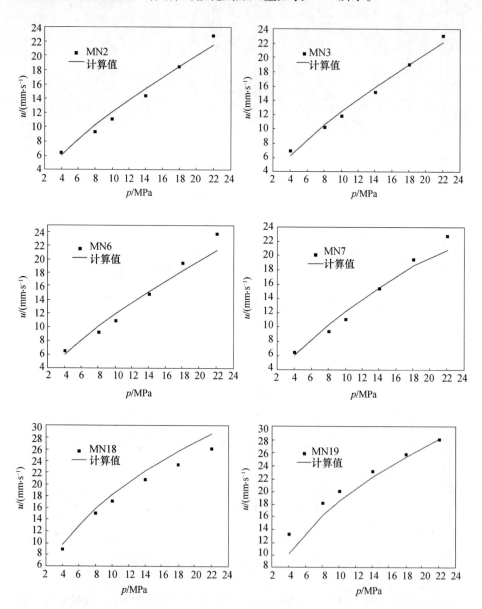

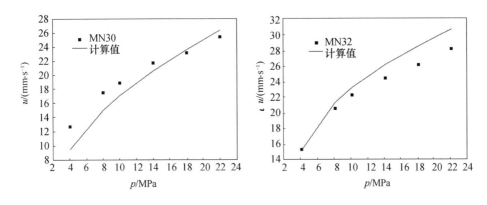

图 3 – 15 催化 RDX – CMDB 推进剂的燃速计算结果

表 3 – 6 RDX 改性双基推进剂配方催化推剂表

试样	催化剂/%				
	β – Pb/%	φ – Pb/%	β – Cu/%	己 – Cu/%	CB/%
MN – 2	1.0	0	0	0	0
MN – 3	2.0	0	0	0	0
MN – 6	0	2.0	0	0	0
MN – 7	0	4.0	0	0	0
MN – 18	0.9	0	1.2	0	1.0
MN – 19	1.8	0	2.0	0	0.2
MN – 30	0	0.9	0	1.2	1.0
MN – 32	0	2.7	0	0.0	0.8

通过计算结果与实测结果对比可以发现,对于含催化剂的 RDX – CMDB 推进剂来说,计算结果与实测结果一致性也较好,90% 以上的数据误差均在 10% 以内。与硝酸酯相比,RDX 分子结构中引入了 N – NO$_2$ 基因而缺少了 – CHO 基团。其燃烧初始产物主要是 NO$_2$、N$_2$O、CH$_2$O 和 N$_2$,可见其中没有催化作用受体[CHO],并增加了[N$_2$O]和使[NO$_2$]减少,把硝胺加入催化的推进剂后将使推进剂的 $\theta_0(p, X)$ 减少(有导致燃速下降的趋势)。因此,硝胺一方面可增强催化剂的作用而对平台燃烧有促进作用,另一方面因其本身的化学结构原因使其对燃烧又有负的影响。

推进剂的化学结构对催化燃烧有重要的影响。组成推进剂的单质炸药的化学结构中[CHO]的相对含量越多,也就越有利于燃烧催化作用的发生。在通用的含能材料中,硝化棉是催化受体[CHO]较好的提供者,因而保证推进剂组分中含有足够的硝化棉是推进剂中实现平台燃烧的前提。

RDX加入双基平台推进剂后,一方面因使推进剂化学结构中[CHO]的含量减少而消弱了催化效应;另一方面由于其增强了铅盐的催化效果而对平台催化有利。因此在硝胺含量适当的情况下,还是可以达到较好的平台燃烧效果。

3.5 CL－20－CMDB 推进剂燃速性能计算

3.5.1 CL－20 燃烧初期的分解机理研究

目前,在 CL－20 热分解机理方面已经开展了大量的研究,这些研究除了有基于量子化学的理论计算外,还有运用常规的热分析技术(DSC、DTA 和 TGA)和可以同时获得多种信息的多种仪器联用技术(如 TG－MS、TG－FTIR、DSC－FTIR 及 T－Jump/FTIR)开展的实验分析。虽然前人已经运用了多种手段对CL－20的热分解机理进行着不懈的探索,但由于 CL－20 具有独特的多环硝胺立体笼状复杂结构,致使到目前为止,还没有人能凭借理论计算或实验检测将其热分解过程完全破译。因此,为了达到预估 CL－20－CMDB 推进剂燃烧性能的目的,基于前人公布的 CL－20 的热分解信息,对 CL－20 燃烧初期的热分解步骤,建立了一种假说。

1. 量子化学计算

文献[18,23,24]分别运用量子化学中非限制性 Hartree－Fock 自洽场 PM3(UHF－SCF－PM3)分子轨道(MO)方法和 Mulliken 集居数方法分析了 CL－20热解引发键的可能种类,并认为此键可能为侧链的 $N－NO_2$ 键。为了证明这个观点,文献[24]还以最稳定的 $\varepsilon－CL－20$ 为研究对象,运用 UHF－PM3－MO 方法,对其侧链 $N－NO_2$、笼状骨架 C－C 和 C－N 三类键的均裂可能性进行了计算,其中 $N－NO_2$ 键有两类:一类位于五元环,另一类位于六元环。

从表 3－7 列出的 $\varepsilon－CL－20$ 的 Mulliken 键级数据可看出,在同类化学键中,C1－C3、C7－N2、N2－N13(五元环)和 N12－N28(六元环)的 Mulliken 键级最小(MP3 法算得),有可能成为各自热解的引发键(原子间键级可反应键的相对强弱)。表中原子编号见图 3－16。

表 3-7 ε-CL-20 中化学键的 PM3 计算 Mulliken 键级

C-C 键	键级	C-N 键	键级	N-N 键	键级
C1-C3	0.275	C1-N2	0.217	N2-N13	0.172
C7-C10	0.279	C1-N9	0.223	N12-N28	0.177
C6-C8	0.288	C7-N2	0.216	N4-N16	0.210
		C10-N9	0.231	N5-N19	0.217
		C8-N5	0.229	N9-N22	0.186
		C8-N12	0.225	N11-N25	0.194
		C6-N4	0.233		
		C6-N11	0.230		

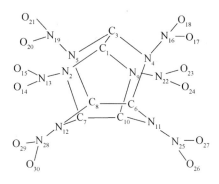

图 3-16 ε-CL-20 的分子结构和原子编号

但通过对比表 3-8 中的 ε-CL-20 侧链 N-NO$_2$、笼状骨架 C-C 和 C-N 键均裂过程中的反应物和过渡态产物的生成焓(经零点能校正)以及活化能(E_a)可知(PM3 法算得),N-NO$_2$ 键均裂所需的活化能(96.2kJ·mol^{-1} 和 100.2kJ·mol^{-1})远小于笼状骨架中 C-C 和 C-N 键均裂所需的活化能(132.5kJ·mol^{-1} 和 189.3kJ·mol^{-1})。这可以充分表明 ε-CL-20 的热引发键应为侧链的 N-NO$_2$ 键。然而,ε-CL-20 的侧链上存在两类 N-NO$_2$ 键,其中 N2-N13 均裂所需的活化能比 N12-N28 的仅小 4.0kJ·mol^{-1},二者的键级较近相;但据以往的静态结构分析和动态计算可知,连接在环戊烷上的硝基没有连接在环己烷上的稳定,故 ε-CL-20 的热解应从五元环上 N-NO$_2$ 键的均裂开始。

表3-8　CL-20不同热解途径中反应物和过渡态的生成焓和活化能

热解途径	生成焓/kJ·mol⁻¹		E_a/kJ·mol⁻¹
	反应物	过渡态产物	
C1-C3	1007.5	1139.9	132.4
C7-N2	1007.5	1196.8	189.3
N12-N28	1007.5	1107.7	100.2
N2-N13	1007.5	1103.7	96.2

2. 仪器分析

　　文献[25]利用DSC和TG对CL-20的热分解进行了研究,认为CL-20与单环硝胺(如RDX和HMX)的热分解性能完全不同。单环硝胺热分解时,N-NO₂键均裂后可降低C-N键断裂的能垒;而CL-20的N-NO₂键均裂后,骨架会通过自由基的重排形成多重键,从而会导致热分解产物中NO₂的比例比RDX和HMX高。

　　从CL-20的DSC曲线上可看出(图3-17),在157.1℃处有一小吸收峰,应为CL-20由β晶型向γ晶型吸热峰(7~10J·g⁻¹);在230℃前CL-20是稳定的,230℃以后其分解反应加速,且分解峰表现为迅速的放热尖峰,放热量很大;放热分解结束后,固相剩余约15%的多孔状黑色残渣(文献[26]报道此时剩余残渣量为9%~15%),这些残渣在400℃以前稳定存在,温度继续升高后,会开始缓慢分解,直到800℃时固相仍有约4%的残渣剩余;CL-20的整个热分解过程中无熔化吸热现象发生。

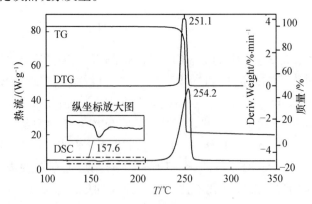

图3-17　CL-20的DSC和TG-DTG曲线

　　图3-18和图3-19列出了利用DTA-FTIR联用仪常压下对CL-20程序升温时测得的气体分解产物的红外特征谱图和相对吸收强度随时间(温度)变

化曲线。从图中可知,CL – 20 在热分解初期的主要气相分解产物有 NO_2（$1629cm^{-1}$）、N_2O（$2201cm^{-1}$）、NO（$1908cm^{-1}$）、CO_2（$2358cm^{-1}$）、HCN（$713cm^{-1}$）、HNCO（$2286cm^{-1}$）、NO（$1909cm^{-1}$）等。

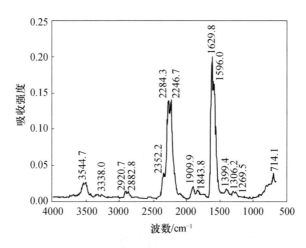

图 3 – 18　CL – 20 在常压某一时刻的气相分解产物红外特征图谱

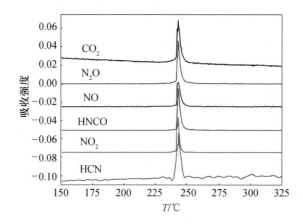

图 3 – 19　CL – 20 在常压下气相分解主要产物红外吸收相对量随温度分布曲线

文献[27 – 35]运用 T – jump/FTIR、MS/FTIR 和原位 FTIR 等联用技术对 CL – 20 的热分解过程进行研究发现,其在 195℃ 以下放热分解时,会释放出大量的 NO_2 和 NO,少量的 CO、CO_2、HCN、HNCO 和 N_2O,热分解后期剩余一定质量的黑色残渣。分析认为,CL – 20 在 200℃ 左右分解时,虽会有一些平行的反应发生,但主要发生的还是五元环上 N9 处 N – NO_2 键的均裂(原子编号见图 3 –

16)。由于 N – NO₂ 键的均裂,将导致 CL – 20 六元环上的 C10 – N11 键随之减弱,从而使得 NO 单元插入该键中,见反应式(3 – 30)。而由式(3 – 30)反应生成的中间体又继续以几种方式进一步反应,其中包括生成 N₂O 及某些含羰基的固态残留物,见反应式(3 – 31)。

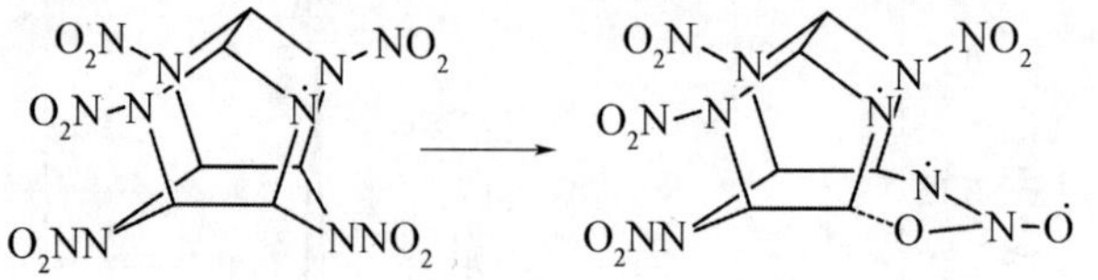

$$\text{(3 – 30)}$$

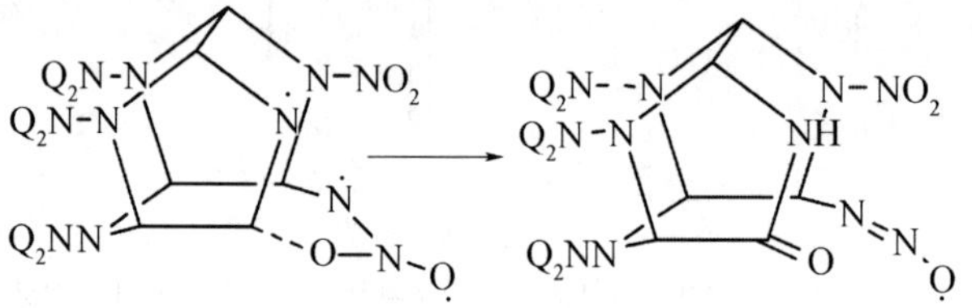

$$\text{(3 – 31)}$$

当环境温度继续升高后,CL – 20 的初始热分解产物 NO₂ 会与其他热分解产物基团间相互剧烈反应,从而导致产物中出现了 NO、CO 和 CO₂ 等气体,同时凝聚相剩余产物中有类似三聚氰酰胺和密弄(ammeline)等环状连氮化合物的残渣生成。

3. CL – 20 燃烧初期热分解反应假说

基于上述对于 CL – 20 的研究结果,本研究假定燃烧初期 CL – 20 单体的分解反应历程如图 3 – 20 所示。

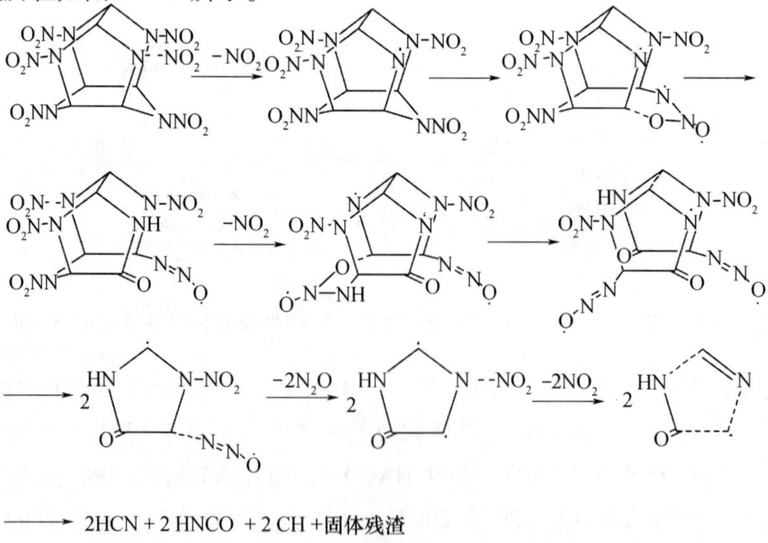

⟶ 2HCN + 2HNCO + 2CH + 固体残渣

图 3 – 20 CL – 20 的热分解历程

根据上述假设,可得出燃烧初期 CL-20 热分解反应的总方程:

$$C_6H_6N_{12}O_{12}(S) \rightarrow 4NO_2(g) + 2N_2O(g)$$
$$+ 2HCN(g) + 2HNCO(g) + 2CH(g) + 固体残渣 \qquad (3-32)$$

根据上述一维气相流理论的基本原理,研究中将 CL-20 燃烧初期热分解产物中的 NO_2 和 N_2O 归入氧化性基团,HCN 归入可裂解自由基团,HNCO 和 CH 归入惰性基团—[CH]。又因前人对 CL-20 进行的大量热分解研究发现,此类化合物的热分解不会将其完全转变成气态产物,而是热分解后期剩余 9% ~ 15% 的固体残渣,因此,应用质量守恒定律,可算得燃烧初期 CL-20 分解成五类基团的量分别为:氧化性基团—11.77mol · kg^{-1},还原性基团—3.96mol · kg^{-1},可裂解自由基基团—7.85mol · kg^{-1},两类惰性基团均为0mol · kg^{-1}。

3.5.2　含 CL-20 的 CMDB 推进剂的燃速预估公式

1. 非催化 CL-20-CMDB 推进剂的燃速预估公式

虽然 CL-20-CMDB 推进剂所用的黏合剂基体是 NC 和 NG,但通过推进剂的燃烧火焰形貌、燃烧波结构和熄火试样等研究可知,CL-20-CMDB 推进剂的燃烧特性与 DB 和 RDX-CMDB 推进剂的有相似之处,但不完全相同,因此,要对此类推进剂的燃速进行预估,不能完全套用文献[1]中的一维气相反应流理论,而应该对此理论进行必要的合理修正,建立起一个适用于 CL-20-CMDB 推进剂的燃速预估理论公式。

由于 CL-20-CMDB 燃烧火焰中存在明显的单元 CL-20 焰,因此,建立 CL-20-CMDB 推进剂燃速预估模型之前,必须先对 CL-20 单元推进剂的燃烧情况进行研究。通过分析文献报道的 CL-20 单元推进剂的燃烧情况可知,CL-20 单元推进剂的燃烧过程与普通硝胺(RDX 和 HMX)单元推进剂的不同,其燃速明显高于普通硝胺单元推进剂的,这除了有 CL-20 燃烧初期的热分解产物的种类及含量的影响因素外,更重要的是由 CL-20 单元推进剂的燃烧本性导致的。将 CL-20 与普通硝胺类推进剂间的这种本性差异用特征压强(P_c^*)来区分,并将 CL-20 单元推进剂的特征压强值设定为 15 MPa。CL-20 独特的燃烧本性在 CL-20-CMDB 推进剂的燃烧过程中表现为:由 CL-20 固体颗粒形成的单元 CL-20 焰中,CL-20 热分解产物中的可裂解自由基将依据其身的特征压强进行裂解燃烧,因此在 CL-20-CMDB 推进剂的燃速预估公式中,就要对原自由基裂解理论中的函数 $\theta_0(p)$ 进行修正,修正公式见(3-33)。

$$\theta_c(p) = \frac{1}{\alpha + \beta + q_1 \cdot \eta_1(p) + q_c \cdot \eta_c(p) + \gamma + 1} \tag{3-33}$$

式中:q_1为 CL-20-CMDB 推进剂的双基黏合剂基体和其他助剂燃烧初期热分解生成的[CHO]基团的总量;$\eta_1(p)$为推进剂燃烧过程中q_1的自然裂解情况,表达式同式(3-1);q_c为 CL-20-CMDB 推进剂中 CL-20 在燃烧初期热分解生成的[CHO]基团的量;$\eta_c(p)$为推进剂燃烧时q_c的自然裂解情况,表达式为

$$\eta_c(p) = 2 - \exp[0.639(1 - p/p_c^*)] \tag{3-34}$$

由前面分析可知,CL-20-CMDB 推进剂燃烧表面附近并不像双基推进剂那样仅存在一种预混火焰,而是存在 DB 焰和 CL-20 焰两种预混火焰,且这两种预混火焰在燃烧表面存在竞争燃烧的现象(随着推进剂中 CL-20 含量的变化,两种火焰的比例亦发生变化)。针对此种情形,本章引入了函数$S(x)$来表达 CL-20-CMDB 推进剂中 DB 焰和 CL-20 焰的竞争燃烧形态。$S(x)$的表达式为

$$S(x) = Ax^2 + Bx + C \tag{3-35}$$

式中:x为 CL-20-CMDB 推进剂中 CL-20 的含量;A、B和C是函数拟合系数。

$S(x)$表达的含义为:当 CL-20-CMDB 推进剂中双基组分含量较大时,DB 焰在燃烧过程中占主导地位;当 CL-20-CMDB 推进剂中 CL-20 组分含量较大时,CL-20 焰在燃烧过程中占主导地位。

进而推导出初温 20℃时非催化 CL-20-CMDB 推进剂的燃速计算式:

$$u(p) = 1.709p\theta_c^2(p)S(x)/\rho_p \tag{3-36}$$

2. 含典型催化剂的 CL-20-CMDB 推进剂的燃速预估公式

当 CL-20-CMDB 推进剂中含铅盐、铜盐和炭黑混合物的燃速催化剂时,前人大量研究结果及本实验研究显示,铅、铜、炭在推进剂燃烧表面处会产生较大的富集,从而起到催化作用。基于杨栋等人的思路,认为铅盐和铜盐是分别可起到主要催化作用的催化剂,同时铜还有辅助铅盐起助催化作用,而炭黑是辅助铅、铜盐起到助催化作用的物质。因此,铅、铜、炭组合使用作为燃烧催化剂时,对[CHO]自由基的裂解变化有一定的催化作用,从而实现了调节推进剂燃速的目的。

经过上述对 CL-20-CMDB 推进剂的火焰结构分析可知,该类推进剂火焰由两类典型的火焰组成——双基推进剂火焰和 CL-20 单元推进剂火焰。经过分析实验研究知,铅、铜、炭复合催化剂对两类火焰的催化效果不同,为表达这种

催化效果,本研究引入了复合催化剂的催化系数表达式(3-37)和式(3-38):

$$Y_d = d_0 + d_1 \cdot X_1 + d_2 \cdot X_1 X_2 + d_3 \cdot X_1 X_3 + d_4 \cdot X_2 X_2 + d_5 \cdot X_2 X_3$$

$$(3-37)$$

式中:Y_d 为催化剂对双基黏合剂火焰的催化作用函数;X_1、X_2 和 X_3 分别为复合催化剂中铅、铜、炭的质量百分比;d_1、d_2、d_3、d_4 和 d_5 分别是复合催化剂的催化作用系数。

$$Y_c = c_0 + c_1 \cdot X_1 + c_2 \cdot X_1 X_2 + c_3 \cdot X_1 X_3 + c_4 \cdot X_2 X_2 + c_5 \cdot X_2 X_3$$

$$(3-38)$$

式中:Y_c 为催化剂对 CL-20 单元推进剂火焰的催化作用函数;X_1、X_2 和 X_3 分别为复合催化剂中铅、铜、炭的质量百分比;c_1、c_2、c_3、c_4 和 c_5 分别是复合催化剂的催化作用系数。

因此,在含铅、铜、炭复合催化剂组合的催化条件下,式(3-1)和式(3-34)可修正为式(3-39)和式(3-40):

$$\eta_1(p) = 2 - \exp[0.6391(1 - p/p^*)Y_d] \qquad (3-39)$$

$$\eta_c(p) = 2 - \exp[0.6391(1 - p/p_c^*)Y_c] \qquad (3-40)$$

利用数理统计学中的逐步回归分析方法,可回归出催化作用系数表达式中的系数。

3. 含 Al 的 CL-20-CMDB 推进剂的燃速预估公式

实验研究中发现,CL-20-CMDB 推进剂体系中引入 Al 粉后,当 Al 含量小于 10% 条件下,Al 含量的变化对燃速无明显影响,这与其余 CMDB 推进剂的燃速规律有明显的不同。通过研究,在上述含 Al 的 CL-20-CMDB 推进剂燃烧火焰结构研究基础上,基于准一维气相反应流模型,采用归纳因子的方法,引入了与 Al 相对应的修正因子 g_{Al},从而提出了含 Al 的 CL-20-CMDB 推进剂燃速计算模型。

研究可知,CL-20-CMDB 推进剂的燃烧速度与铝粉的含量(a_{Al})及粒子直径(d_{Al})相关。假设所用铝粉为球形(以 μm 作单位),则修正因子 g_{Al} 可用函数表示为

$$g_{Al} = G(a_{Al}, d_{Al}) \qquad (3-41)$$

将 $G(a_{Al}, d_{Al})$ 函数形式分解为三个因子,即

$$G(a_{Al}, d_{Al}) = g_1 \cdot g_2 \qquad (3-42)$$

式中:$g_1 = (1 + 13a_{Al})^{1/2}$ 是对燃速系数的修正,$g_2 = 1 + 0.015a_{Al}/d_{Al}$ 是铝粉对燃烧表面的影响,将修正因子 g_{Al} 引入 CL-20-CMDB 推进剂燃速公式,可得出初

温 20℃时含 Al 的 CL–20–CMDB 推进剂燃速公式：

$$u(p) = 1.709p\theta_c^2(p)S(x)g_{Al}/\rho_p \qquad (3-43)$$

3.5.3　CL–20–CMDB 推进剂燃速计算值与实测值对比

基于提出的 CL–20 热分解反应假说和 CL–20–CMDB 推进剂的燃速预估公式，计算了非催化 CL–20 单元推进剂和 5 个非催化 CL–20–CMDB 推进剂配方的燃速。并将本章的理论计算值与实测值进行了对比，同时对 CL–20 含量变化的配方的推进剂燃速进行了估算，所用配方组成列于表 3–9。燃速对比及估算结果见图 3–21，各图中曲线为理论计算值，点为实测值，其中 CL–20 单元推进剂的燃速测试值源于文献[36]。

表 3–9　非催化 CL–20–CMDB 推进剂配方组成

名称	NC + NG/%	CL–20/%	其他助剂/%
CL01	84.7	8.0	7.3
CL02	74.7	18.0	7.3
CL03	64.7	28.0	7.3
CL04	54.7	38.0	7.3
CL05	44.7	48.0	7.3
CK01	34.7	58.0	7.3
CK02	24.7	68.0	7.3
CK03	14.7	78.0	7.3
CK04	4.7	88.0	7.3

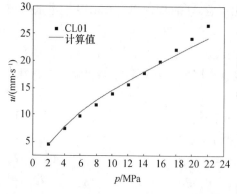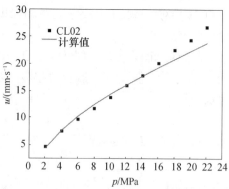

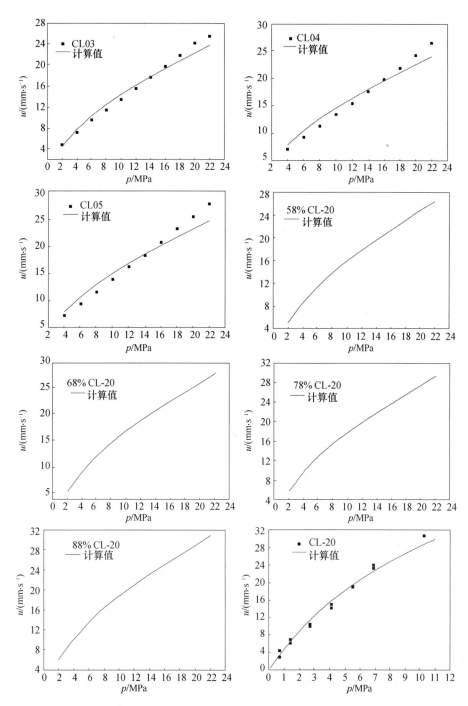

图 3 - 21　非催化 CL - 20 - CMDB 推进剂及单元推进剂的燃速计算结果

由以上几幅图所示的计算结果可看出,应用本研究建立的 CL – 20 – CMDB 推进剂的燃速预估模型,可定量地计算此类推进剂的燃速,且计算值与实测值符合较好。

从本章建立的 CL – 20 的化学结构参数来看,CL – 20 化学结构中的氧化性基团([NO₂])的量相对较多,因此,含 CL – 20 的推进剂的燃速均表现得较高;而 CL – 20 化学结构中的可裂解自由基([CHO])的量相对较少,且 CL – 20 本身燃烧时的特征压强又比双基黏合剂基体的高,因此,含 CL – 20 的推进剂的燃速压强指数也较高。

基于提出的 CL – 20 热分解反应假说和催化 CL – 20 – CMDB 推进剂的燃速预估公式,计算了 CL06 ~ CL12 号 7 个催化 CL – 20 – CMDB 推进剂配方的燃速,具体配方组成见表3 – 10。并将本章的理论计算值与实测值进行了对比,燃速对比及估算结果见图3 – 22,各图中的点为实测值,曲线为理论计算值。

表3 – 10　催化 CL – 20 – CMDB 推进剂配方组成

名称	NC + NG/%	CL – 20/%	其他助剂/%	OAPb/%	OACu/%	CB/%
CL06	64.7	28.0	7.3	0.5	0.25	0.4
CL07	64.7	28.0	7.3	1.0	0.75	1.0
CL08	64.7	28.0	7.3	1.5	1.25	0.2
CL09	64.7	28.0	7.3	2.0	0	0.8
CL10	64.7	28.0	7.3	2.5	0.5	0
CL11	64.7	28.0	7.3	3.0	1.0	0.6
CL12	64.7	28.0	7.3	2.5	0	0

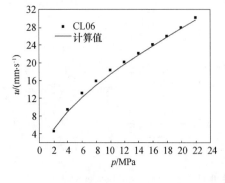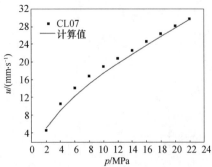

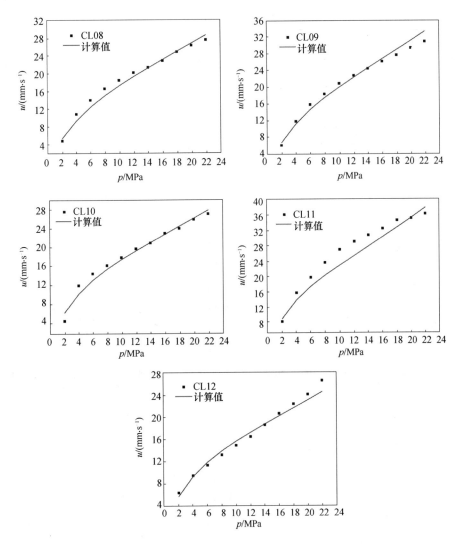

图 3 – 22　催化 CL – 20 – CMDB 推进剂的燃速计算结果

由以上几幅图所示的计算结果可看出,应用本研究建立的催化 CL – 20 – CMDB 推进剂的燃速预估模型,可定量地计算此类推进剂的燃速,且计算值与实测值符合较好。

基于提出的含 Al 的 CL – 20 – CMDB 推进剂的燃速预估公式,计算了 CA01 ~ CA04 号 4 个含 Al 的 CL – 20 – CMDB 推进剂配方的燃速,并将本章的理论计算值与实测值进行了对比,配方组成见表 3 – 11,燃速对比及估算结果见图 3 –23,各图中的点为实测值,曲线为理论计算值。

表 3 – 11　含 Al 的 CL – 20 – CMDB 推进剂配方组成

名称	NC + NG/%	CL – 20/%	Al/%	其他助剂/%
CA01	54.7	36.0	2.0	7.3
CA02	54.7	33.0	5.0	7.3
CA03	54.7	30.0	8.0	7.3
CA04	54.7	28.0	10.0	7.3

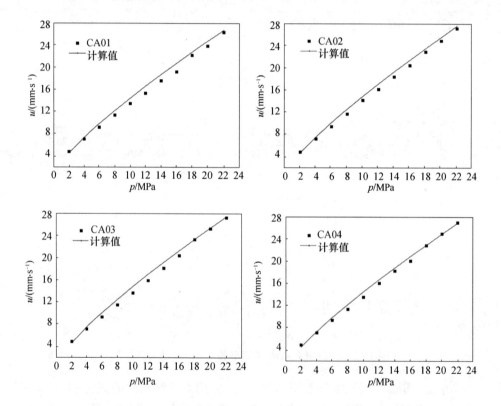

图 3 – 23　含 Al 非催化 CL – 20 – CMDB 推进剂的燃速计算结果

由以上几幅图所示的计算结果可看出,应用本研究建立的含 Al 的 CL – 20 – CMDB 推进剂的燃速预估模型,可定量地计算此类推进剂的燃速,且计算值与实测值符合较好。

3.6 DNTF – CMDB 推进剂燃速性能计算

3.6.1 DNTF 燃烧初期的分解机理研究

1. 量子化学计算

文献[37]对图 3 – 24 所示的稳定的 DNTF 分子体系构型,开展了量子化学计算和实测研究,获得的键长结果见表 3 – 12。从计算结果可知,该分子构型中五元环Ⅰ、Ⅱ和Ⅲ的键长趋于平均化,C = N 双键键长 $r_{(1,2)} = 1.314\text{Å}$,$r_{(3,4)} = 1.305\text{ Å}$,$r_{(15,16)} = 1.312\text{Å}$,$r_{(17,18)} = 1.305\text{Å}$,$r_{(7,8)} = 1.312\text{Å}$,$r_{(6,10)} = 1.344\text{ Å}$,均比常规的 C = N 双键的键长(1.270Å)长。由于 O(14)的强吸电效应,分子构型中 C(6) – N(10)键的键长比其余 C – N 键的键长长。通过对环Ⅰ、Ⅱ和Ⅲ所带总电荷的计算可知,环Ⅲ与环Ⅰ和环Ⅱ相连时,电子云偏向环Ⅰ和环Ⅱ,且 O(14)对化合物的影响强于 – NO₂。在整个 DNTF 分子构型中,最长的化学键为 $r_{(17,20)}$,$r_{(3,11)}$ 和 $r_{(2,6)}$,这表明了当化合物被加热到一定温度时,这些键将首先断裂。

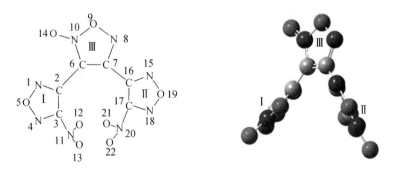

图 3 – 24   DNTF 的原子编号及优化几何

表 3 – 12   由稳定构型计算得到的 DNTF 的键长值与实验值

键	键长/Å		键	键长/Å		键	键长/Å	
	计算值	实验值		计算值	实验值		计算值	实验值
$r_{(1,2)}$	1.314	1.303	$r_{(15,16)}$	1.312	1.304	$r_{(7,8)}$	1.312	1.302
$r_{(1,5)}$	1.371	1.375	$r_{(15,19)}$	1.374	1.379	$r_{(8,9)}$	1.354	1.372
$r_{(2,3)}$	1.432	1.421	$r_{(16,17)}$	1.430	1.415	$r_{(6,7)}$	1.430	1.405
$r_{(3,4)}$	1.305	1.289	$r_{(17,18)}$	1.305	1.296	$r_{(6,10)}$	1.344	1.336

键	键长/Å		键	键长/Å		键	键长/Å	
	计算值	实验值		计算值	实验值		计算值	实验值
$r_{(4,5)}$	1.353	1.372	$r_{(18,19)}$	1.352	1.366	$r_{(9,10)}$	1.456	1.440
$r_{(3,11)}$	1.456	1.459	$r_{(17,20)}$	1.456	1.442	$r_{(10,14)}$	1.213	1.212
$r_{(11,13)}$	1.219	1.207	$r_{(20,21)}$	1.235	1.255	$r_{(2,6)}$	1.459	1.445
$r_{(11,12)}$	1.235	1.217	$r_{(20,22)}$	1.219	1.227	$r_{(7,16)}$	1.471	1.472

2. 仪器分析

利用 T–Jump/FTIR 联用技术对 DNTF 常压下 800℃ 时气相分解产物进行了研究，并将分解产物红外特征图谱和主要气相产物红外吸收相对量随时间的变化关系列于图 3–25 和图 3–26。

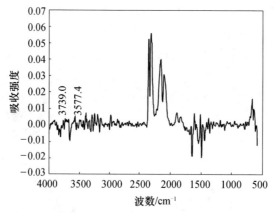

图 3–25　DNTF 在常压 800℃ 时气相分解产物红外特征图谱

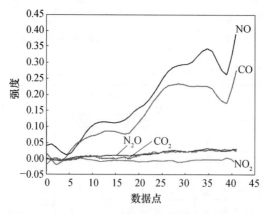

图 3–26　DNTF 在常压 800℃ 时气相热裂解主要产物红外吸收相对量随时间分布曲线

从图示可知,DNTF 气相产物主要有 CO_2(2364,2332)、CO(2173,2115)、N_2O(2256)、NO(1908)和 NO_2(1624)。在检测到的气相裂解产物中,CO 与 NO_2 之间很容易发生二次反应 $CO + NO_2 \rightarrow CO_2 + NO$,使检测到的气相产物结果中 NO 和 CO_2 的量随时间增加,NO_2 的量随时间增加而降低。

3. DNTF 燃烧初期热分解反应假说

基于上述对于 DNTF 的研究结果,研究中假定燃烧初期 DNTF 单体的分解反应历程如图 3-27 所示。

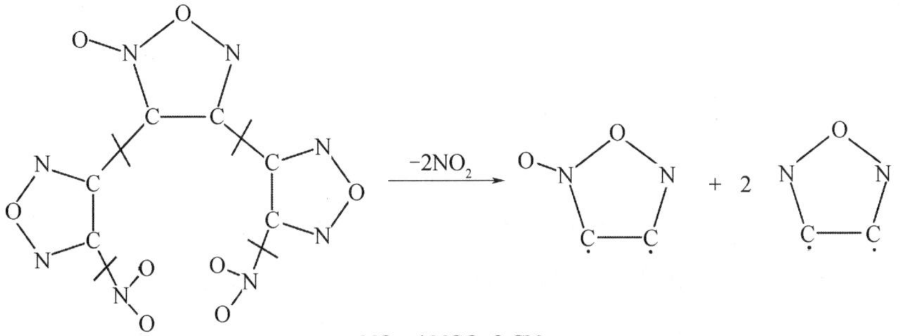

$$\rightarrow NO_2 + 4\ NCO + 2\ CN$$

$$NO_2 + 2\ NCO \rightarrow NO + N_2O + 2\ CO$$

图 3-27 DNTF 的热分解历程

根据上述假设,可得出燃烧初期 DNTF 热分解反应的总方程:

$$C_6N_8O_8 \rightarrow NO_2 + 2CN + 2NCO + NO + N_2O + 2CO \qquad (3-44)$$

根据一维气相反应流理论原理,研究中将 DNTF 燃烧初期热分解产物中的 NO_2、NO 和 N_2O 归入氧化性基团,NCO 归入可裂解基团,CO 归入还原性基团,CN 归入惰性基团。从而可得到燃烧初期 DNTF 分解生成五类基团的量分别为:氧化性基团—$9.6\ mol \cdot kg^{-1}$,还原性基团—$6.4\ mol \cdot kg^{-1}$,可裂解自由基基团—$6.4\ mol \cdot kg^{-1}$,惰性基团—$6.4\ mol \cdot kg^{-1}$。

3.6.2 非催化 DNTF-CMDB 推进剂的燃速预估公式

虽然 DNTF-CMDB 推进剂所用的黏合剂基体是 NC 和 NG,但通过相关论文对该类推进剂的燃烧性能研究可知,DNTF-CMDB 推进剂的燃烧特性与 CL-20-CMDB 推进剂燃烧特性类似,要对此类推进剂的燃速进行预估,应对原有的一维气相反应模型进行合理修正,建立起一个适用于 DNTF-CMDB 推进剂的燃速预估公式。

由于 DNTF – CMDB 燃烧火焰中存在明显的单元 DNTF 焰,DNTF 加入推进剂后又可提高推进剂的燃速,增加推进剂的燃速压强指数,为了表达 DNTF 焰燃烧特性,将 DNTF 与推进剂其余组分间的这种本性差异用特征压强 ($p_D{}^*$) 表达,并将 DNTF 单元推进剂的特征压强值设定为 7 MPa。DNTF 独特的燃烧本性在 DNTF – CMDB 推进剂的燃烧过程中表现为:由 DNTF 固体颗粒在燃面熔融形成液态而后形成 DNTF 焰,在 DNTF 焰中 DNTF 热分解产物中的可裂解自由基将依据其身的特征压强进行裂解燃烧,因此在 DNTF – CMDB 推进剂的燃速预估公式中,对一维气相理论中的函数 $\theta_0(p)$ 进行了修正,修正公式见式(3 – 41):

$$\theta_D(p) = \frac{1}{\alpha + \beta + q_1 \cdot \eta_1(p) + q_D \cdot \eta_D(p) + \gamma + 1} \qquad (3 - 45)$$

式中:$\eta_D(p)$ 为推进剂燃烧时 q_D 的裂解情况,表达式为

$$\eta_D(p) = 2 - \exp[0.6931(1 - p/p_D{}^*)] \qquad (3 - 46)$$

进而推导出初温 20℃时非催化 DNTF – CMDB 推进剂的燃速计算式:

$$u(p) = 1.709p\theta_D^2(p)/\rho_p \qquad (3 - 47)$$

3.6.3　DNTF – CMDB 推进剂燃速计算值与实测值对比

基于提出的 DNTF 热分解反应假说和 DNTF – CMDB 推进剂的燃速预估公式,计算了非催化 DNTF 单元推进剂和几个非催化 CL – 20 – CMDB 推进剂配方的燃速。并将理论计算值与已有的实测值[38-40]进行了对比,同时对 DNTF 含量变化的配方的推进剂燃速进行了估算,具体配方组成见表 3 – 13。燃速对比及估算结果见图 3 – 28,各图中的点为实测值,曲线为理论计算值。

表 3 – 13　DNTF – CMDB 推进剂配方组成

名称	NC + NG/%	DNTF/%	其他助剂/%
DF01	64.7	28	7.3
DF02	64.7	33	2.3
DFK01	46.6	50	3.4
DFK02	36.6	60	3.4
DFK03	26.6	70	3.4

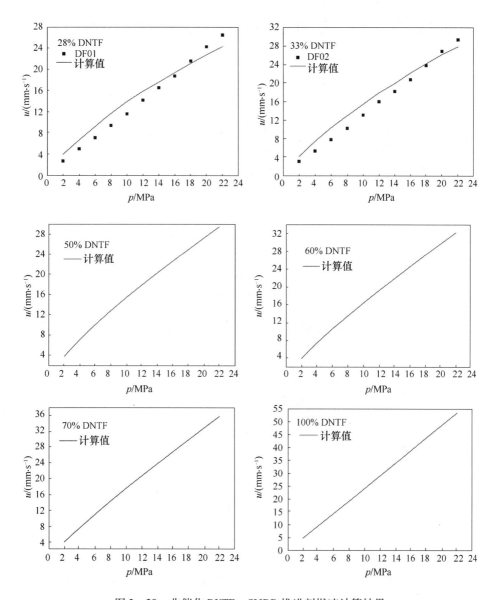

图 3-28　非催化 DNTF-CMDB 推进剂燃速计算结果

　　由以上几幅图所示的计算结果可看出,应用本研究建立的 DNTF-CMDB 推进剂的燃速预估模型,可定量地计算此类推进剂的燃速,且计算值与实测值符合较好。

　　通过对含 DNTF 推进剂燃烧速度的数值计算,可看出该类高能量密度化合物提高双基系推进剂的燃速、增加燃速压强指数的原因,分析主要是由于材料本身的化学结构中具有较多的氧化类基团（[NO_2]）、可裂解类的自由基（[CHO]）少以及其在双基系推进剂中具有自身独特的燃烧机理所致。

参 考 文 献

［1］宋洪昌. 火药燃烧模型和燃速预估方法的研究［D］. 南京：华东工学院博士学位论文,1986.

［2］Kubota N,Ohlemiller T J,Caveny L H,et al. The Mechanism of super – Rate Burning of Catalyzed Double Base Propellants. Princeton Univ. ,Dept. of Aerospace and Mechanical Sciences. Rept. AMS 1087 or AD – 763786,Princeton,NJ,March 1973.

［3］Ferreira J G,Bizot A,Lengelle' G. Model for Double – Base Propellants Combustion,Without and with Additives. AIAA paper,83 – 1197,July 1983.

［4］ Donnet J B,Voet A,Corbon – Physics, Chemistry and Elastomer Reinforcement. Marcel Dekker, New York,1976.

［5］Sharama J,Wilmot G B,Campolattaro A A,et al. XPS Study of Condensed Phase Combustion In Double – base Rocket propellant with and Without Lead Salt – Burning Rate Modifier. Combustion and Flame,Vol. 85, Nos. 3 – 4,1991,pp. 416 – 426.

［6］Yang D,Dong C S ,Li S W,et al. The Structure of Nitraminnne Modified double – base Propellant Burning Surface. Solid Rocket Technology,Vol. 20,No. 2,1997,pp. 31 – 36.

［7］Li S W,Zao F Q. The Study on the Propellants with Non – Lead Catalysts. The Fascicle of Explosives and Propellants of ACTA Armament,Vol. 8,No. 1,1986,pp. 25 – 32.

［8］Yang Dong,Li Shangwen,Song Hongchang. The Interrelation Between the Thermal Decomposition of Lead Salt and the Platonization Mechanism of Double – Based Propellants. Propellants,Explosives,Pyrotechnics, 1998,23：1 – 5.

［9］李上文,赵凤起. 含非铅催化剂的无烟推进剂的研究. 兵工学报(火炸药专集),1986,1：25 – 32.

［10］赵凤起,陈沛,李上文,等. 三羟甲基乙烷三硝酸酯的热分解性能研究［J］. 火炸药学报,1999,(3)：8 – 12.

［11］周诚,黄新萍,周彦水,等. FOX – 7 的晶体结构和热分解特性［J］. 火炸药学报,2007,30(1)：60 – 63.

［12］金朋刚,常海,陈智群. 热分解动力学和机理研究［J］. 爆炸与冲击,2006,26(6)：528 – 531.

［13］GAO Hong – Xu,ZHAO Feng – Qi,HU Rong – Zu,et al. Thermochemical Properties,Thermal Behavior and Decomposition Mechanism of 1,1 – Diamino – 2,2 – dinitroethylene (DADE)［J］. Chinese Journal of Chemistry,2006,24(2)：177 – 181.

［14］赵凤起,陈沛,李上文,等. 钾盐消焰剂与 TMETN 和燃烧催化剂相互作用的实验研究［J］. 含能材料,2001,(3)：100 – 103.

［15］陈沛,赵凤起,李上文. 含不同钾盐消焰剂的 NC/TMETN 推进剂熄火表面特征研究［J］. 火炸药学报. 2002,(3)：47 – 51

［16］赵凤起,陈沛,李上文,等. 含钾盐的 NC/TMETN 基钝感双基推进剂火焰结构研究［J］. 推进技术, 2002,(1)：74 – 78.

［17］高红旭. 新型钝感低特征信号 CMDB 推进剂研究［M］. 西安:西安近代化学研究所,2009. 9.

[18] 肖鹤鸣. 高能化合物的结构和性质[M]. 北京: 国防工业出版社, 2004. 12.

[19] Yang D, Li S W, Song H C. The Interrelation Between the Thermal Decomposition of Lead Salt and the Platonlzatlon Mechanism of Double – Based Propellants. Propellants, Explosives, Pyrotechnics, Vol. 23, No. 2, 1998, pp. 77 – 81.

[20] Yang D, Chen S, Li S W, et al. The Enhancement of Rdx on Plateau Catalytic Effect. The Fascicle of Explosives and Propellants of ACTA Armament, Vol. 17, No. 1, 1995, pp. 15 – 19.

[21] Brill T B, Patil D E. Thermal Decomposition of Energetic Materials 63. Surface Reaction Zone Chemistry of Simulated Burning 1, 3, 5, 5 – Tetranitrohera – Hydropyrimidine (DNNC or TNDA) Compared to RDX. Combustion and Flame, Vol. 95. Nos. 1 – 2, 1993, pp. 183 – 190.

[22] Palopoli S F, Brlll T B, Thermal Decomposition of Energetic Materials 52. On the Foam Zone and Surface Chemistry of Rapidly Decomposing HMX [J]. Combustion and Flame, 1991, 87(1 – 2): 45 – 60.

[23] 张骥, 肖鹤鸣, 贡雪东, 等. 六硝基六氮杂异戊兹烷气相热解引发反应的理论研究[J]. 含能材料, 2000, 8(4): 149 – 153.

[24] 文中, 田双河, 赵鹏骥, 等. 六硝基六氮杂异戊兹烷分子构型的理论研究[J]. 含能材料, 1999, 7(3): 110 – 114.

[25] 赵凤起, 阴翠梅, 刘子如, 等. 含能材料的热分解 第二报 ADN、KDN、HNIW 的热分解[J]. 火炸药燃烧技术专题技术研讨会论文集, 2000. 6: 15 – 27.

[26] 曾贵玉. 六硝基六氮杂异伍兹烷(CL – 20)的研究进展[J]. 含能材料, 2000, 8(3): 130 – 133.

[27] Patil D G, Brill T B. Thermal decomposition of energetic materials 53. Kinetics and mechanism of thermolysis of Hexanitrohexaazaisowurtzitane[J]. Combustion and Flame, 1991, (87): 145 – 151.

[28] Patil D G, Brill T B. Thermal decomposition of energetic materials 59. Characterization of residue of Hexanitrohexaazaisowurtzitane[J]. Combustion and Flame, 1993, (92): 456 – 458.

[29] Lobbëcke S, Bohn M A, Pfeil A, et al. Thermal behavior and stability of HNIW(CL – 20) proceeding of the 29th International Annual Conference of ICT, Kalsruhe, Germany, Jume 30 – July 3, 1998, 145 – 1 ~ 145 – 15.

[30] 刘艳. 热分解技术在研究含能材料热分解化学中的新应用[D]. 西安: 西安近代化学研究所, 2003. 10.

[31] Naik N H, Gore G M, Gandhe B R, et al. Studies on thermal decomposition mechanism of CL – 20 by pyrolysis gas chromatography – mass spectrometry(Py – GC/MS)[J]. Journal of hazardous materials, 2008, 159: 630 – 635.

[32] Fanny M R, Louise P, Stephane D, et al. Physico – chemical measurements of CL – 20 for environmental applications comparison with RDX and HMX [J]. Journal of chromatography A, 2004, 1025: 125 – 132.

[33] Zeman S. New aspects of initiation reactivities of energetic materials demonstrated on nitramines[J]. Journal of hazardous materials, 2006, 132: 155 – 164.

[34] Mohammad H K. Simple method for prediction of activation energies of the thermal dedcompostion of nitramines[J]. Journal of hazardous materials, 2009, 162: 1557 – 1562.

[35] 肖和森, 杨荣杰, 潘清. HNIW 热分解的原位红外光谱研究[J]. 含能材料, 2005, 13(2): 84 – 89.

[36] Atwood A. I., Curran P. O., Chanm M. L., et al. Combustion of CL – 20 and CL – 20 propellant formulations[J]. Inernational Symposium on Energetic Materials Technology, 1994: 70 – 75.

[37] MA Hai – xia, SONG Ji – rong, XIAO He – ming, et al. Density functional theoretical investigation on 3, 4 –

dinitrofurazanfuroxan(DNTF)[J]. Chinese Journal of of Explosives & Propellants 2006,29(3): 43 - 46,61.

[38] 李上文,赵凤起,高红旭. 高氮含能化合物 – 未来高能低特征信号推进剂候选的组分[C]. 2005 年火炸药学术研讨会论文集. 湖南: 长沙,2005. 5.

[39] 王江宁,冯长根,田长华,含 CL – 20、DNTF 和 FOX – 12 的 CMDB 推进剂的热分解[J]. 火炸药学报, 2005,28(3): 17 – 19.

[40] 郑伟. DNTF – CMDB 推进剂燃烧性能及燃烧机理研究[D]. 西安:西安近代化学研究所,2006. 4.

第4章 特征信号性能

4.1 概　述

固体推进剂在燃烧室中通过燃烧反应将其化学能转变成燃烧产物的热能，而高温的燃烧产物会在拉瓦尔喷管出口外部形成羽毛状的发光火焰流场，称为排气羽流。由于它的存在及其与周围环境的相互作用，会造成噪声、烟雾、热辐射、环境污染和信号衰减等多种效应，统称为排气羽流特征信号。排气羽流特征信号的危害主要是影响导弹制导通信信号（雷达波、激光、红外、可见光等）的传输以及影响导弹或发射平台的隐身能力，从而对导弹精确制导和生存、突防能力造成危害[1]。

为评估固体推进剂排气羽流特征信号，军事发达国家建立了相关测试评估方法，建设了各种实验测试设施来对推进剂羽流特征信号进行检测及表征，同时建立各种理论模型预示推进剂羽流特征信号[2]。国内在对国外测试设施研究的基础上，已建立起一套具有独立知识产权的低成本、易控制的固体推进剂羽流特征信号检测系统，起草完成了相关行业标准，发表了系列的研究论文，申请了一些发明专利。而在羽流特征信号理论模型预估方面，国内研究还不系统、不深入。

改性双基推进剂特征信号性能预示[3]包含：热力学、流场及特征信号性能计算，将热力学计算结果和发动机几何参数作为初始条件，通过日志文件驱动 GAMBIT 和 FLUENT 进行网格生成和流场计算，在标准流场基础上，结合 Mie 散射理论，计算获得光学制导信号（激光、红外、可见光）的光学透过率；基于等离子体理论的雷达波衰减模型，通过求解 Maxwell 方程获得雷达波穿越羽流时引起的衰减值；研究排气羽流中吸收、发射性介质的辐射传热，通过求解辐射特性传输方程，获得排气羽流辐射特性参数辐射亮度等。结合基础和型号项目配方进行了计算与试验验证技术研究，特征信号性能计算数据 90% 误差在 ±15% 以内。

4.2 排气羽流特征信号概念及内涵

根据北约航天研究与发展咨询组 AGARD（Advisory Group for Aerospace Research & Development）的定义，火箭排气羽流的特征信号（Exhaust Plume Signature)是一种包含有系统或火箭发动机排气全部特性的术语,此特性可被用作探测、识别或拦截执行任务的发射平台或导弹。羽流的特征信号特性主要包括烟、辐射能的散发、能见度(视程/能见距离)和雷达波吸收等4项。

4.2.1 烟

通常,固体微粒分散于空气介质中称为"烟",而液体微粒分散在空气介质中称为"雾"。火箭发动机燃烧排出物中有凝聚的固体或液体粒子,它们被光散射或吸收产生了肉眼可见的"烟雾",一般简称为"烟"。

羽流中化学产物主要来自固体推进剂的燃烧,它是大量气体与少数凝聚物的混合物。气体主要成分为 CO_2、H_2O、CO、H_2、N_2。固态或液态粒子有 Al_2O_3 和 PbO 等。羽流的燃烧化学产物还有少部分来自点火具,包覆层、绝热层、喷管、长尾管材料的燃烧、热分解、机械侵蚀和热侵蚀的产物。羽流燃烧产物中凝聚态物体还可以细分为一次烟和二次烟两类。

1. 一次烟

一次烟是由发动机喷管排出的燃气和固体或液体凝聚态粒子所组成的混合物。由于一次烟对紫外光、可见光或红外光同时有吸收、发射和散射三种作用,所以很容易被探测到。其相应的光学量值取决于粒子数量、尺寸和种类。一次烟的来源有:

(1) 固体推进剂配方中的金属粉(铝、镁等)燃烧产生的金属氧化物(如Al_2O_3、MgO)。

(2) 固体推进剂配方中燃烧催化剂、不稳定燃烧抑制剂(又称燃烧稳定剂)和二次燃烧抑制剂等的燃烧产物, 如 PbO、CuO、Fe_2O_3、Al_2O_3、TiO_2、ZrO_2、KOH 等。

(3)固体推进剂组分不完全燃烧产生的碳粒子,包括包覆层、隔热材料、长尾管材料及同燃气直接接触的其他任何有机材料热分解生成的碳粒子。它们的粒子大小随着在燃烧室中滞留的时间而增大。它们在喷口处粒度变化仍很小($10^{-2} \sim 10^{-1}$ μm),因此对羽流特征信号影响很大,尤其是在较短波长范围内。

2. 二次烟

羽流中的二次烟主要是由燃气中的水在一定环境温度和相对湿度条件下凝聚成小液滴而形成的。火箭发动机中生成的非均质晶核(如碳的烟垢、氧化铝、铅盐、钾盐、铜盐或锡盐等燃烧生成的金属氧化物)引发了羽流中水气的凝聚。实验表明,晶核数量随晶核半径下降而增大;黏合剂、硝胺、硝酸铵对晶核数量无影响;无 AP 或低 AP 含量推进剂生成晶核浓度很低,而 AP 燃烧生成的 HCl 等可溶于水的气体大大增加了羽流中水的冷凝数量和速率。此外,当低温和高相

102

对湿度环境条件下,二次烟也呈现增大趋势。所以对不同地区或国家,因环境、湿度不同或对同一国家因四季不同,二次烟出现的频率差别也很大。

由于羽流二次烟主要来源于水和卤素气体,而现有固体推进剂主要由 C、H、O、N、Cl 等元素组成。固体推进剂配方中对 Cl 元素可以人为地加以限制,而水是 H 元素氧化的必然产物,把 H 元素从推进剂配方中完全取消目前似乎还不可能,因而燃气中水的存在是难以消除的,即二次烟也是难以消除的。从这个观点上看,绝对"无烟"的推进剂至少目前是不存在的,所谓"无烟"推进剂实际上只是"微烟"或"少烟"推进剂而已。所以目前"无烟"推进剂的名词已不用了,仅见于早期文献中。

总之,从理论和实践上看,推进剂配方的组成对羽流二次烟生成起了重要的作用。减少二次烟首先需要降低燃气中水和卤素气体的含量,并尽可能改变冷凝核的尺寸和数量。

4.2.2　后燃引起的辐射能散发

排气羽流本来就是个热源,类似于发出辐射的无限个点源。羽流发射光谱最大强度在短 – 中红外波段之间,它是粒子的连续辐射与气体分子受热激发后的振动 – 旋转或纯旋转型辐射(发射、辐射和吸收)的叠加。

由于推进剂的比冲是和燃气平均分子量的平方根成反比的,故从能量的观点出发,推进剂配方总是设计成负氧平衡的,即燃烧产物是非完全氧化的(低于化学当量的),即生成低分子量的 CO,H_2 分子比较多,这样对提高能量是有益的。从理论上讲,这种还原能力高的气体混合物通过喷管膨胀到达喷管出口平面时组分变化相对较小。于是,含有大量 CO 和 H_2 还原性气体的燃气在喷管排气口下游与大气中的氧混合发生后燃,生成大量热并产生明亮的可见光辐射、强烈的红外及紫外光辐射。此现象称为羽流的后燃或羽流的二次燃烧。

$CO + O_2 \rightarrow CO_2$ 是后燃的主要化学反应。而 CO_2 是红外辐射的主要来源之一,后燃使 CO_2 浓度增加,其结果也增大了排气羽流下游的红外辐射总强度,导致羽流可探测性增加。此外,羽流中固体粒子连续发射的辐射与其表面温度 4 次方成正比,也与浓度成正比,由于后燃使羽流温度剧升,从而使固体粒子辐射加剧,也引起羽流可探测性增大。羽流后燃引起的可见光辐射在大气中传输时,会因吸收、散射而衰减。如在特别晴朗的天空,能见度可达 50 km,一般晴天为 20 km,中等雾天为 0.2 km。

由上所述,推进剂燃气中 CO 和 H_2 两种还原性气体的存在是产生后燃的根源。推进剂配方设计时因能量的限制,不可能使 CO 和 H_2 的含量有大的变化。此外,导弹的飞行速度、飞行高度、燃气室压力、喷管膨胀比、燃烧室的温度(包括排气的温度及导弹的底部设计及喷管的数量)等均影响后燃的概率和着火点在喷管排气面下游的位置。可见后燃是一种复杂的现象,其参数的研究是十分困难的,因为各参数在复杂的羽流场中相互影响,这种影响并没有加和性。

后燃现象的不良后果有:

(1)后燃引起羽流温度的升高,从而使羽流可见光强度增大、红外和紫外发射增加、离子及自由电子浓度升高,前者增大了导弹的可探测性,后者增大了对制导雷达波的衰减和导弹的雷达波横截面。

(2)后燃提高了羽流的湍流程度,同时加大了对制导激光束的干扰和发射,增大了叠加在雷达制导信号上的噪声。

(3)后燃改变了一次烟和二次烟的数量和种类,使羽流中 H_2O 和 CO_2 这两种三原子的分子摩尔量增大,而它们是红外辐射的来源,这将导致羽流可探测性增加。

(4)后燃引起火箭发动机噪声增加,也使羽流可探测性提高,等等。

4.2.3　能见度

能见度是一个涉及在一定条件下用肉眼观察目标可能性(或概率)的常用术语。一个目标的能见度取决于:目标的大小、形状和颜色;目标与背景的对比度;目标相对于太阳照射的方位;观察者目视分辨能力和大气的目视范围等。

4.2.4　雷达波的吸收

当频率为几千兆赫雷达波穿过燃气时,燃气中自由电子和离子在电磁波场力作用下产生运动。由于电子比离子轻几万倍,其受场力作用后的运动速度要比离子运动速度高几百倍。这些高速运动的自由电子与羽流中质量较大的中性气体分子(H_2、HCl、O_2 等)发生碰撞时,把雷达波能量转化为燃气的热运动,从而造成雷达波能量的吸收衰减。衰减值的大小不仅取决于雷达波的频率,而且取决于所通过电离介质(羽流)的特性:自由电离密度和碰撞频率。除了后燃使羽流温度上升,自由电子密度增大,碰撞频率提高,从而导致雷达波衰减之外,当燃气中有碱金属和碱土金属存在时,即使是十万分之一的痕迹量,在足够高的温度(2000 K 以上)下就能引起燃气的显著电离而产生自由电子,从而引起雷达波的显著衰减。因此对固体推进剂各组分应严格控制其碱金属的含量。铝的电离能不算小,但其在推进剂中的加入量从 10% 增大到 20%,可使海平面信号衰减增大 5 倍,使 7500 m 高空信号衰减增大 3~4 倍。所以推进剂中铝的含量应尽可能小,如控制在 5% 以内或加入电子捕获剂。

4.2.5　排气羽流特征信号表征参数

火箭发动机排气羽流的产生是一个复杂的物理化学过程,如湍流、电子激发、电离等,其中烟雾的生成和羽流的二次燃烧对特征信号的产生起着关键性的作用。烟雾和二次燃烧产生的辐射能量散发是羽流特征信号的两个主要表征参数,而能见度和雷达波吸收是由前两者派生的表征参数,它们一起构成了羽流特征信号的四个表征参数。根据使用经验,为了对不同推进剂的特征信号性能进行评价和对比,对特征信号的主要表征参数采用表4-1所列方式进行表征。

表4-1　排气羽流特征信号表征参数

项目	表征参数	备注	其他表征
烟雾	透过率/%	固定发动机装药条件、固定波长、固定波段(GJB770B 2005 801.1)	消光系数、体积浓度、质量浓度
微波衰减	微波衰减	固定发动机条件、固定微波频率范围	无
辐射特性	辐射亮度/$W \cdot cm^{-2} \cdot Sr^{-1}$	固定发动机条件、固定波长范围	辐射强度、辐射能、辐射温度、辐射通量等

4.3　特征信号计算数值模型

4.3.1　烟雾特征信号模型[1,4,5]

烟雾是特征信号的重要表征参数,从其表观特征可以细分为:一次烟雾和二次烟雾,一次烟雾主要由火箭发动机喷管喷出的凝相颗粒构成,主要存在形式为金属氢氧化物、氧化物和氯化物等;二次烟雾由燃气中可凝气体组成,是燃气与大气相互作用的结果。参考北约 AGARD 建议标准根据特征值推进剂烟雾(按一次烟雾、二次烟雾顺序)可分为:微烟(AA)、少烟(AB、BA、AC、CA、BC、CB、BB)、有烟(CC)。

1. 一次烟雾特征值

为了消除发动机及其他因素的影响,燃烧室条件采用统一的参数,这里将燃烧室压力 7MPa,喷口压力 0.1MPa 作为本研究前提基础假设条件。

根据多元颗粒系统的透过率方程:

$$T_r = \exp(-3QC_vL/2D_{32}) \qquad (4-1)$$

式中:透过率 $T_r = l/l_0$;Q 为平均消光系数(与光线波长、环境、介质粒子特性、分布有关);D_{32} 为体积比表面平均粒径;C_v 为粒子体积浓度(粒子体积/混合物体积);L 为光程;l 为透过光强;l_0 为初始光强。

由于 $C_v = C_m /$ 粒子密度,式(4-1)可写为

$$T_r = \exp(C_m N/SG) \qquad (4-2)$$

式中:C_m 为粒子的质量浓度(粒子质量/混合物体积),指喷管出口单位体积混合物中凝相颗粒的质量;SG 为粒子密度的 1/1000;N 为光学特性常数。

由 $C_m = M_p/M_{\mathrm{mix}}(RT/M_1 * P)$ 可得喷管出口透过率方程:

$$T_r = \exp\left[-\sum (M_{pi}N_i/SG_i/100)\right] \qquad (4-3)$$

式中:M_p 为粒子质量;R 为气体常数;T 和 P 为混合物的温度和压力;M_{pi} 为混合物平均分子量;M_p/M_{mix} 为凝聚物的质量分数。

通过定义遮挡率 $(1-T_r)$ 来作为一次烟评价的特征值

$$k = 1 - \exp\left[-\sum (M_{pi}N_i/SG_i/100)\right] \qquad (4-4)$$

根据特征值来对推进剂进行一次烟雾评价:$k \leqslant 0.35$ 为 A 级;$0.35 < k \leqslant 0.90$ 为 B 级;$k > 0.90$ 为 C 级。

2. 二次烟雾特征值

与一次烟雾类似,选定一标准环境条件:燃烧产物与环境充分混合到初始浓度 1/1000;环境温度 273.15K,压力为 0.1MPa。为了确定环境相对湿度,首先必须给出燃气中凝聚物(HCl、HF 及 H_2O)的摩尔百分数。

根据饱和条件:

$$P_{\mathrm{H_2O}} + P_e = P_{\mathrm{sta}} \qquad (4-5)$$

由道尔顿(Dalton)定律可知气体分压 $P =$ 物质的量×总压,进一步可得

$$P_{\mathrm{H_2O}} = P_{\mathrm{sat}} - 1.01325 \times (f_{\mathrm{H_2O}} + f_{\mathrm{HCl}} + f_{\mathrm{HF}}) \qquad (4-6)$$

当混合物中含有 HCl 和 HF 时,饱和蒸气压为正常情况下压力乘以因子 K,水在 273.15 K 情况下饱和蒸气压为 610.78 Pa,这样,

$$P_{\mathrm{sat}} = K \times 6.1078 \times 10^2 \mathrm{Pa} \qquad (4-7)$$

$$P_{\mathrm{H_2O}} = 610.78K - 1.01325 \times (f_{\mathrm{H_2O}} + f_{\mathrm{HCl}} + f_{\mathrm{HF}}) \qquad (4-8)$$

上式两边同除以 6.1078,得到相对湿度

$$\mathrm{RH}_{\mathrm{amb}} = 100 \times (K - f_{\mathrm{total}} \times 0.16589) \qquad (4-9)$$

式中:K 为 HCl 和 HF 浓度的函数。

$\mathrm{RH}_{\mathrm{amb}}$ 可以描述为需要多大的环境相对湿度来饱和羽流中 H_2O、HCl 和 HF,

本书将以此值来对二次烟进行评价:当 RH_{amb} 在区间 $[0.90,1]$ 间为 A;当 RH_{amb} 在区间 $[0.55,0.90]$ 间为 B;当 RH_{amb} 在区间 $[0.10,0.55]$ 间为 C。

4.3.2 羽流场计算模型[6-10]

1. 气相多组分输运模型

气相羽流基本控制方程可以表示为以下统一张量形式:

$$\frac{\partial(\rho\phi)}{\partial t} + \nabla \cdot (\rho U\phi) = \nabla(\Gamma_\phi \mathrm{grad}\phi) + S_\phi \qquad (4-10)$$

式中: U 为速度矢量; Γ_ϕ 为对应于 ϕ 的输运系数; S_ϕ 为相应的源项; ϕ 为流场通用变量。

当 ϕ 分别为 $1、\mu、\nu、\omega、T、\kappa、\varepsilon$ 时,上述方程分别表示连续性方程、三个坐标方向的动量方程、能量方程、湍流动能和湍流耗散率方程。

羽流多组分输运方程为

$$\frac{\partial(\rho Y_i)}{\partial t} + \nabla \cdot (\rho V_i Y_i) = -\nabla J_i + S_i + R_i \qquad (4-11)$$

式中: R_i 为与化学反应相关的第 i 种组分的净生成率,即单位体积的质量生成率; S_i 为离散相及用户定义源项所额外产生的质量生成率; V_i 为第 i 种组分的扩散速度。

针对推进剂羽流特性评估的特点,采用二维轴对称简化模型及非稳态欧拉方程求解,湍流模型采用两方程的修正的 $k-\varepsilon$ 模型(Realizable $k-\varepsilon$ Turbulent Model)。该模型能很好地处理喷管中喷出的气流与周围大气的相互掺混、卷吸的复杂物理过程。

2. 有限速率化学反应模型

处理化学反应采用有限速率的化学反应模型,其在本问题中的适用性已由 Rodionov 等人进行了验证,反应速度系数是温度的强烈非线性函数,对具有 N 个基元反应的某反应,其当量表达式可以写为

$$\sum_{i=1}^{N} v'_{ij} W_i \underset{k_b}{\overset{k_f}{\rightleftharpoons}} \sum_{i=1}^{N} v''_{ij} W_i \qquad (4-12)$$

式中: $v'_{ij}、v''_{ij}$ 为第 j 个基元反应中组分 i 的反应物和生成物的当量反应系数; $k_f、k_b$ 为第 j 个反应的正、逆反应速率常数,可表示为 Arrhenius 定律形式:

$$k = AT^\beta \exp(-E/RT) \qquad (4-13)$$

式中: E 为活化能; R 为通用气体常数; A 为指数前因子或频率因子。

从式(4-13)可以看出,反应温度 T 是决定反应速率的主要因素,但当流动

存在湍流脉动时,反应速率不但受化学反应动力学影响,也受到湍流脉动的影响,因此可以根据化学反应动力学和湍流脉动性质来确定组分的化学反应速率。

3. 离散相模型

采用拉格朗日两相流模型对混合燃气、三氧化二铝等颗粒两相流在喷管及排气羽流场内的流动进行仿真。其实质是用颗粒间的动量交换来模拟颗粒间的碰撞过程,是一种重要的两相流模型,对颗粒相采用单颗粒尺度上的跟踪描述,而对气相采用连续介质假设模型,即对模型中气相流场中的计算采用欧拉模型,而固相颗粒作为离散相,其动量守恒方程为

$$m_d \frac{\partial u_d}{\partial t} = F_{dr} + F_p + F_{am} + F_b \qquad (4-14)$$

式中:F_{dr} 为流体拖曳力;F_p 为压力梯度力;F_{am} 为虚拟质量力;F_b 为体积力。

4.3.3 光学透过率计算模型[11]

排气羽流中的凝聚相产物以及由水气降温或遇到 HCl 气体凝结的雾滴对光学制导信号的吸收和散射最为强烈,是影响光学制导信号传输的重要原因,由于光学制导信号的波长与颗粒以及雾滴的尺度相当,因此颗粒和雾滴对光学制导信号的影响比对毫米波制导信号的影响严重得多。颗粒或雾滴对光学制导信号的衰减系数可以表示为

$$k_s = \int_0^\infty \pi r^2 Q_s n(r) \, \mathrm{d}r \qquad (4-15)$$

式中:$n(r)$ 为粒子的尺度谱分布;r 为粒子半径;Q_s 为消光效率或衰减效率,对于液滴有

$$Q_s = S_s / \pi r^2 \qquad (4-16)$$

式中:S_s 为颗粒对光学制导信号吸收与散射的有效截面;衰减效率 Q_s 是粒子的光学复折射率 m、粒子半径 r 及制导信号波长 λ 等参数的复函数。

对于光学制导信号的衰减,其散射模型通常由以下方法选定,定义粒径参数 $\alpha = 2\pi r / \lambda$,当 $\alpha < 0.01$ 时,可以选用 Rayleigh 散射模型;当 $0.01 < \alpha < 50$ 时,通常可以选用 Mie 散射模型。对于 Mie 散射模型,假设颗粒或雾滴为球形颗粒,半径为 r,入射光波长为 λ,粒子的复折射率为 $m = n_m + \mathrm{i} n_j$,实部 n_m 表示散射,虚部 n_j 表示吸收。衰减效率可以表示为

$$Q_s = \frac{2}{\alpha^2} \sum_{n=1}^\infty (2n+1) \mathrm{Re}(a_n + b_n) \qquad (4-17)$$

式中:a_n 和 b_n 为 Mie 系数,可由前推法获得。

$n(r)$的具体数学表达式来自对实测资料的数学拟合。工程上通常使用对数正态分布函数来拟合。对数正态分布服从下面的公式,即

$$n(r) = \frac{1}{\sqrt{2\pi}\ln b}\exp\left[-\frac{1}{2}\left(\frac{\ln r - \ln \bar{r}}{\ln \bar{b}}\right)^2\right] \qquad (4-18)$$

式中:$\bar{r}$为颗粒的几何平均半径(μm);$\bar{b}$为几何平均半径标准差。其离散表达式分别为

$$\ln \bar{r} = \frac{\sum n_i \ln r_i}{\sum n_i} \qquad (4-19)$$

$$\ln \bar{b} = \left[\frac{\sum n_i(\ln r_i - \ln \bar{r})^2}{\sum n_i - 1}\right]^{1/2} \qquad (4-20)$$

式中:i为第i个尺度间隔;n_i为第i个尺度间隔内的数密度;r_i为第i个尺度间隔的半径。

根据 Beer – Lambert 法则,衰减系数k与光谱透射比T的关系为

$$T = \exp(-kL) \qquad (4-21)$$

式中:L为光学制导信号所穿过的介质厚度,即光程长。

4.3.4 雷达波衰减模型[13]

根据等离子体电磁场的标准 Maxwell 方程可推导出雷达波衰减常数为

$$\alpha = \frac{\omega_P^2}{2c} \times \frac{v}{v^2 + \omega^2} \qquad (4-22)$$

式中:c为真空中的光速(cm/s);ν为自由电子碰撞频率(s^{-1});ω为雷达波角频率(rad/s);ω_P为等离子体自振频率,可由下式表示:

$$\omega_P = \frac{4\pi N(e^-)^2}{m_e} \qquad (4-23)$$

式中:N为自由电子浓度(电子数/cc);m_e为电子质量(g);e^-为电子电荷。

通常羽流场计算得到的是自由电子的摩尔分数,为了计算上的方便,根据阿伏加德罗定律必须转换为电子的数密度($1/\text{cm}^3$)。

$$N = 0.737 \times 10^{22} X_e p/T$$

式中:X_e为排气羽流场中自由电子的摩尔分数;P为羽流等离子体的压力(Pa);T为羽流区域的温度(K)。

对于同一个雷达波频率的情况,衰减只与自由电子浓度和自由电子碰撞频

率相关,根据经典电动力学求出电子碰撞频率:

$$v = \frac{4.57 \times 10^{27} P \sum_i X_i Q_{ei}}{\sqrt{T}} \qquad (4-24)$$

式中:T 为喷焰温度;P 为喷焰压强;X_i 为某种分子摩尔数;Q_{ei} 为电子与该分子的碰撞截面。

由式(4-24)可知,电子碰撞频率不仅与喷焰温度有关,还与喷焰压强和分子摩尔数以及分子的碰撞截面相关,根据玻意耳-马略特定律,喷焰压强还是温度和体积的函数。

等离子体中自由电子的分布函数 f_0 可以表示为

$$f_0 = n_0 \left(\frac{m_e}{2\pi T_0} \right)^{3/2} \exp\left(-\frac{m_e v^2}{2T_0} \right) \qquad (4-25)$$

由式(4-23)、式(4-24)可得出自由电子浓度 N 也是温度和电子碰撞频率的函数。由式(4-23)~式(4-25)可见,等离子体的雷达波衰减与自由电子浓度 N、自由电子碰撞频率、温度、压强和频率有关。由于自由电子浓度 N、碰撞频率和压强可以认为是温度的函数,因此雷达波衰减可近似认为是喷焰温度函数,即 $A=f(T)$。

当正弦平面波 $E = E_0 e^{-\alpha z}$ 入射到排气羽流场中时,由于排气羽流的衰减效应,使得雷达波的能量减小为 E_0,则 $E/E_0 = e^{-\alpha z}$,雷达波衰减值为

$$A = 20 \times \lg\left(\frac{E}{E_0} \right) = 4.343 \times \frac{\omega_P^2}{c} \times \frac{v}{v^2 + \omega^2} \qquad (4-26)$$

4.3.5 红外辐射模型[14-17]

布格尔定律指出,沿着某一路程的定向光谱辐射亮度在通过吸收-发射性介质时成指数衰减,该指数等于局部衰减系数沿辐射传播路程长度的积分

$$i'_\nu(S) = i'_\nu(0) \exp\left[-\int_0^s K_\nu(S^*) \mathrm{d}S^* \right] \qquad (4-27)$$

式中:$i'_\nu(0)$ 为入射的定向光谱辐射亮度;$i'_\nu(S)$ 为位置 S 处的定向光谱辐射亮度;$K_\nu(S^*)$ 为 S^* 处气体的吸收系数。

则在吸收/发射性介质区域内定向光谱辐射亮度为 $i'_\nu(S)$ 的辐射能量通过距离 $\mathrm{d}S$ 后引起的衰减为

$$i'_\nu(k_\nu) = i'_\nu(0) \exp(-k_\nu) + \int_0^{k_\nu} i^*_{\nu b} \exp\left[-(k_\nu - k^*_\nu) \right] \mathrm{d}k^*_\nu \qquad (4-28)$$

式(4-28)为在光学厚度 k_ν 处两项定向光谱辐射亮度的叠加,第一项是到达 k_ν 处的被衰减后的入射定向光谱辐射亮度;第二项是在 S 方向上沿途整个厚度气体介质的自发发射的,再经过每一发射点 k_ν^* 到位置 k_ν 之间的衰减所得到的光谱辐射亮度。

而由于散射引起光谱辐射亮度的衰减与入射辐射的散射引起光谱辐射亮度的增量的总和可写为

$$\mathrm{d}i'_{\nu,e} = -\sigma_{\nu s}(S)i'_{\nu}(S) + \frac{\mathrm{d}S\sigma_{\nu s}}{4\pi} \int_{\omega_i = 4\pi} i'_{\nu}(S,\omega_i)\Phi(\nu,\omega,\omega_i)\mathrm{d}\omega_i$$

$$(4-29)$$

综合考虑吸收、发射和散射的影响,得到 S 方向上立体角 $\mathrm{d}\omega$ 内辐射亮度随 S 的变化:

$$\frac{\mathrm{d}i'_{\nu}}{\mathrm{d}S} = \underbrace{-K_{\nu}i'_{\nu}(S)}_{\substack{\text{由于吸收所}\\\text{引起的损失}}} + \underbrace{K_{\nu}i'_{\nu b}(S)}_{\substack{\text{由于发射所}\\\text{引起的增量}}} - \underbrace{\sigma_{\nu s}i'_{\nu}(S)}_{\substack{\text{由于散射所}\\\text{引起的损失}}} + \underbrace{\frac{\sigma_{\nu s}}{4\pi} \int_{\omega_i = 4\pi} i'_{\nu}(S,\omega_i)\Phi(\nu,\omega,\omega_i)\mathrm{d}\omega_i}_{\text{由于向}S\text{方向的散射所引起的增量}}$$

$$(4-30)$$

将由于吸收和散射而引起 S 方向辐射亮度减少的两项合并,给出吸收/发射/散射性介质中的辐射传输方程为

$$\frac{\mathrm{d}i'_{\nu}}{\mathrm{d}S} = -K_{\nu,e}i'_{\nu}(S) + K_{\nu}i'_{\nu b}(S) + \frac{\sigma_{\nu s}}{4\pi} \int_{\omega_i = 4\pi} i'_{\nu}(S,\omega_i)\Phi(\nu,\omega,\omega_i)\mathrm{d}\omega_i$$

$$(4-31)$$

式中:衰减系数 $K_{\nu,e} = K_{\nu} + \sigma_{\nu s}$。

4.4 改性双基推进剂特征信号计算及分析

4.4.1 烟雾特征信号[18,19]

1. 不同固体含量对烟雾特征信号影响

改性双基推进剂主要是以硝化棉(NC)、硝化甘油(NG)为主成分的双基推进剂的基础上添加 RDX 等氧化剂及铝粉等组成,为研究不同固体含量对 CMDB 推进剂烟雾特征信号的影响规律,设计了硝化棉(NC)和硝化甘油(NG)含量逐步降低,黑索今(RDX)含量逐步增加的递进配方,其他成分含量保持不变。配方固体质量百分含量变化、标准理论比冲以及一次烟雾、二次烟雾特征值如表4-2所示。

表 4 - 2　不同固体含量 CMDB 推进剂烟雾特征信号

W_{NC}/%	W_{NG}/%	W_{RDX}/%	I_{sp}/N·s·kg^{-1}	一次烟特征值 K	二次烟特征值 RH$_{amb}$
48.8	47.2	0	2398.9	0.258917	0.929899
43.8	42.2	10	2413.1	0.258917	0.931041
33.8	32.2	30	2441.5	0.258917	0.933378
23.8	22.2	50	2469.9	0.258917	0.935793

由表 4 - 2 可知,随着 NC、NG 固体含量的减少,氧化剂 RDX 含量的增加,标准理论比冲呈增大趋势,当 RDX 含量达到 50% 时,标准理论比冲增加 3%;配方体系的一次烟雾特征值为 0.258917,保持不变,根据 AGARD 的定义,配方体系的一次烟雾等级为 A 级;配方体系二次烟雾特征值呈现增加趋势,这说明配方体系的二次烟雾向无烟雾化方向发展,但 RH$_{amb}$ 都介于区间 [0.90,1] 之内,因此二次烟雾等级都为 A 级。分析其原因可知,配方体系的金属含量保持不变,且体系不含 Cl,因此燃烧产物中金属氢氧化物、氧化物和氯化物凝相物质的质量百分含量保持不变,因此一次烟雾特征值没有变化。由于体系不含氯、氟等组分,因此二次烟雾特征值将主要依赖于 H_2O 的摩尔百分含量。这样就使得二次烟雾等级为 A 级,且变化趋势不大。

2. 不同含能添加剂对烟雾特征信号影响

为研究不同含能添加剂对 CMDB 推进剂烟雾特征信号影响规律,设计了硝化棉(NC)和硝化甘油(NG)含量保持不变,分别为 23.8% 和 22.2%,其他小组分含量也保持不变,含能添加剂含量为 50%,通过对 RDX、HMX、DNTF 及 CL - 20 添加到 CMDB 推进剂中的烟雾特征信号进行计算,结果列于表 4 - 3 中。

表 4 - 3　含不同含能添加剂 CMDB 推进剂烟雾特征信号

含能添加剂	I_{sp}/N·s·kg^{-1}	一次烟特征值 K	二次烟特征值 RH$_{amb}$
RDX	2473.3	0.272823	0.935351
HMX	2466.3	0.272823	0.935468
DNTF	2523.0	0.272848	0.949199
CL - 20	2520.8	0.272848	0.935996

由表 4 - 3 可知,当 CMDB 推进剂中添加不同含能添加剂时,对特征信号影响不尽相同。添加 DNTF 使得标准理论比冲最大,其次为 CL - 20,RDX 和 HMX

112

对能量贡献水平相当。RDX 和 HMX 的氧平衡都为 −21.61%，而生成热数值为 70.7kJ·mol^{-1}和 75.02kJ·mol^{-1}，相差不大，因此使得含 RDX 和 HMX 的 CMDB 推进剂标准理论比冲相差不大。而 CL−20 氧平衡为 −10.95%，生成热数值高达 416.0kJ·mol^{-1}，因此使得含 CL−20 比含 RDX 的 CMDB 推进剂标准理论比冲值大近 50N·s·kg^{-1}，DNTF 的氧平衡为虽然为 −20.5%，但其生成热数值 644.3kJ·mol^{-1}，因此使得其与含 CL−20 的 CMDB 推进剂标准理论比冲值相差不大。

添加不同含能添加剂的配方体系一次烟特征值几乎保持不变，全部位于 A 级范围之内。添加 DNTF 使配方体系的二次烟特征值最大，微烟化趋势更明显，一次烟等级为 A 级，但添加 CL−20，RDX 和 HMX 也都位于 A 级范围之内，添加 DNTF 使得 CMDB 推进剂标准理论比冲最大而烟雾特征信号最小。

3. 不同氧含量对烟雾特征信号影响

为研究氧含量变化对 CMDB 推进剂烟雾特征信号影响规律，设计了硝化棉（NC）含量逐步减少、硝化甘油（NG）含量逐步增加的递进配方，含量变化见表 4−4，RDX 含量为 50%，助剂为 2.5%，其中 Al$_2$O$_3$ 含量 1%，复合催化剂为 1.5%，该催化剂为 NTO 铅、B 铜以及炭黑的混合物。配方体系标准理论比冲以及一次烟、二次烟特征值列于表 4−4。

表 4−4　不同氧含量 CMDB 推进剂烟雾特征信号

W_{NC}/%	W_{NG}/%	氧含量/%	I_{sp}/N·s·kg^{-1}	一次烟特征值 K	二次烟特征值 RH_{amb}
28.2	17.8	49.99	2447.4	0.272742	0.937723
25.1	20.9	50.17	2465.7	0.272823	0.936047
23.8	22.2	50.24	2473.3	0.272823	0.935351
22.7	23.3	50.31	2479.5	0.272823	0.934767
20.6	25.4	50.43	2491.3	0.272823	0.933658

由表 4−4 可看出，随着 NC 含量的减少，NG 含量的增加，体系氧含量增加，标准理论比冲增大，最大增加达 44N·s·kg^{-1}。配方体系一次烟特征值保持不变，二次烟特征值变化趋势不明显。烟雾等级都为 AA 级。

4. 催化剂含量对烟雾特征信号影响

为研究催化剂含量变化对 CMDB 推进剂能量及烟雾特征信号的影响规律，设计的基础配方为硝化棉（NC）和硝化甘油（NG）含量分别为 23.8% 和 22.2%，RDX 含量为 50%，助剂为 2.5%，其中 Al$_2$O$_3$ 含量 1%，复合催化剂为 1.5%，该催化剂为 NTO 铅、B 铜以及炭黑的混合物。通过增加配方中 NTO−Pb 的含量从1%到6%,硝化棉(NC)含量逐步减少、硝化甘油(NG)含量逐步增加的递进配方,如表4-5所示。配方体系标准理论比冲以及一次烟、二次烟特征值列于表4-5。

表4-5 催化剂含量对CMDB推进剂烟雾特征信号

$W_{NC}/\%$	$W_{NG}/\%$	$W_{NTO-Pb}/\%$	$I_{sp}/N \cdot s \cdot kg^{-1}$	一次烟特征值 K	二次烟特征值 RH_{amb}
23.8	22.2	1.0	2473.3	0.272823	0.935351
23.3	21.7	2.0	2461.9	0.311371	0.935662
22.8	21.2	3.0	2450.5	0.347864	0.935978
22.3	20.7	4.0	2439.1	0.382423	0.936298
21.8	20.2	5.0	2427.6	0.41515	0.93662
21.3	19.7	6.0	2416.0	0.446139	0.936948

由表4-5可知,随着催化剂NTO-Pb含量的增加,NG含量的增加,NC含量的减少,标准理论比冲下降,基本表现为催化剂含量增加1%,标准理论比冲下降1s多。由于燃气中Pb、PbO含量的增加,使得一次烟特征值增大,配方体系向有烟化方向发展。当配方体系的催化剂NTO-Pb含量大于3%时,一次烟雾等级进入B级,二次烟雾特征值变化趋势不明显,全部位于A级范围之内。

5. 铝粉含量对烟雾特征信号影响

为研究铝粉含量对CMDB推进剂烟雾特征信号影响规律,设计的基础配方为硝化棉(NC)和硝化甘油(NG)含量分别为23.8%和22.2%,RDX含量为50%,助剂为2.5%,其中Al_2O_3含量1%,复合催化剂为1.5%,该催化剂为NTO铅、B铜以及炭黑的混合物。采用Al取代Al_2O_3,进一步增加Al含量,降低硝化棉(NC)和硝化甘油(NG)含量,设计了递进配方,其他组分含量保持不变。配方含量变化、标准理论比冲以及一次烟、二次烟特征值如表4-6所示。

表4-6 不同Al含量对CMDB推进剂烟雾特征信号影响

$W_{NC}/\%$	$W_{NG}/\%$	$W_{Al}/\%$	$I_{sp}/N \cdot s \cdot kg^{-1}$	一次烟特征值 K	二次烟特征值 RH_{amb}
23.8	22.2	0	2473.3	0.272823	0.935351
23.8	22.2	1.0	2506.6	0.420178	0.936271
23.3	21.7	2.0	2521.5	0.638854	0.936787
22.8	21.2	3.0	2535.8	0.775622	0.937729
21.8	20.2	5.0	2562.2	0.913378	0.939888
20.8	19.2	7.0	2585.9	0.966563	0.942454

由表 4-6 可看出,随着 Al 含量的增加,NC 与 NG 含量的减少,标准理论比冲增加明显。含 1% 的 Al₂O₃ 的改性双基推进剂一次烟特征值为 0.272823,烟雾等级为 A 级。含 Al 改性双基推进剂配方体系的一次烟雾等级至少为 B 级,并且随着 Al 含量的增加,当超过 4% 以后,一次烟达到 C 级,二次烟变化趋势不明显,全部位于 A 级范围之内。因此添加铝粉存在能量与特征信号之间的最优值。

6. 高氯酸铵(AP)含量对烟雾特征信号影响

为研究 AP 含量对 CMDB 推进剂烟雾特征信号影响规律,设计了硝化棉(NC)和硝化甘油(NG)含量总和为 58%,吉纳(DINA)含量为 4%,二号中定剂(C₂)含量为 1%,Al 粉含量为 5%,其他为高氯酸铵(AP)的基础配方。在基础配方的基础上,通过逐步添加黑索今(RDX)的含量,考察推进剂烟雾特征信号的变化规律。配方含量变化、标准理论比冲以及一次烟、二次烟特征值如表 4-7 所示。

表 4-7 高氯酸铵含量对 CMDB 推进剂烟雾特征信号影响

W_{AP}/%	W_{RDX}/%	I_{sp}/N·s·kg⁻¹	一次烟特征值 K	二次烟特征值 RH_amb
32	0	2535.0	0.907365	0.457335
28	4	2547.8	0.907365	0.471355
24	8	2557.8	0.907365	0.485623
20	12	2565.5	0.907365	0.500027
16	16	2571.3	0.907365	0.524502
14	18	2573.6	0.907365	0.546751
12	20	2575.5	0.907365	0.564002
8	24	2578.4	0.907365	0.593503
4	28	2580.0	0.907365	0.637977
1	31	2580.5	0.907365	0.721303
0	32	2580.6	0.907365	0.937406

由表 4-7 可看出,随着 AP 质量百分含量的减少,RDX 含量的增加,一次烟特征值几乎没有变化,烟雾等级为 C 级,主要是由于配方体系中的凝相物质量百分含量几乎没有变化;二次烟特征值呈现增长趋势,当 AP 质量百分含量降低到 13% 左右时,二次烟特征值进入到了区间[0.55,0.90],说明这种质量配比使二次烟雾上升一个等级,是 C 与 B 级之间的临界。当 RDX 质量百分含量进一步增加,AP 质量百分含量进一步降低,直到完全替代前,没有进入特征值区间

$[0.90,1]$，仅当 RDX 完全替代 AP 后，二次烟特征值进入区间$[0.90,1]$，达到了二次烟等级 A。分析其主要原因是随着推进剂中 AP 的减少，燃烧产物 HCl 随之减少，二次烟特征值有明显下降趋势。

4.4.2 排气羽流[20,21]

1. CMDB 推进剂羽流场计算前处理

某改性双基推进剂 M-1 基础配方（质量分数）：NC+NG（45%~60%）；RDX（20%~35%）；Al（0%~5%）；燃烧催化剂（3.5%~4.5%）；其他助剂（4.5%~6.5%）。应用 ECS 计算 7 MPa 下热力学性能后，喷管入口主要参数以及主要组分质量百分含量如表 4-8 所示。

表 4-8 喷管入口组分质量分数

组分	质量分数	组分	质量分数
H_2O	0.15882	OH	0.00161
CO_2	0.17678	H	0.00016
CO	0.41439	O	0.00003
H_2	0.00926	N_2	0.20635
O_2	0.00004	Al_2O_3	0.03063

采用单喷管羽流模型来进行不同工况下的流场计算，喷管几何型面为收敛-扩张的拉瓦尔型，收敛段长度为 20mm，收敛角为 20°；喉部宽度为 6mm，高 20mm；喷管出口半径 60mm，扩张角为 18°。外场高度为 101 倍的出口半径，即 600mm；外场长度为 6155mm，如图 4-1 所示。

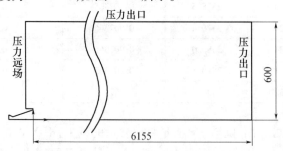

图 4-1 计算区域示意图

为了简化计算模型，计算区域采用二维轴对称结构化网格，在壁面处和喷管出口后缘速度剪切层进行了加密，网格数量在 2 万左右，图 4-2 为较为关键的喷管出口的局部网格图，其他部分类似。

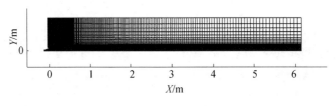

图 4 - 2　喷管出口网格图

计算区域左下边界为燃烧室出口(即喷管入口为燃气进口边界条件),给定燃烧室压力、燃烧温度、入口组分质量分数见表 4 - 8;左上边界为外流入口,为远场边界条件,采用静止大气条件;下边界为轴对称边界条件,所有变量在这里的纵向导数为 0;右边界为压力出口,给定出口反压为一个标准大气压。

2. 计算方法

基于 Fluent 程序对上述模型进行构建和计算模拟,采用二维轴对称模型和密度基求解器来模拟高马赫数的流场,然后采用有限反应速率模型和 DPM 模型分布研究射流组分的复燃和复合颗粒的运动规律、燃烧和堆积。由于 Fluent 自带的 DPM 模型比较简单,故采用 UDF 二次开发 Fluent 来实现复合颗粒组分变化和颗粒的运动规律,同时采用 Fluent 的 UDS 功能在原有欧拉方程组中新加入一个守恒方程来模拟射流中的烟尘相。

为了节省计算资源,首先计算单组分的气体相流场,待计算收敛且结果符合理论解之后,在现有流场结果的基础上开启组分反应模型,设置各种组分在各个边角条件处的质量分数分布和组分之间的反应模型,从而进行组分复燃的仿真模拟。最后再开启 DPM 模型,设置颗粒的材料,速度、流量等属性,然后通过UDS 在原有方程组的基础上新加入一个输运方程来控制烟尘相得浓度,并加载 UDF 来控制颗粒的运动和燃烧和气体相、颗粒相和烟尘相之间的耦合来完成最终的模拟。

3. 计算结果及分析

1)来流静止工况(Ma = 0)

从图 4 - 3(a)的马赫数分布来看,射流核心区与外界大气的混合层从喷管出口开始,沿着射流轴向方向不断加厚,同时由于这个区域的复燃放热,导致混合层温度比轴线处高,从而导致声速变大,马赫数变小,而在到达第一个马赫盘处后,由于核心区遇到激波的作用,速度迅速降低,相反混合层基本不受马赫盘的影响,所以刚过第一个马赫盘后,混合层反而比核心区马赫数高。此后,核心区再次经过一个膨胀波系,速度升高,马赫数再次超过混合层,直到下一个马赫盘的出现,如此反复,一直五六个周期后,外流基本与核心区完全混合为止。

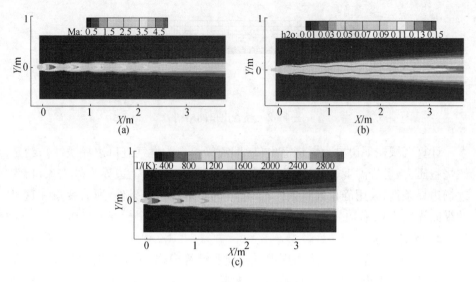

图 4 – 3   羽流场计算结果图

(a) 马赫数分布;(b) H_2O 质量分数分布;(c) 温度分布。

从图 4 – 3(b) 的 H_2O 分布来看,作为复燃主要的生成物之一,H_2O 主要集中在混合层。在喷管内部,H_2O 的质量分数基本为 0,而在刚离开喷管出口的混合层开始段,H_2O 的含量也没有显著的增加,而在大约一个 R_e(出口半径)的距离处,H_2O 的含量才显著增加。即在距喷管出口距离为一个 R_e 范围内时,核心区域复燃所产生的 H_2、CO_2 并没有与外界的 O_2 发生显著的反应,而只是处于相互混合的阶段;而当距喷管出口的距离达到并超过一个 R_e 后,才开始剧烈反应并生成大量的 H_2O。图中反应轴线处 H_2O 的含量在射流开始段基本没什么变化,直到轴向距离达到 60 倍 R_e 的时候,轴线附近的 H_2O 随着核心区和外流的完全掺混才开始增加。

从图 4 – 3(c) 的温度分布来看,由于出口压力高于环境压力,燃气一出喷管开始膨胀解压,温度降低,截断斜激波造成了温度出口处的间断升高,然后激波遇到混合层边界反射成膨胀波,从而导致新一轮的膨胀开始,如此往复,一个接一个的马赫盘和温度间断出现,直到射流与外界环境压力相同。同时,由于混合层复燃的大量放热,从开始段起,混合层的温度就比核心区温度要高 $400 \sim 600K$。

从图 4 – 4 可以看出,复燃对射流温度影响很大,在内外流完全掺混后,有化学反应的温度比没有化学反应的温度高将近 200K,这对于准确模拟射流结构和后面的颗粒温度研究都有很大的影响。

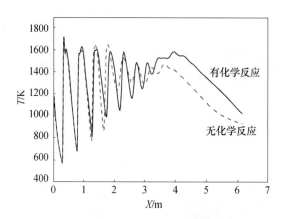

图 4 - 4　混合流温度随轴向变化对比图

图 4 - 5 为各主要组分沿轴线的质量变化图,从图中可以看出,在混合层与主核心区完全混合前(0~2.6m),各组分的含量基本不变,维持着进口时的水平,而到了掺混段(2.6m 以后),基本不参与反应的 N_2 迅速提高到外界大气的标准水平 0.78,而在喷管内燃烧不完全的 CO 则与掺混进来的 O_2 迅速反应,生成 CO_2 和大量的 O 原子。

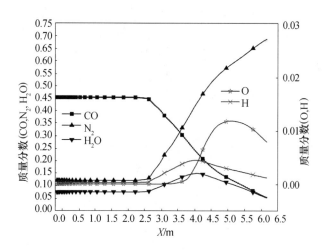

图 4 - 5　各组分沿轴向分布变化图

2)不同来流工况($Ma = 0.2$、0.6、0.8、1.0)

从图 4 - 6 马赫数分布云图来看,随着马赫数从 0.2 变化到 1.0,对于核心区激波结构基本没有影响。

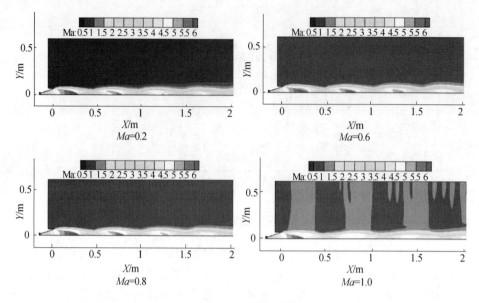

图 4 - 6   马赫数云图

由图 4 - 7 可知,随着马赫数的增加,混合层中 H_2O 基本也随着增加,但刚出喷管出口不明显,而当距离 $x = 0.03m$ 时达到最明显的提升量。随着距离喷管出口距离的增加($0.01 \sim 0.04m$),H_2O 摩尔分数的峰值有所改变,这表明复燃的主要发生区域混合层的径向位置也有所改变,从刚开始的 1.06 到后面的 1.11。而四幅图中峰值的跨度也不尽相同,这表明混合层的厚度也变发生了变化,混合层随着距喷管距离的增加而不断变厚,这与图 4 - 3(b) 中 H_2O 的质量分数分布结果是一致。

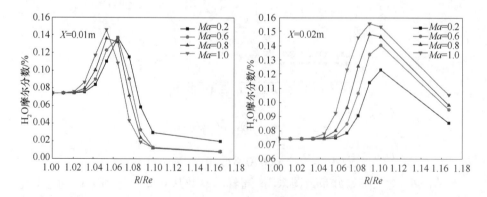

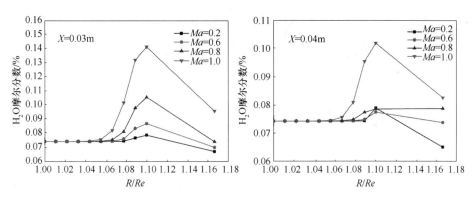

图 4 - 7　H₂O 摩尔分数径向变化图

3）不同燃烧室压力

比较了燃烧室压力分布为 7.0 MPa 和 7.4 MPa 两种情况时的羽流场。

图 4 - 8 上半部分为燃烧室压力为 7.0 MPa，下半部分燃烧室压力为 7.4 MPa，对比上下可以发现，当燃烧室压力变高时，核心区能量变高，激波结构将保持得更久，马赫盘的数量将比压力低的时候要多。而从图 4 - 9 可以看出，随着燃烧室压力的提高，射流复燃的化学反应速率也加快，从而使复燃产物 H₂O 的生成加速，更快地集中出现在射流核心区。

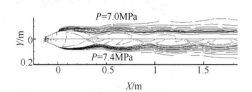

图 4 - 8　不同燃烧室压力速度云图对比

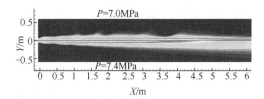

图 4 - 9　不同燃烧室压力 H₂O 质量浓度分布

4）不同燃烧室温度分析

比较了燃烧室温度分布为 2860K 和 3050K 两种情况。

图 4 - 10 为两种燃烧室温度的温度云图分布，上半部分燃烧室温度为

2860K,下半部分温度为3050K,从燃烧室出口温度分布来看,燃烧室温度高,则喷管出口温度也会相应提高,同时由于温度的提高,在混合层处化学反应速率加快,复燃产生的大量热量使混合层局部温度更高,从而使这个区域等温线分布更密。

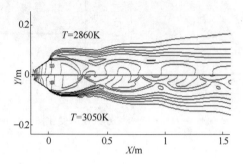

图4-10   不同燃烧室温度羽流温度图对比

图4-11为两种燃烧室温度下的射流混合层 H_2O 质量浓度分布,可以看出,与图4-10得到的结论完全相同,随着温度的升高,化学反应速率加快,复燃最主要的生成物 H_2O 更早地出现在了混合层。

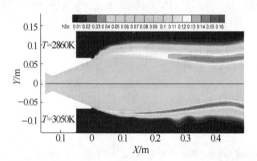

图4-11   不同燃烧室温度时 H_2O 质量浓度分布

5)不同化学反应模型分析

采用两种化学反应模型(12组分17个反应、9组分10个反应)进行羽流场计算,考察反应模型对计算结果的影响,其中表4-9为12组分17个方程的化学反应计量数,表4-10为9组分10个方程的化学反应计量数。

表4-9   17个方程化学反应模型

反应	$A/cm^3 \cdot mol^{-1} \cdot s^{-1}$	n	$E(j)$
$H + O_2 = OH + O$	1.987E+14	0	7.03E+04
$O + H_2 = H + OH$	5.119E+04	2.67	2.63E+04

122

反应	$A/\mathrm{cm}^3 \cdot \mathrm{mol}^{-1} \cdot \mathrm{s}^{-1}$	n	$E(j)$
$OH + H_2 = H + H_2O$	1.024E + 08	1.6	1.38E + 04
$OH + OH = O + H_2O$	1.506E + 09	1.14	4.14E + 02
$H + H + M = H_2 + M$	1.493E − 06	− 1	0
$H + OH + M = H_2O + M$	3.673E − 02	− 2	0
$H + O + M = OH + M$	7.829E − 06	− 1	0
$O + O + M = O_2 + M$	2.409E − 07	− 1	0
$CO + OH = CO_2 + H$	6.323E + 06	− 1.5	− 2.08E + 03
$CO + O_2 = CO_2 + O$	2.499E + 12	0	2.00E + 05
$CO + O + M = CO_2 + M$	8.310E − 12	0	− 9.70E + 03
$H + HCl = H_2 + Cl$	1.692E + 13	0	1.73E + 04
$H + Cl_2 = HCL + Cl$	8.551E + 13	0	4.90E + 03
$HCL + OH = H_2O + Cl$	2.710E + 07	1.65	− 9.20E + 02
$HCL + O = OH + Cl$	3.372E + 03	2.87	1.47E + 04
$CL + CL + M = CL_2 + M$	7.768E − 10	0	− 7.53E + 03
$H + CL + M = HCl + M$	1.192E − 02	− 2	0

表 4 – 10　10 方程化学反应模型

化学反应式	$A/\mathrm{cm}^3 \cdot \mathrm{mol}^{-1} \cdot \mathrm{s}^{-1}$	n	$E(j)$
$CO + O + M = CO_2 + M$	8.310E − 12	0	− 9.70E + 03
$CO + OH = CO_2 + H$	6.323E + 06	− 1.5	− 2.08E + 03
$H_2 + OH = H_2O + H$	1.024E + 08	1.6	1.38E + 04
$H_2 + O = OH + H$	5.119E + 04	2.67	2.63E + 04
$H + O_2 = OH + O$	1.987E + 14	0	7.03E + 04
$OH + OH = H_2O + O$	1.506E + 09	1.14	4.14E + 02
$H + H + M = H_2 + M$	1.493E − 06	− 1	0
$O + O + M = O_2 + M$	2.409E − 07	− 1	0
$O + H + M = OH + M$	7.829E − 06	− 1	0
$H + OH + M = H_2O + M$	3.673E − 02	− 2	0

由图 4 – 12 可知，两种化学反应模型导致羽流中 H_2O 质量分数场对应点数值有所不同，但整个羽流的分布规律是相同的。

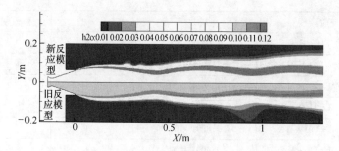

图 4 – 12 两种化学反应模型下 H_2O 质量分数比较

4.4.3 光学透过率

基于表 4 – 8 喷管入口组分质量分数,该组分为典型 CMDB 推进剂 M – 1 配方的热力学计算结果。采用 Fluent 程序对气相流场进行计算,待计算收敛后,在气相流场结果的基础上开启组分反应模型,设置各组分在各个边界条件处的质量分数分布和组分之间的反应模型,从而进行组分二次燃烧的数值模拟。最后开启 DPM 模型,设置颗粒的材料、速度、流量等属性,通过加载 UDF 来控制颗粒的运动以及与气体相之间的耦合来完成最终的模拟。

分析羽流对光学制导信号衰减的因素,根据燃气特点,由 Beer – Lambert 定律分析燃气组分的吸收及散射性能,根据穿越羽流流场的光波波长等,计算获得特定波长在羽流中的透过率数据。图 4 – 13 分别是无、有后燃效应的 TW – 5 配方下的不同波段透过率比较,考虑后燃效应时透过率与波长变化不大,无后燃效应时 $0.9\mu m$ 透过率最高。

编制光学透过率计算程序,通过输入羽流流场计算燃烧产物浓度、粒径分布规律以及光波波长等,计算获得特定波长在羽流中的透过率数据,并与实验数据进行对比。典型双基系推进剂透过率计算与实验数据如表 4 – 11 ~ 表 4 – 13。

表 4 – 11   红外光透过率计算与实验值

配方	实验值/%	计算值/%	相对差/%
TW – 1	89.3	84.71	5.1
TW – 2	81	80.44	0.69
TW – 3	91.5	86	6
TW – 4	78.9	86.5	9.6
TW – 5	90.2	83.3	7.6

表4-12 激光信号透过率计算与实验值

配方	实验值/%	计算值/%	相对差/%
TW-1	78.2	71	9.2
TW-2	68.2	77	12.9
TW-3	50.5	57	12.8
TW-4	86.1	89	3.37
TW-5	86.7	87.5	0.92

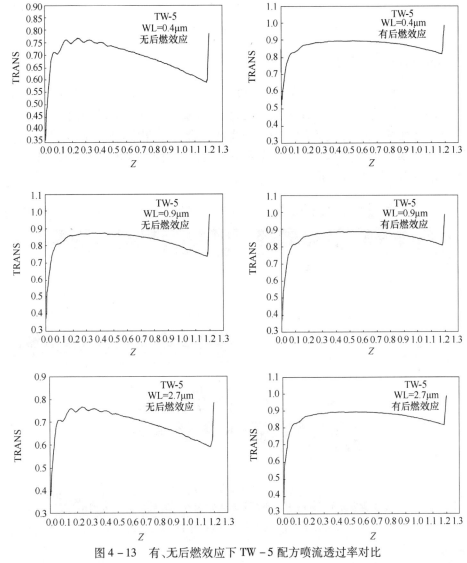

图4-13 有、无后燃效应下TW-5配方喷流透过率对比

表 4-13　可见光信号透过率计算与实验值

配方	实验值/%	计算值/%	相对差/%
TW-1	90	85.2	5.3
TW-2	73.9	78.1	5.7
TW-3	86.7	90	3.8
TW-5	89.5	88.1	1.56

由表 4-11 ~ 表 4-13 可知,光学透过率理论计算值与兵器 $\Phi50mm$ 标准发动机试验测试值符合较好,相对偏差在 ±15% 以内。

4.4.4　雷达波衰减

基于等离子体的雷达波衰减预估模型,编制了程序,输入数据是由流场计算得到的温度场、压力场以及组分浓度场,分析了影响雷达波衰减的因素为:羽流组分的温度及浓度、推进剂配方中碱金属杂质含量、二次燃烧效应、雷达波入射方位等。以表 4-8 喷管入口组分质量分数为例,进行雷达波衰减计算。组分摩尔浓度分布如图 4-14 所示。

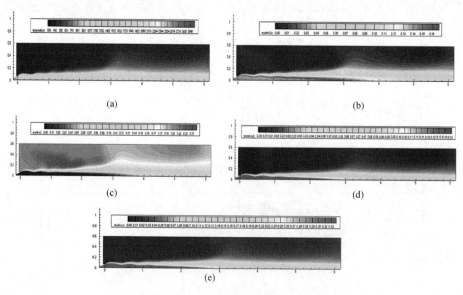

图 4-14　组分摩尔浓度分布图

（a）温度分布图;（b）H_2O 摩尔分数分布图;（c）O_2 摩尔分数分布图;

（d）CO_2 摩尔分数分布图;（e）CO 摩尔分数分布图。

126

图 4-15 为随距离喷管出口距离增加情况下雷达波衰减值的变化规律图,结果表明排气羽流雷达波信号衰减沿喷管轴线遵循先增后减的规律,衰减值在喷管出口附近有最高峰,在排气羽流二次燃烧区域存在次高峰。

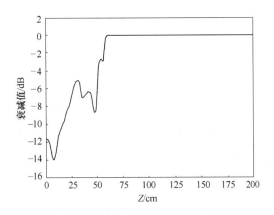

图 4-15　距喷管出口距离—衰减值分布图

图 4-16 为后燃效应的 TW-5 配方下喷流的雷达波衰减对比,可见有后燃效应的右图衰减值大幅度上升,这是由于喷流混合层内温度大幅上升导致电子浓度升高所致。

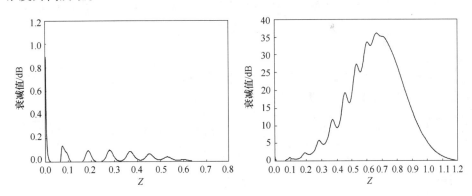

图 4-16　无后燃效应的 TW-5 配方喷流雷达波衰减对比图($K=100$ppm,WL$=8$mm)

图 4-17 为有后燃效应的 TW-5 配方与 TW-3 配方雷达波衰减对比,TW-3 配方雷达波衰减值低于 TW-5 配方,这可能与 TW-3 配方的燃烧室绝热燃烧温度较低有关。

图 4-18 是有后燃效应的 TW-5 配方不同雷达波波长下的衰减对比图,可见波长越长,衰减值越高。

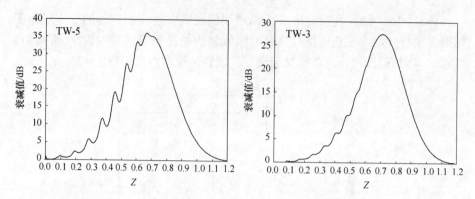

图 4 – 17　有后燃效应下 TW – 5 与 TW – 3 喷流雷达波衰减对比图（$K = 100$ppm，WL = 8mm）

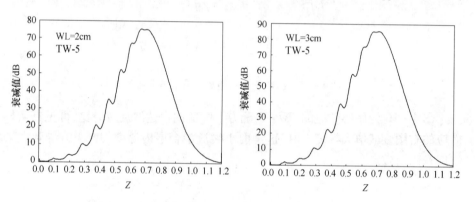

图 4 – 18　不同雷达波波长下的衰减对比图（$K = 100$ppm）

　　图 4 – 19 是有后燃效应的 TW – 5 配方不同 K 杂质含量下的衰减对比图，可见 K 杂质含量越高，衰减值越高。

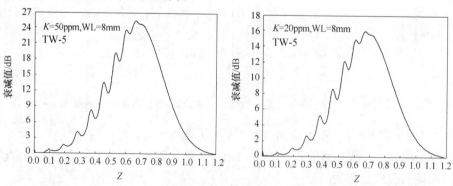

图 4 – 19　不同 K 杂质含量下的衰减对比图

图 4 - 20 采用的是 NC/NG/RDX/AL 推进剂配方体系,维持配方中 NC 与 NG 总含量不变,考察铝粉含量对雷达波衰减性能的影响。

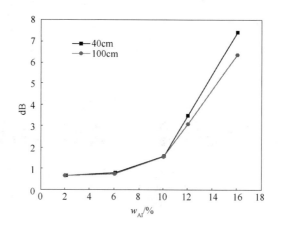

图 4 - 20 铝粉含量对雷达波衰减的影响

由数据可知:火箭喷焰的雷达波衰减与铝粉含量有密切关系,雷达波衰减随铝粉含量的增加呈指数性增大。这主要是由于铝粉含量的增加,提高了火焰温度,降低了氧系数,引起碱金属杂质或未燃的铝粉电离产生大量的自由电子,故而使衰减增加。

计算了某比冲标准物质 BC2 推进剂的雷达波衰减性能,并将计算结果与兵器 Φ50mm 标准发动机雷达波实验测试结果进行了对比,对比数据见表 4 - 14。

表 4 - 14 雷达波衰减预示与试验对比

波段	入射位置	实验值/dB	计算值/dB	相对差/%
2cm	50cm	10.25	11	7.3
3cm	50cm	11.43	11.6	1.48
8mm	50cm	6.66	6.1	8.4
2cm	80cm	9.12	10.21	11.9
3cm	80cm	9.62	11.05	14.8
8mm	80cm	7.23	8.01	10.7

由表 4 - 14 可知,雷达波衰减性能预示值与兵器 Φ50mm 标准发动机中的试验测试值符合较好,相对偏差值均在 ±15% 以内。

4.4.5　红外辐射

图 4-21、图 4-22 分别是无、有后燃效应的 TW-5 配方下的不同波段红外辐射亮度分布。可见红外辐射主要集中在 2.7μm 和 4.2μm 波段。考虑后燃效应情况下的红外辐射明显大于无后燃效应的,辐射最强的区域对应于后燃反应最强的区域。

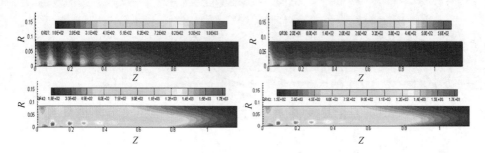

图 4-21　无后燃效应下 TW-5 配方喷流辐射亮度分布

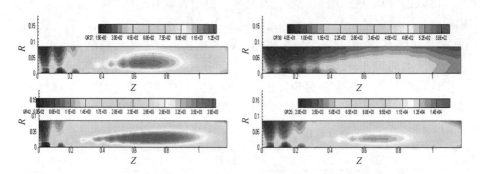

图 4-22　有后燃效应下 TW-5 配方喷流辐射亮度分布

4.4.6　羽流电子密度[22]

1. 不同固体含量对羽流电子密度影响

为研究不同固体含量对 CMDB 推进剂烟雾特征信号影响规律,设计了硝化棉(NC)和硝化甘油(NG)含量逐步降低,黑索今(RDX)含量逐步增加的递进配方,助剂为 2.5%,其中 Al_2O_3 含量 1%,复合催化剂为 1.5%,该催化剂为 B 铅、B 铜以及炭黑的混合物。配方固体质量百分含量变化、标准理论比冲以及电子密度如表 4-15 所示。

表 4 – 15 不同固体含量 CMDB 推进剂电子密度

$W_{NC}/\%$	$W_{NG}/\%$	$W_{RDX}/\%$	$I_{sp}/N \cdot s \cdot kg^{-1}$	N_e/cm^{-3}
48.8	47.2	0	2398.9	2.39×10^{10}
43.8	42.2	10	2413.1	2.11×10^{10}
33.8	32.2	30	2441.5	1.64×10^{10}
23.8	22.2	50	2469.9	1.28×10^{10}

由表 4 – 15 可知,随着 NC、NG 含量的减少,添加剂 RDX 含量的增加,标准理论比冲呈增大趋势,电子密度呈减小趋势。分析其原因可知,NC、NG 均比 RDX 含氧量高,当采用 RDX 部分取代 NC、NG 后,体系的氧平衡降低,但是 RDX 的含氮量比 NC、NG 都要高,使得标准理论比冲呈增大趋势;随着 RDX 含量增加,NC、NG 含量减少,体系的燃烧温度小幅度降低,使得羽流变"冷",从而使体系离子化程度和自由电子的浓度降低。

2. 不同高能添加剂对羽流电子密度影响

为研究不同高能添加剂对 CMDB 推进剂烟雾特征信号影响规律,设计了硝化棉(NC)和硝化甘油(NG)含量保持不变,分别为 23.8% 和 22.2%,高能添加剂含量为 50%,助剂为 2.5%,其中 Al_2O_3 含量 1%,复合催化剂为 1.5%,该催化剂为 NTO 铅、B 铜以及炭黑的混合物,通过对 RDX、HMX、DNTF 及 CL – 20 添加到 CMDB 推进剂中的标准理论比冲和电子密度进行计算,结果列于表 4 – 16 中。

表 4 – 16 不同高能添加剂 CMDB 推进剂电子密度

添加剂	$I_{sp}/N \cdot s \cdot kg^{-1}$	N_e/cm^{-3}
RDX	2473.3	2.29×10^{10}
HMX	2466.3	1.91×10^{10}
DNTF	2523.0	2.55×10^{12}
CL – 20	2520.8	1.49×10^{12}

由表 4 – 16 可知,添加 DNTF 使得配方体系标准理论比冲最大,其次为 CL – 20,RDX 和 HMX 对能量贡献水平相当。RDX 和 HMX 的氧平衡都为 – 21.61%,而生成热数值为 70.7kJ · mol^{-1} 和 75.02kJ · mol^{-1},相差不大,因此使得含 RDX 和 HMX 的 CMDB 推进剂标准理论比冲相差不大。而 CL – 20 氧平衡为 – 10.95%,生成热数值高达 416.0kJ · mol^{-1},因此使得含 CL – 20 比含

RDX 的 CMDB 推进剂标准理论比冲值大近 $50N \cdot s \cdot kg^{-1}$,DNTF 的氧平衡虽然为 -20.5%,但其生成热数值 $644.3kJ \cdot mol^{-1}$,因此使得其与含 CL-20 的 CMDB 推进剂标准理论比冲值相差不大。

DNTF 生成热最大,其次为 CL-20,RDX 和 HMX 相差不多,添加 DNTF 后燃烧产物 CO 摩尔分数最大,由于 CO 负的生成热数值较大,使得体系放热量最大,羽流温度最高,而添加 CL-20 后燃烧产物 CO_2 和 H_2O 的摩尔分数较大,因此使得燃烧温度值次之。添加 RDX 和 HMX 后燃烧产物摩尔分数相差不多,羽流温度相差不大。因此配方体系中添加 HMX 使得体系电子密度最小,添加 DNTF 和 CL-20 比添加 RDX 和 HMX 使得体系电子密度高 2 个数量级,说明添加 DNTF 和 CL-20 虽然比添加 RDX 和 HMX 使得配方体系能量高,但是电子密度也高,相同雷达波频率情况下雷达波衰减率也高。

3. 不同氧含量对羽流电子密度影响

为研究配方体系氧含量对 CMDB 推进剂烟雾特征信号影响规律,设计了硝化棉(NC)含量逐步减少、硝化甘油(NG)含量逐步增加的递进配方,含量变化见表 4-16,RDX 含量为 50%,助剂为 2.5%,其中 Al_2O_3 含量 1%,复合催化剂为 1.5%,该催化剂为 NTO 铅、B 铜以及炭黑的混合物。配方体系标准理论比冲以及一次烟、二次烟特征值列于表 4-17 中。

表 4-17 不同氧含量 CMDB 推进剂电子密度

$W_{NC}/\%$	$W_{NG}/\%$	$W_{Oxygen}/\%$	$I_{sp}/N \cdot s \cdot kg^{-1}$	N_e/cm^{-3}
28.2	17.8	49.99	2447.4	6.78×10^9
25.1	20.9	50.17	2465.7	1.61×10^{10}
23.8	22.2	50.24	2473.3	2.29×10^{10}
22.7	23.3	50.31	2479.5	3.08×10^{10}
20.6	25.4	50.43	2491.3	5.36×10^{10}

由表 4-17 可知,随着 NC 含量的减少,NG 含量的增加,体系氧含量增加,标准理论比冲增大,最大增加达 $44N \cdot s \cdot kg^{-1}$,增加速率近似相同。电子密度增加,初期电子密度增加速率慢,随着氧含量的进一步增加,电子密度增加速率加快。由于 NG 的氧含量高于 NC,当 NG 含量增加,NC 含量减少时,体系氧含量增加。NG 比 NC 生成热数值大,随着 NC 含量的减少,NG 含量的增加,反应物生成热数值增大,但产物中 CO_2、H_2O 的摩尔数增加,H_2 的摩尔数减小,CO 和 N_2 变化趋势不大,而 CO_2 和 H_2O 的负的生成热较大,因此使得燃烧

产物的生成热数值减小,因此使得体系放热量增加,而体系的定压比热基本无变化,使得燃烧温度增加,而温度与自由电子密度呈指数关系,因此使得体系电子密度增加。

4. 催化剂含量对羽流电子密度影响

为研究催化剂含量变化对 CMDB 推进剂烟雾特征信号影响规律,设计的基础配方为硝化棉(NC)和硝化甘油(NG)含量分别为 23.8% 和 22.2%,RDX 含量为 50%,助剂为 2.5%,其中 Al_2O_3 含量 1%,复合催化剂为 1.5%,该催化剂为 NTO 铅、B 铜以及炭黑的混合物。通过增加配方中 NTO - Pb 的含量从 1% 到 6%,硝化棉(NC)含量逐步减少、硝化甘油(NG)含量逐步增加的递进配方,如表 4 - 18 所示,配方体系标准理论比冲以及电子密度列于表 4 - 18。

表 4 - 18　催化剂含量对 CMDB 推进剂电子密度影响

$W_{NC}/\%$	$W_{NG}/\%$	$W_{NTO-Pb}/\%$	$I_{sp}/N \cdot s \cdot kg^{-1}$	N_e/cm^{-3}
23.8	22.2	1.0	2473.3	2.29×10^{10}
23.3	21.7	2.0	2461.9	2.83×10^{10}
22.8	21.2	3.0	2450.5	3.03×10^{10}
22.3	20.7	4.0	2439.1	3.05×10^{10}
21.8	20.2	5.0	2427.6	2.96×10^{10}
21.3	19.7	6.0	2416.0	2.81×10^{10}

由表 4 - 17 可知,随着催化剂 NTO - Pb 含量的增加,NG 含量的减少,NC 含量的减少,标准理论比冲下降,基本表现为催化剂含量增加 1%,标准理论比冲下降 1s 多;配方体系电子密度数值先增加后下降,当 NTO - Pb 含量为 3% 左右时电子密度出现拐点。分析其原因可知,随着 NTO - Pb 含量的增加,体系 Pb 元素增加,燃烧产物中 Pb、PbO 含量增加,使得电子密度增加,但其增加程度受到 NG 含量减少的限制,氧含量减少。

5. 铝粉含量对羽流电子密度影响

为研究铝粉含量对 CMDB 推进剂烟雾特征信号影响规律,设计的基础配方为硝化棉(NC)和硝化甘油(NG)含量分别为 23.8% 和 22.2%,RDX 含量为 50%,助剂为 2.5%,其中 Al_2O_3 含量 1%,复合催化剂为 1.5%,该催化剂为 NTO 铅、B 铜以及炭黑的混合物。采用 Al 取代 Al_2O_3,进一步增加 Al 含量,降低硝化棉(NC)和硝化甘油(NG)含量,设计了递进配方,其他组分含量保持不变。配方含量变化、标准理论比冲以及电子密度如表 4 - 19 所示。

表 4 - 19 不同 Al 含量对 CMDB 推进剂电子密度影响

$W_{NC}/\%$	$W_{NG}/\%$	$W_{Al}/\%$	$I_{sp}/N \cdot s \cdot kg^{-1}$	N_e/cm^{-3}
23.8	22.2	0	2473.3	2.29×10^{10}
23.8	22.2	1.0	2506.6	5.63×10^{10}
23.3	21.7	2.0	2521.5	1.30×10^{11}
22.8	21.2	3.0	2535.8	2.93×10^{11}
21.8	20.2	5.0	2562.2	1.36×10^{12}
20.8	19.2	7.0	2585.9	5.66×10^{12}

由表 4 - 19 可看出,随着 Al 含量的增加,NC 与 NG 含量的减少,配方体系标准理论比冲与电子密度都呈现增加趋势。主要是由于产物中 Al_2O_3 摩尔分数增加, Al_2O_3 高的生成热使得燃气温度升高,而温度与自由电子密度呈指数关系,随着温度的上升,自由电子摩尔分数迅速上升。其次,铝蒸气电离对自由电子的贡献不可忽略,尤其在高温时表现更为突出,因为铝蒸气电离受温度的影响比钾、钠更明显。燃气中的 Al_2O_3 ,由于具有高的熔化热和低的热传导系数,在燃气膨胀降温的过程中, Al_2O_3 仍处于熔融状态,这种温度滞后效应的存在增大了 Al_2O_3 对自由电子密度的影响。

参 考 文 献

[1] Thorn L B,Wharton W W. Terminology and assessment methods of solid propellant rocket exhaust signature [R]. AGARD - AR -287,1993.

[2] Buckly F T,Myers R B. Studies of solid rocket exhaust after - burning with a finite difference equilibrium chemistry plume model[C]. JANNAF 6th Plume Technology Meeting,CPLA Publ. No 209,Silver Spring, 1971,59 - 80.

[3] 李猛,王宏. 火箭发动机排气羽流特征信号预示技术研究综述[J]. 飞航导弹,2010,3: 54 - 57.

[4] Mikatarian R R. A fast computer program for non - equilibrium rocket plume predictions. Final Report, Aerochem TP -282,AFRPL - TR -72 -94,AD751984,1972.

[5] Dash S M. Prediction of rocket plume flowfields for infrared signature studies[J]. Journal of Spacecraft and Rockets,1980,17(3):190 -199.

[6] Hughes R C. Computational investigation of electron production in solid rocket plumes [R]. AIAA 93 -2454.

[7] Dash S M. Recent advances in jet/plume flowfield simulation[R]. AIAA 95 -0260.

[8] Building Rocstar. Simulation Science for Solid Propellant Rocket Motors[R]. AIAA 2006 -4590.

[9] Fiedler R. Detailed Simulations of Propellant Slumping in the TitanIV SRMU PQM -1[R]. AIAA 2006 -4592.

［10］ Xiao – Yen J. Wang,James R. Yuko. Thermal Analysis on Plume Heating of the Main Engine on the Crew Exploration Vehicle Service Module［R］. NASA/TM – 2007 – 215049.

［11］ Miller E. Measured and Predicted Laser Signal Attenuation through a Solid Rocket Plume. ADA087063,1980.

［12］ Evans K F. The Spherical Harmonics Discrete Ordinate Method for Three – Dimensional Atmospheric Radiative Transfer［J］. Journal of Atmospheric Sciences. 1998,55(3)：429 – 446.

［13］ Ludwig C B,Malkmus W. The standard infrared radiation model［R］. AIAA,1981 – 1051.

［14］ Filip Neele. Infrared ship signature analysis and optimization［J］. SPIE. 2005,58(11):188 – 198.

［15］ Victor A C. A Simple Method for Predicting Rocket Exhaust Smoke Visibility［J］. Journal of Spacecraft and Rockets,1977,14(9):526 – 533.

［16］ Miller E. Smoke Dynamics of Solid Rocket Plumes［R］. ADA114259,1982.

［17］ Wang H H,Lin Y. Application of Single Combustion Tube Pulsed Flow Device to Simulation of Exhaust Plumes at High Altitudes. AIAA Paper,1985.

［18］ 李猛,罗阳,赵凤起,等. 改性双基推进剂主要组分对其烟雾特征信号影响研究［J］. 推进技术, 2014,35(7)：996 – 1001.

［19］ 袁宗汉,冯伟,王宏,等. 固体推进剂烟信号的分类［J］. 火炸药学报,1997,(3):13 – 17.

［20］ 蔡国飚,祖国君,王慧玉,等. 羽流问题研究概况［J］. 推进技术,1995,(4):50 – 54.

［21］ 李猛,张晓宏,孙美,等. 改性双基推进剂两相化学反应羽流特性研究［J］. 弹箭与制导学报,2012, 32(1)：123 – 126.

［22］ 李猛,罗阳,赵凤起,等. 改性双基推进剂主要组分对其羽流电子密度影响研究［C］. 智能弹药技术发展学术研讨会,2014：171 – 175.

第5章　力学性能

5.1　概　述

改性双基推进剂是目前高能推进剂研究的主要方向之一,是战术导弹优先选用的品种。当前此类推进剂力学性能较差,进行改性双基推进剂力学性能设计,以提高该类推进剂的力学性能[1,2]是目前研究的重要课题之一。国外在火炸药材料的力学性能模拟方面进行了一些研究,建立了许多模型对颗粒填充的固体推进剂、塑性粘结炸药及颗粒填充高分子材料的力学性能进行了大量计算,取得了一定进展[3-7]。但由于改性双基推进剂组分多、相互作用关系复杂,其力学性能影响因素较多,使得改性双基推进剂力学性能的模拟和计算难度、计算精度不高。国内针对复合推进剂[8-12],提出了过渡相力学模型、三相结构力学模型等,但由于改性双基推进剂基体由硝化棉(NC)、硝化甘油(NG)及其他添加剂组成,以黑索今(RDX)、铝粉(Al)、复盐等作为填料,是一种黏弹性复合材料,复合推进剂力学性能计算模型不适合改性双基推进剂。在参考 Li 等人提出的二层嵌入模型和三相结构黏弹性模型基础上,针对改性双基推进剂配方组成中没有键合剂,填料与双基基体之间键合较弱,构建了改性双基推进剂力学性能二层嵌入黏弹模型,推导了改性双基推进剂力学性能与其配方组分、固体填料粒径及级配、弹性母体的拉伸强度、模量等参数的数学关系。根据二层嵌入黏弹模型及其数学关系,编制了计算程序,并对实际浇注型改性双基推进剂的配方进行了计算,计算结果拉伸强度和延伸率均达到了较高精度,与实验测试结果相对误差小于20%。并已将研究成果应用到 AT 导弹发动机装药、WD 导弹起飞发动机装药研制等型号项目中,缩短了研制周期,节约了人力、物力及研制经费。

5.2　力学性能数值模型

5.2.1　二层嵌入黏弹模型

针对改性双基推进剂配方组成中没有键合剂,填料与双基基体之间键合较弱,以及大量的计算结果与实验数据的对比,构建了改性双基推进剂力学性能二层嵌入黏弹模型。

在浇注型改性双基推进剂中,固体填料为颗粒相(分散相),黏合剂体系为基体相(连续相),颗粒相与基体相借助吸附作用粘结在一起。不同于复合固体推进剂,改性双基推进剂配方中没有键合剂,其颗粒填料与基体键合弱,由改性双基推进剂拉断样品界面电镜照片(图 5 - 1 和图 5 - 2)显示的细观结构也表明填料和双基基体结合较弱。

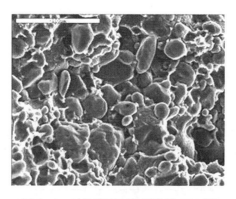

图 5 - 1 20℃温度下拉断样品 SEM 图

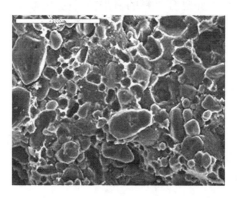

图 5 - 2 50℃温度下拉断样品 SEM 图

假设具有半径为 a 的球形颗粒镶嵌在基体材料之中,其物理结构模型是一种具有两相结构(颗粒相 - 基体相)的模型,如图 5 - 3 所示。

1. 拉伸强度

参照 Li 等人提出的颗粒填充复合材料二层嵌入模型,施加一定载荷时,颗粒中平均应力为

137

图 5 – 3　改性双基推进剂二层嵌入结构模型

$$\sigma_{af} = \cfrac{\cfrac{E_f - E_m}{E_m} + \left(3 - \cfrac{E_f}{E_m}\right)\cfrac{2\left(\arctan e^{ka} - \cfrac{\pi}{4}\right)}{k^2 a^2}\sinh ka}{1 + \cfrac{E_m}{E_f}\cfrac{2\left(\arctan e^{ka} - \cfrac{\pi}{4}\right)}{k^2 a^2}\sinh ka}\sigma_{am} \qquad (5-1)$$

式中:σ_{am}为基体内平均轴向应力;a 为颗粒半径;E_f、E_m为颗粒和基体弹性杨氏模量;ν_m为基体泊松比;k 为依赖于颗粒半径和其他力学性质的参数:

$$k = \frac{1}{a}\int_{\pi^{-0.5}}^{a} K\mathrm{d}r = \frac{\ln a + 0.5\ln\pi}{a}\sqrt{\frac{E_m}{(E_f - E_m)(1 + \nu_m)\ln 2}} \qquad (5-2)$$

由混合法则,颗粒填充复合材料的极限拉伸强度为

$$\sigma_{sc} = f\sigma_{sf} + (1 - f)\sigma_{sm} \qquad (5-3)$$

式中:σ_{sm}为基体极限强度;σ_{sf}为按照式(5－1)计算(当 σ_{am}用 σ_{sm}代入时)的粒子应力 σ_{af};f为颗粒在复合材料中的体积分数。

在考虑颗粒与基体的键合作用、基体的降解以及颗粒大小分布(级配)的影响时,拉伸强度可写成

$$\sigma_{sc} = \sigma_{sm} + m\sum_{i=1}^{8}\left[\sigma_{sf}(a_i)f_i\right] - \sigma_{sm}\sum_{i=1}^{8}(f_i^n) \qquad (5-4)$$

式中:m 为键合系数,$n = (1-f)$;$f_i(i=1,2,\cdots,8)$为 8 级颗粒的体积分数。

2. 延伸率

根据改性双基推进剂组成、结构和黏弹特性,假设固体颗粒相符合虎克定律,可以用弹簧元件模拟,而改性双基推进剂的黏合剂基体为典型的高分子黏弹体,采用福格特元件模拟,构成对应于上述两层嵌入结构的开尔文模型,模拟改性双基推进剂的力学响应特征,即由上述两层嵌入结构模型与黏弹模型相结合,构建二层嵌入黏弹模型,从而用简单的黏弹性元件模拟每一相以及改性双基推进剂整体的力学行为。

改进型开尔文黏弹模型如图5-4所示,黏弹参数分别为:填料相—E_f;基体相—E_m,η_m。

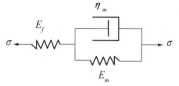

图5-4　开尔文黏弹模型

开尔文模型的基本微分方程式为

$$\frac{\mathrm{d}\sigma}{\mathrm{d}t} + \frac{E_1 + E_2}{\eta_1}\sigma = E_1\frac{\mathrm{d}\varepsilon}{\mathrm{d}t} + \frac{E_1 E_2}{\eta_1}\varepsilon \qquad (5-5)$$

式中:σ为材料的应力;ε为材料的应变;E_1为填料相弹性模量;E_2为基体(黏合剂黏弹体)的弹性模量(E_m);η_1为黏合剂黏弹体黏度系数(η_m)。

拉伸试验在恒位移速率下进行,$u = \dot{u}t(\dot{u} = $常量$)$,则

$$\varepsilon = \frac{\Delta L}{L}, \varepsilon = c_1 t \qquad (5-6)$$

解微分方程(5-5),可得

$$\sigma = \frac{B}{A}t + \left(\frac{B}{A^2} - \frac{C}{A}\right)e^{-At} - \left(\frac{B}{A^2} - \frac{C}{A}\right) \qquad (5-7)$$

式中:$A = (E_1 + E_2)/\eta_1$;$B = (E_1 E_2)/\eta_1 c_1$;$C = E_1 c_1$。

针对改性双基推进剂这样的颗粒填充复合材料,可以由式(5-4)求得极限拉伸应力,即拉伸强度σ_{sc},通过式(5-7)求出对应的t_{sc},然后由式(5-6)求得其极限拉伸应变,即延伸率ε_{sc}。

5.2.2　模型参数

由上述改性双基推进剂力学性能的二层嵌入黏弹模型数学关系式可知,要获得不同改性双基推进剂力学性能参数—拉伸强度和延伸率,必须已知基体模量和基体的黏度系数、拉伸强度、表界面作用力、极限力学性能等。

1. 基体模量和拉伸强度

由上述模型的数学关系式可以看出,主要输入参数包括各种填料颗粒的直径、体积分数、含量;基体的模量、拉伸强度、黏度系数等。颗粒的体积分数由质量分数和各自密度计算得到,基体的模量、拉伸强度可以直接通过拉伸试验获得。

2. 基体黏度系数

通过力学性能试验机测定试样的蠕变性能,并对蠕变结果进行处理。

1) 初始应力

力除以试样的初始横截面积,可用下列方程表示:

$$\sigma = \frac{F}{A_0} \qquad (5-8)$$

式中:σ 为初始应力(MPa);F 为载荷(N);A_0 为试样的初始横截面积(mm^2)。

2) 蠕变应变

在应力作用下,产生的尺寸变化与原始尺寸之比。应变可由下列方程求得:

$$\varepsilon = \frac{\Delta l}{l_0} \times 100\% \qquad (5-9)$$

式中:ε 为蠕变应变(%);$\Delta l = l_t - l_0$(mm);l_t 为试验过程中任何给定时刻的标距(mm);l_0 为未加应力前的初始标距(mm)。

3) 蠕变模量

初始应力与蠕变应变之比。可由下列方程求得:

$$E_{ct} = \frac{\sigma}{\varepsilon_t} \qquad (5-10)$$

式中:E_{ct} 为蠕变模量(MPa);ε_t 为 t 时刻的蠕变应变。

4) 蠕变破断时间

试样从完成加载瞬间到试样破断时刻所经历的时间,用 t_r 表示。

5) 蠕变强度极限

在指定温度下,导致改性双基推进剂破断所需的应力($\sigma_{r,t}$),或持续某一特定时间达到某一特定应变所需的应力($\sigma_{\varepsilon,t}$)。

6) 基体黏度系数

假设改性双基推进剂力学行为符合开尔文黏弹模型,通过蠕变试验,由式(5-5)可获得基体的黏度系数。

5.3　改性双基推进剂力学性能预估

改性双基推进剂基体为硝化棉(NC)、硝化甘油(NG)及其他添加剂,以黑索今(RDX)、铝粉(Al)、复合催化剂为填料,典型浇铸型改性双基推进剂配方列于表 5-1。

表 5－1　改性双基推进剂配方

配方	w/%			
	Al_2O_3	催化剂	RDX	基体
LY－2	1.7	3.5	26	68.8
LY－3	1.7	3.5	17	77.8
LY－4	1.7	3.5	8	86.8

注：基体包含 NC、NG 及其他添加剂。RDX 粒径：15.0μm，Al_2O_3 粒径：3.5μm，复盐粒径为：5.0μm，RDX 弹性模量：1.5×10^4MPa，Al_2O_3 弹性模量：3.93×10^5MPa，复盐弹性模量：6.83×10^4MPa

5.3.1　基体模量和拉伸强度

基体的模量、拉伸强度通过拉伸实验获得，见表 5－2～表 5－4。

表 5－2　配方 LY－2 基体模量和拉伸强度

种类	NC∶NG = 0.91（LY－2）		
温度/℃	50	20	－40
抗拉强度/MPa	0.3550	7.149	19.32
延伸率/%	146.3	72.50	2.543
弹性模量/MPa	0.6265	12.50	731.6

表 5－3　配方 LY－3 基体模量和拉伸强度

种类	NC∶NG = 1.2（LY－3）		
温度/℃	50	20	－40
抗拉强度/MPa	1.39	12.15	41.19
延伸率/%	122.4	97.4	9.6
弹性模量/MPa	18.0	246.3	1527

表 5－4　配方 LY－4 基体模量和拉伸强度

种类	NC∶NG = 1.39（LY－4）		
温度/℃	50	20	－40
抗拉强度/MPa	2.47	16.09	54.5
弹性模量/MPa	26.47	362.5	2132

5.3.2　基体黏度系数

1. 蠕变初始应力

LY 试样厚度为 9.2mm，宽度为 10.14mm，则 A_0 为 93.29mm²，保持载荷 $F =$

93.29N 不变,则初始应力 $\sigma = F/A_0 = 1\text{MPa}$。

2. 蠕变应变

由图 5-5 可知,在 $t = 100\text{ s}$ 时,蠕变应变 $\varepsilon = 30.9\%$。

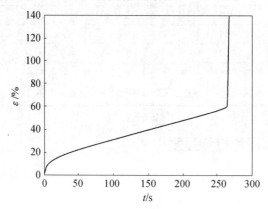

图 5-5　LY-2 蠕变应变随时间变化曲线

3. 蠕变模量

由图 5-6 可知,在 $t = 100\text{s}$ 时,蠕变模量 $E_{ct} = 0.03\text{MPa}$。

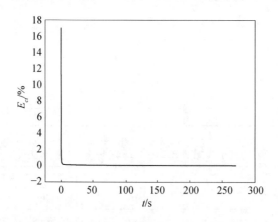

图 5-6　LY-2 蠕变模量随时间变化曲线

4. 蠕变破断时间

由图 5-7 可知,蠕变破断时间 $t_r = 263\text{s}$。

5. 蠕变强度极限

在 20℃下,导致 LY-2 推进剂破断所需的应力 $\sigma_{r,t} = 1\text{MPa}$。

142

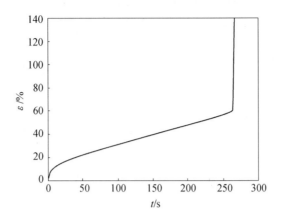

图 5 – 7　LY – 2 蠕变破断时间曲线

6. 基体黏度系数

图 5 – 8 所示为对应于 2 号基体(NC∶NG = 0.91)的蠕变实验数据处理结果,由拟合直线的截距及蠕变实验所施加的载荷(拉伸应力)求得基体黏度系数。蠕变实验数据处理结果列于表 5 – 5 ~ 表 5 – 7 中。

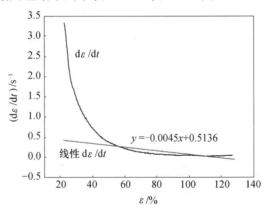

图 5 – 8　典型蠕变实验结果

表 5 – 5　LY – 2 号基体黏度系数

种类	NC∶NG = 0.91(LY – 2)		
温度/℃	50	20	– 40
基体黏度系数/Pa · s	9.6683×10^6	1.947×10^8	5.2617×10^8
泊松比	0.50	0.50	0.50

表 5 – 6 LY – 3 号基体黏度系数

种类	NC∶NG = 1.2 (LY – 3)		
温度/℃	50	20	– 40
基体黏度系数/Pa·s	3.253132×10^{7}	6.32658×10^{8}	1.624255×10^{9}
泊松比	0.50	0.50	0.50

表 5 – 7 LY – 4 号基体黏度系数

种类	NC∶NG = 1.39 (LY – 4)		
温度/℃	50	20	– 40
基体黏度系数/Pa·s	4.751×10^{7}	9.196×10^{8}	2.3437×10^{9}
泊松比	0.50	0.50	0.50

5.3.3 表界面作用力

1. 主要原材料及设备

主要原材料:1 号硝化棉(1# NC,N% = 13.0);2 号硝化棉(2# NC,N% = 12.60);3 号硝化棉(3# NC,N% = 12.0);黑索今(E 级 RDX,d_{50} = 44.90μm;H 级 RDX,d_{50} = 80.7μm);奥克托今(E 级 HMX,d_{50} = 15.6μm;H 级 HMX,d_{50} = 131.4μm);铝粉(1 – Al、2 – Al、3 – Al、4 – Al 和 5 – Al 的 d_{50}分别为 2.99μm、29.6μm、39.9μm、110μm);铝粉、黑索今及奥克托今均为工业品。

主要设备:DCAT21 动态接触角和界面张力仪(德国)。

2. 硝化棉试样的制备

硝化棉为蓬松态材料,不能直接测试其接触角。研究中用硝化棉的良溶剂丙酮将其溶解为稀溶液,后将处理后的洁净的载玻片浸入硝化棉/丙酮的稀溶液中,缓慢将载玻片提拉出稀溶液。室温下丙酮缓慢挥发后,硝化棉附着在载玻片表面形成光滑薄膜,保存供测试用。

3. 测试方法

硝化棉接触角采用 Wilhelmy 吊片法,步进速率 0.2mm·s^{-1},浸入深度 8mm,实验温度20℃。RDX、Al 和 HMX 粉末的接触角采用 Modified Washburn 方法测试,步进速率 0.2mm·s^{-1},实验温度20℃。

4. 测试原理和计算方法

Young T 从研究一种液体附着在另一种固体作用力平衡条件出发,提出了著名的杨氏方程:

$$\gamma_s = \gamma_{sl} + \gamma_l \cos\theta \qquad (5-11)$$

式中:γ_s 为固体物质表面张力;γ_l 为液体物质表面张力;γ_{sl} 为固液间界面张力;θ 为接触角。

而 Fowkes 认为固体的表面张力等于其表面上各种分子间力的贡献总和。因此表面张力可表示为

$$\gamma = \gamma^d + \gamma^p \qquad (5-12)$$

而固体物质表面张力无法直接测定,因此用一系列已知表面张力及极性分量的液体,测试液体和固体之间的接触角 θ,以 $(\gamma_{lp}/\gamma_{ld})^{1/2}$ 对 $\gamma_l(1+\cos\theta)/2(\gamma_{ld})^{1/2}$ 作图,回归出一条直线,纵轴截距为 $(\gamma_{sd})^{1/2}$,斜率为 $(\gamma_{sp})^{1/2}$,则可测得固体物质表面张力的极性分量和色散分量。

Owens 和 Wendt 提出了界面张力表达式的一般形式为

$$\gamma_{12} = \left[(\gamma_1^d)^{\frac{1}{2}} - (\gamma_2^d)^{\frac{1}{2}}\right]^2 + \left[(\gamma_1^p)^{\frac{1}{2}} - (\gamma_2^p)^{\frac{1}{2}}\right]^2 \qquad (5-13)$$

式中:上标 d 和 p 为非极性和极性力的分量;1 和 2 可为液体、固体或固体液体的组合。

而液体物质在固体表面附着过程的能量变化即黏附功为

$$W_{12} = \gamma_1 + \gamma_2 - \gamma_{12} \qquad (5-14)$$

铺展系数的计算根据 Harkins 铺展系数计算公式计算:

$$S = \gamma_1 - \gamma_2 - \gamma_{12} \qquad (5-15)$$

5. 硝化棉及固体填料与不同液体间的接触角

据式(5-11)和式(5-12),采用 Wilhelmy 吊片法测试黏合剂及不同硝化棉的动态接触角 θ;采用 Modified Washburn 方法测试 Al、RDX 和 HMX 粉末的动态接触角 θ,其结果见表 5-8,表 5-9。

表 5-8　固体填料与不同液体间的接触角

试样	H - HMX	E - HMX	1 - Al	E - RDX	H - RDX
丙三醇	82.98	68.38	91.49	80.74	81.14
H_2O	89.93	89.86	89.99	89.99	90.00

表 5-9　硝化棉与不同液体间的接触角

试样	1 - NC	2 - NC	3 - NC
丙三醇	88.55	76.56	70.92
H_2O	74.81	86.07	84.76

6. 不同 NC 及固体填料的表面张力

由表 5 – 8 中推进剂组分与不同液体间的接触角的测试结果,据式(5 – 13),应用 Owens – Wendt – Rabel and Kaelble(WORK)表面张力计算方法,计算出推进剂组分的表面张力的非极性分量 γ^d、极性分量 γ^p 和表面张力 γ,结果见表 5 – 10。

表 5 – 10　硝化棉及固体填料的表面张力及其分量

试样	E – HMX	D – HMX	1 – Al	E – RDX	H – RDX	1 – NC	2 – NC	3 – NC
$\gamma/\mathrm{mN \cdot m^{-1}}$	19.98	36.40	37.19	21.45	21.45	37.18	31.58	50.62
$\gamma^d/\mathrm{mN \cdot m^{-1}}$	11.15	34.16	2.56	13.95	13.95	0.05	0.75	0.84
$\gamma^p/\mathrm{mN \cdot m^{-1}}$	8.83	2.24	34.62	7.49	7.49	37.13	30.74	49.87

7. 不同 NC 与固体填料间的界面张力

由表 5 – 10 中 NC 及固体填料间的表面张力的计算结果,计算出 NC 与 Al、RDX 和 HMX 之间的界面张力 γ_{sl},结果见表 5 – 11。

表 5 – 11　NC 与固体填料间的界面张力 γ_{sl}(单位:mN · m^{-1})

试样	H – HMX	E – HMX	1 – Al	2 – Al	3 – Al	4 – Al	E – RDX	H – RDX
1 – NC	19.45	52.73	1.94	76.90	19.68	0.64	22.97	23.60
2 – NC	12.74	41.17	0.65	62.81	12.92	0.06	15.60	16.11
3 – NC	22.60	55.26	1.85	79.09	22.83	1.69	26.05	26.65

8. NC 及固体填料间的粘附功(表 5 – 12)

表 5 – 12　不同 NC 与固体填料间的粘附功 W_a(单位:mN · m^{-1})

试样	H – HMX	E – HMX	1 – Al	2 – Al	3 – Al	4 – Al	E – RDX	H – RDX
1 – NC	37.70	20.85	72.42	12.07	37.51	70.66	35.37	35.02
2 – NC	38.73	26.71	68.01	20.47	38.58	65.26	37.05	36.81
3 – NC	48.08	31.85	86.03	23.4	47.88	83.15	45.82	45.50

9. 不同 NC 在固体填料上的铺展系数

由 NC 及固体填料间的表面张力和界面张力的计算结果,计算出 NC 与 Al、RDX 和 HMX 之间的铺展系数 S,结果见表 5 – 13。

表 5 - 13　不同 NC 与固体填料间的铺展系数 S(单位:mN·m^{-1})

试样	H - HMX	E - HMX	1 - Al	2 - Al	3 - Al	4 - Al	E - RDX	H - RDX
1 - NC	-26.03	-3.02	-34.62	14.08	-25.9	-36.27	-23.68	-23.23
2 - NC	-20.34	2.67	-28.93	19.77	-20.21	-30.58	-17.99	-17.54
3 - NC	-39.56	-16.55	-48.15	0.55	-39.43	-49.8	-37.21	-36.76

5.3.4　极限力学性能

1. 极限抗拉强度与拉伸速率和温度的关系

通过实验测得改性双基推进剂试样在不同拉伸速率、不同温度下的极限抗拉强度变化情况,结果列于图 5 - 9。

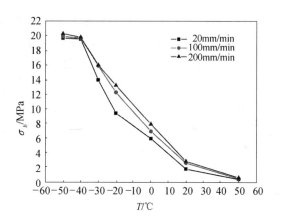

图 5 - 9　不同拉伸速率时极限抗拉强度与温度关系

从图 5 - 9 中看出,推进剂试样整体变化趋势是随着温度升高,其极限抗拉强度 σ_b 在减小;相同温度时,随着拉伸速率的减小,推进剂试样的极限抗拉强度 σ_b 也有所降低。以上变化现象是由于温度升高,分子热运动能力升高,滑移能力提升,柔性增加,从而导致极限抗拉强度 σ_b 降低;拉伸速率减小,由时间—温度等效原理,延长时间(或降低频率)与升高温度一样对分子运动是等效的,故极限抗拉强度 σ_b 随拉伸速率的变化(时间延长)与随温度升高的变化是一致的。

2. 极限应变与拉伸速率和温度的关系

改性双基推进剂试样在不同拉伸速率、不同温度下的极限应变变化情况,如图 5 - 10 所示。

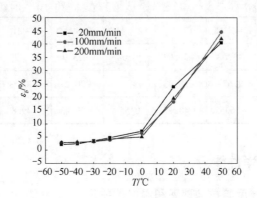

图 5 - 10　不同拉伸速率时极限应变与温度关系

由图 5 - 10 中看出,极限应变 ε_b 的变化趋势:相同拉伸速率时,极限应变 ε_b 均随着温度的升高而增大;温度相同时,拉伸速率对极限应变 ε_b 的影响没有明显的变化规律。以上现象是由于温度在 0℃ 及以下时,推进剂处于玻璃态(改性双基推进剂玻璃化温度 T_g 一般在 27℃[6] 左右),其极限抗拉强度大、模量大,从而表现为极限应变小的特点;随着温度升高,推进剂经历从玻璃态向高弹态的转变阶段,其极限抗拉强度逐步降低,模量逐渐减小,表现为 20℃ 时的极限应变比 0℃ 时成倍增加;温度为 50℃ 时,推进剂完全处于高弹态的力学状态,其极限抗拉强度进一步降低,模量更小,极限应变进一步增大。

3. 极限抗拉强度、极限应变的主曲线

选定参比温度 $T_s = 20℃(293.15K)$,各拉伸速率对应的应变速率倒数的对数 $\lg(1/R)$ 按下式计算:

$$\lg(1/R) = \lg L_0 - \lg V \tag{5 - 16}$$

式中:R 为应变速率的数值(1/min);L_0 为试样初始工程标距的数值(mm),$L_0 = 70mm$;V 为拉伸速率的数值(mm·min^{-1})。

极限抗拉强度、极限应变主曲线温度转换因子 α_{T_s},其对数值 $\lg\alpha_{T_s}$ 与温度关系按照 GJB - 770B - 2005 方法 413.3 节 8.1 中 $\lg\alpha_{T_s}$ 求法进行计算,其结果如图 5 - 11 所示。

现分别将极限抗拉强度,极限应变的主曲线结果列在图 5 - 12 和图 5 - 13 中。图中横坐标计算式为

$$\lg[1/(R \cdot \alpha_{T_s})] = \lg L_0 - \lg V - \lg\alpha_{T_s}$$

极限抗拉强度主曲线纵坐标为

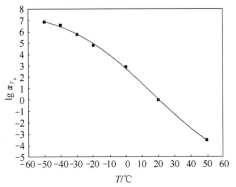

图 5 – 11　$\lg\alpha_{T_s}$ 与温度关系

$$\lg(\sigma_m \cdot T_s/T) = \lg\sigma_m + \lg T_s - \lg T$$

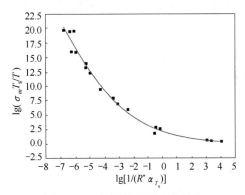

图 5 – 12　极限抗拉强度主曲线

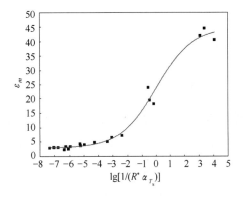

图 5 – 13　极限应变主曲线

　　极限抗拉强度主曲线总体呈现递减趋势,并且其曲线变化是先递减剧烈,后趋向平稳。当控制拉伸速率一定时,即标识时间对数的横坐标一定,其极限抗拉强度对数在主曲线以下时,推进剂不会遭受结构稳定性和力学性破坏;若抗拉强度对数达到或超过主曲线以上时,推进剂可能会遭受结构和力学性破坏。当控制抗拉强度一定时,即拉伸实验时保持拉力一定,此时短时间推进剂是稳定的,到一定时间段时,推进剂出现不稳定状态,表现为被拉细、出现裂纹、断裂等结构破坏情况发生。

极限应变主曲线总体呈递增趋势,且初期平稳,后期增长剧烈。这说明,随着时间的延长,只要推进剂结构没有被破坏,其应变是会越来越大的。

5.3.5 力学性能预估

采用二层嵌入黏弹模型及其计算程序对上述实际配方的改性双基推进剂的力学性能进行了计算,LY – 3 在 20℃的力学性能计算界面如图 5 – 14 所示。

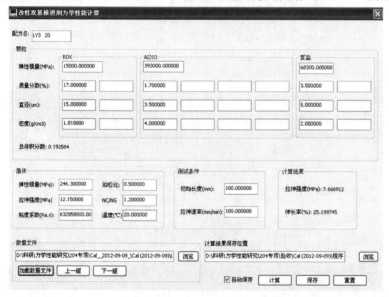

图 5 – 14　典型计算界面(LY – 3)

改性双基推进剂力学性能计算值与实验数据的比较如表 5 – 14 所示。

表 5 – 14　改性双基推进剂力学性能计算值与测试结果比较

配方	温度/℃	拉伸强度/MPa			延伸率/%		
		实验值	计算值	相对误差%	实验值	计算值	相对误差%
LY – 2	–40	20.45	20.7779	1.60	2.6	2.3224	–10.68
	20	3.886	4.16885	7.28	13.22	13.6151	2.99
	50	0.44	0.44623	1.42	30.8	30.704	–0.31

配方	温度/℃	拉伸强度/MPa			延伸率/%		
		实验值	计算值	相对误差%	实验值	计算值	相对误差%
LY－3	－40	23.42	26.5414	13.33	2.721	2.775	1.98
	20	7.51	7.6669	2.09	24.76	25.1997	1.78
	50	1.305	1.24587	－4.53	48.64	48.9195	0.57
LY－4	－40	31.09	26.1832	－15.78	2.936	3.4234	16.60
	20	11.44	10.9001	－4.72	31.56	32.1259	1.79
	50	1.997	1.79143	－10.29	50.36	51.3852	2.04

由表 5－14 中的数据可以看出,对于浇注型改性双基推进剂,拉伸强度和伸长率的计算值与实验结果均较吻合,拉伸强度最小相对误差为 1.42%,最大相对误差－15.78%,平均相对误差为 6.78%;伸长率最小相对误差为－0.31%,最大相对误差 16.6%,平均相对误差 4.30%。结果表明所建立的二层嵌入粘弹力学模型可以较好地模拟浇注型改性双基推进剂力学性能,具有较高的精度,力学性能模拟计算精度达到 20% 以内。

5.4　装药结构完整性分析

5.4.1　装药完整性分析必要理论基础[13,14]

1. 黏弹性材料力学性质

改性双基推进剂的力学性能表现出与时间、温度有着明显的依赖关系。其力学性质可用一些力学模型来描述,通常瞬时弹性响应用弹性系数为 E 的弹簧来模拟,流动响应则用黏性系数为η的阻尼器来模拟,黏弹性的力学性质可用这两种元件的各种组合来模拟,构成力学模型的元件数目越多,越能逼真地模拟材料的力学特性。当前比较著名的有 Maxwell 模型、广义 Maxwell 模型、Voigt 模型、Burger 模型等。

2. 黏弹性材料的本构关系

积分形式的本构关系可以更具体地表示材料的黏弹行为,更好地描述材料的记忆性能和物体受载后的响应过程,且便于考虑材料老化和温度影响等因素,在应用中有较大的灵活性。

在小变形情况下,各向同性材料的应力张量可以分解成它的球形张量和偏斜张量部分,应变张量可以分离成体积改变和等体积的形状畸变两部分,即

$$\sigma_{ij} = S_{ij} + \delta_{ij}\frac{1}{3}\sigma_{kk} \quad i,j = 1,2,3 \qquad (5-17)$$

$$\varepsilon_{ij} = e_{ij} + \delta_{ij}\frac{1}{3}\varepsilon_{kk} \qquad (5-18)$$

式中：δ_{ij} 为 Kronecker 符号；σ_{kk} 和 ε_{kk} 为体积应力和体积应变；S_{ij} 和 e_{ij} 为应力偏量和应变偏量的分量，而且有 $S_{ii} = 0$ 和 $e_{ii} = 0$。

对于各向同性的弹性体，应力应变关系为

$$\sigma_{ij} = \lambda\delta_{ij}\varepsilon_{kk} + 2G\varepsilon_{ij} \qquad (5-19)$$

或

$$S_{ij} = 2Ge_{ij}, \quad \sigma_{ii} = 3K\varepsilon_{kk} \qquad (5-20)$$

式中：G 为剪切弹性模量；K 为体积弹性模量；λ 为 Lame 系数，其表达式为 $\lambda = (3K - 2G)/3$。

对黏弹性体，则有

$$\mathrm{d}\sigma_{ij}(t) = \lambda(t-\zeta)\mathrm{d}\varepsilon_{kk}(\zeta)\delta_{ij} + 2G(t-\zeta)\mathrm{d}\varepsilon_{ij}(\zeta) \qquad (5-21)$$

基于 Boltzmann 叠加原理，则有

$$\sigma_{ij}(t) = \int_0^t \Big[\lambda(t-\zeta)\delta_{ij}\frac{\mathrm{d}\varepsilon_{kk}(\zeta)}{\mathrm{d}\zeta} + 2G(t-\zeta)\frac{\mathrm{d}\varepsilon_{ij}(\zeta)}{\mathrm{d}\zeta} \Big]\mathrm{d}\zeta \qquad (5-22)$$

$$S_{ij}(t) = \int_0^t 2G(t-\zeta)\frac{\mathrm{d}e_{ij}(\zeta)}{\mathrm{d}\zeta}\mathrm{d}\zeta \qquad (5-23)$$

$$\sigma_{ii}(t) = \int_0^t 3K(t-\zeta)\frac{\mathrm{d}\varepsilon_{kk}(\zeta)}{\mathrm{d}\zeta}\mathrm{d}\zeta \qquad (5-24)$$

式中：$G(t)$ 为剪切松弛模量；$K(t)$ 为体积松弛模量。

上式即为黏弹性材料的松弛型积分本构方程。在实际计算中，通常采用积分型本构方程的增量形式进行数值计算。

3. 结构完整性评估准则

1）八面体剪应变准则

对于多向应力状态，由于在适用范围内推进剂韧性很好，通常采用八面体剪应力或剪应变作为失效判据。

八面体剪应变准则为

$$\gamma_8 \leqslant \gamma_{8m}/n$$

式中：γ_{8m} 为临界值；n 为安全系数；八面体剪应变的表达式为

$$\gamma_8 = \frac{2}{3}\sqrt{(\varepsilon_x - \varepsilon_y)^2 + (\varepsilon_y - \varepsilon_z)^2 + (\varepsilon_z - \varepsilon_x)^2 + 6(\varepsilon_{xy}^2 + \varepsilon_{xz}^2 + \varepsilon_{yz}^2)}$$

$$(5-25)$$

2）密赛斯(Von Mises)应变准则

在载荷作用下,推进剂内部、推进剂和隔热层黏结部位存在较大的应变,当应变值达到推进剂材料的最大应变能力时,推进剂内部产生裂纹,当裂纹进一步扩展时将导致推进剂药柱的断裂。因此,一般采用最大应变理论作为药柱破坏的经验准则。对于三向应力状态,应用最大变形能理论更为合理。调研近年的文献,大多采用这一失效破坏判据。

Von Mises 应变准则:

$$\varepsilon_V \leqslant \frac{\varepsilon_{Vm}}{n} \tag{5-26}$$

Von Mises 应变表达式为

$$\varepsilon_V = \frac{\sqrt{2}}{3}\sqrt{(\varepsilon_x - \varepsilon_y)^2 + (\varepsilon_y - \varepsilon_z)^2 + (\varepsilon_z - \varepsilon_x)^2 + 6(\varepsilon_{xy}^2 + \varepsilon_{xz}^2 + \varepsilon_{yz}^2)}$$

$$\tag{5-27}$$

4. 结构有限元方法

结构有限元是将连续介质体离散成为有限个单元的一种近似数值解法,当前已经成为求解各种复杂数学物理问题的重要方法,是处理各种复杂工程问题的重要分析手段,其优点显而易见,因为离散后的单元都是性态容易了解的标准单元,可以为每个单元单独建立方程,并可用有限个参数加以描述。而整个结构是由有限个数目的单元所组成,将有限个单元的方程汇集起来,称作单元的组集或集合;也可以用有限个参数来描述,其基本方程是一个代数方程组。用数学术语来讲,就是把微分方程的连续形式转化为描述等效集合体性态的代数方程组,以便于进行数值解。

用有限元进行装药结构分析时,可分为两部分:第一部分是单元分析,探讨单个单元的特性(力学特性、传热学特性等),并为求解单个单元的特性建立方程;第二部分是整体结构分析,即把所有的单元集合起来成为整体结构,并建立整体结构方程。概括起来可分为以下几步:

1）结构离散化

结构离散化是有限元的基础,把要分析的结构划分成有限个单元体,并在单元体指定位置设置节点,相邻单元在节点处连接起来组成单元的集合体,以代替原来的结构。为了有效逼近实际结构,需要根据计算精度的要求,合理选择单元的形状,确定单元的数目和较优的网格划分方案。

2）位移函数选择

需要用节点位移来表示单元内任意一点的位移、应变和应力,假定单元内任意一点的位移是坐标的某种简单函数,即位移函数。

3) 单元的力学特征

利用几何方程,导出用节点位移表示的单元应变;利用物理方程,导出用节点位移表示的单元应力;利用虚功方程建立单元节点力与位移之间的关系式,从而推导处单元的刚度矩阵。

4) 计算等效节点载荷

连续体经过离散化后,力便通过节点从一个单元传递到另一个单元,但是力是从单元之间的公共边界传递到另一个单元的。因此,作用在单元上的集中力、体积力以及作用在单元边界上的表面力,都必须等效地移置到节点上去,形成等效的节点载荷。

5) 整体分析

集合所有单元的刚度方程,建立整个结构的平衡方程,从而形成总体刚度矩阵。

6) 消除奇异性

应用位移边界条件,消除总体刚度矩阵的奇异性,使整体分析平衡方程可解。

7) 求解结构平衡方程

结构的平衡方程是以总体刚度矩阵为系数的线性代数方程组,解这个方程组可以求得未知的节点位移,进一步由节点位移可以求出单元的应力等。

5.4.2 二维装药结构完整性分析[15-17]

1. 典型算例分析

选取文献中经典算例进行计算,并与解析解对照,以验证本计算模型及方法的可靠性。

圆管药柱和金属壳体粘结结构在点火压强作用条件下的平面应变问题。药柱内半径为100mm,外半径为177mm,壳体厚3mm。壳体杨氏弹性模量为 $2 \times e^5$,泊松比为0.3。药柱的剪切模量的PRONY级数表达式为

$$G(t) = 0.9678 \big[(0.243129 + 0.057922 e^{-\frac{1}{30130.7}}) + 0.034063 e^{-\frac{1}{3013.07}} + 0.664886 e^{-\frac{1}{301.307}} \big]$$

内压载荷为

$$P(t) = 6.3238(1 - e^{-20t})$$

从0.1s时刻的应力应变图(图5-15~图5-18)可以看出,药柱处于受压状态,其绝对值随半径的增大而减小,同时由于模量相对于壳体来说非常小,基

154

本只起到传递载荷的作用,应力随时间变化的趋势与增压曲线相一致。计算结果与文献相比一致。

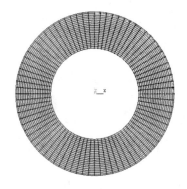

图 5 − 15　圆柱型装药有限元模型网格图

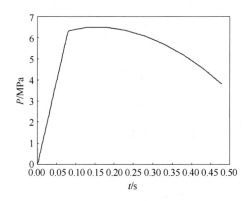

图 5 − 16　点火内压载荷 $p - t$ 曲线

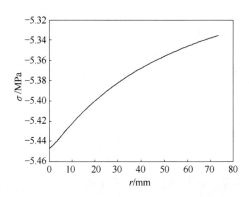

图 5 − 17　0.1s 时刻内孔应力随径向坐标的变化曲线

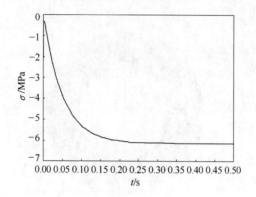

图 5-18　0.1s 时刻内孔应力随时间的变化曲线

2. 有缺陷装药算例分析

由断裂力学分析知,裂纹尖端的应力场与位移场的表达式为

$$\sigma_{ij}^{N} = \frac{K_{N}}{\sqrt{2\pi r}} f_{ij}^{N}(\theta)$$

$$u_{i}^{N} = K_{N} \sqrt{\frac{r}{\pi}} g_{i}^{N}(\theta)$$

式中:σ_{ij}^{N}为应力分量;u_{i}^{N}为位移;N为裂纹类型;$f_{ij}^{N}(\theta)$和 $g_{i}^{N}(\theta)$为极角 θ 的函数。

要确保计算收敛,有限元计算的近似位移场及其一阶导数应处处接近真实场,但裂纹尖端附近位移场精确解的一阶导数在裂纹尖端无界,即裂纹尖端的应力状态具有奇异性,常规单元的位移模式不能描述裂纹尖端的奇异性,不满足收敛条件。用传统方法在裂纹尖端附近加密网格,也难以达到足够的精度,且单元加密使计算量增大。在裂纹尖端使用奇异单元是解决这个问题的一种有效方法。为了模拟裂纹尖端的奇异性,以解析的裂纹尖端渐近行为套入内插函数,使得位移在裂纹尖端附近具有 $r^{1/2}$ 行为,则应力具有此奇异行为,如此构造的单元称为奇异单元。

装药在服役期间的质量评判准则研究是一个重要的研究方向。由断裂力学可知,在裂纹尖端,应力应变为无限大,即在裂纹尖端出现奇点。常规的有限单元已经不能满足裂纹计算的需要,通常采用奇异的 8 节点奇异裂纹单元来模拟裂纹尖端附近的奇异性。在裂纹尖端处采用奇异单元,其他地方采用自适应单元对装药进行网格进行划分。

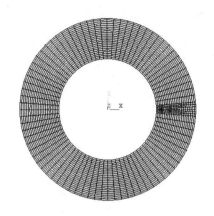

图 5 - 19   有裂纹的圆柱型装药有限元网格图

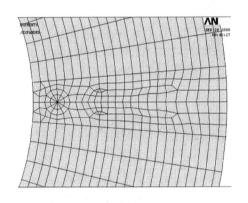

图 5 - 20   奇异裂纹尖端网格图

应力强度因子用于表征裂纹尖端附近应力场的强弱程度,判断裂纹是否进入失稳扩展的一个重要指标。即对一具体裂纹,在给定外载荷的条件下,每种材料的应力强度因子都存在一个临界值,当达到这个临界值时,裂纹就失稳扩展,反映了材料本身固有的一种属性,表示了材料抗脆性起裂的能力。

根据点火升压阶段的 $P - t$ 曲线,来对推进剂装药进行函数加载,计算结果显示,裂纹尖端 I 型应力强度因子随着裂纹长度的增加,在裂纹长度尺寸小于0.020m 以前,变化较为强烈,0.020m 以后变化较为平缓,说明了有裂纹装药以张开方式破坏情况下,裂纹尺寸越大裂纹越容易张开扩展,在推进剂材料的容限下,0.020m 以前扩展速率会较高,0.020m 以后扩展速率趋于平缓。随着裂纹尺寸的增加,II 型应力强度因子的变化呈振荡趋势,变化情况不是很明了。

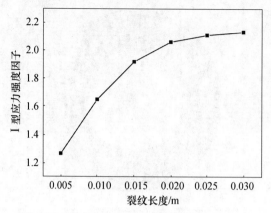

图 5 – 21 　Ⅰ型应力强度因子随裂纹尺寸变化

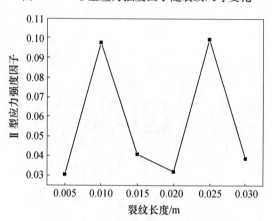

图 5 – 22 　Ⅱ型应力强度因子随裂纹尺寸变化

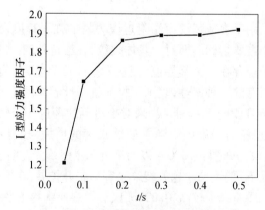

图 5 – 23 　Ⅰ型应力强度因子随时间变化

158

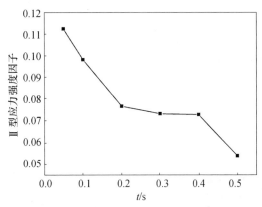

图 5 - 24　Ⅱ型应力强度因子随时间变化

由断裂参量随时间的变化曲线可以看出,随着加载时间的增加,Ⅰ型应力强度因子增大,即裂纹以张开方式扩展的可能性越来越大,扩展速率在 0.2s 以前很大,在 0.2s 以后趋于平缓。随着加载时间的增加,Ⅱ型应力强度因子减小,表示裂纹以滑移剪切方式扩展的可能性减小,且扩展的速率在 0.2s 以前和 0.4s 以后比较大,0.2s 到 0.4s 之间速率变化不大。即随着加载时间的增加,裂纹将主要以张开方式进行扩展,张开方式和滑移剪切方式相差一个数量级。可以得出在固体火箭发动机点火升压阶段,药柱裂纹将主要以张开方式进行扩展。

综上所述,具有裂纹的装药与无裂纹装药相比,应力场发生了很大变化,最大应力应变阈值增加数倍,证明药柱中的裂纹是产生灾难性后果的主要原因。燃气的内压使得裂纹尖端产生应力集中,为裂纹进一步扩展提供可能。在固体火箭发动机点火升压阶段,药柱裂纹将主要以张开方式进行扩展。

5.4.3　三维装药结构完整性分析[18,19]

组合装药的发射级一般采用星孔内燃方式,增速级采用端面燃烧方式(图 5 - 25)。由于组合装药由不同性能推进剂组合而成,因此导致整个装药结构完整性问题与单级装药明显不同,尤其是推进剂之间界面的完整性问题。取零应力温度为 85℃,研究了组合装药在 -40℃温度载荷作用下的结构完整性(图 5 - 26)。

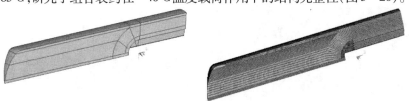

图 5 - 25　组合装药有限元模型

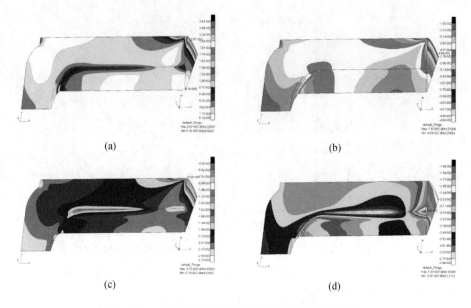

(a)　　　　　　　　　　　　　　　　　(b)

(c)　　　　　　　　　　　　　　　　　(d)

图 5 – 26　　 –40℃温度载荷下增速段药柱完整性计算

（a）Von Mises 应变分布云图；（b）径向应变分布云图；（c）环向应变分布云图；（d）轴向应变分布云图。

增速段药柱在药柱端面与包覆层粘结处和沟槽的倒角处的 Von Mises 应变最大，而在其他部位的应变水平均比较低。Von Mises 应变的最大值出现在药柱端面与包覆层粘结处，为 2.61%。从应变沿三个方向的分量来看，径向的最大应变值最大，然后是轴向，应变水平最小的是环向应变，这和通常的情况一致。径向应变最大值为 4.64%，环向应变最大值为 2.78%，轴向应变最大值为 2.86%。

续航段药柱的 Von Mises 应变最大值为 0.77%（图 5 – 27），出现在与增速段接触的圆弧面及其附近处，其他部分的应变水平很低。药柱沿径向的最大应变值最大，为 3.39%，其次是环向应变，为 3.04%，沿轴向的应变最小，为 2.83%。

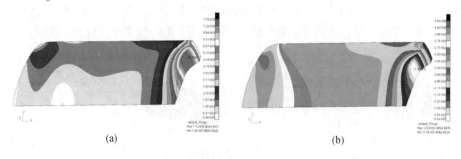

(a)　　　　　　　　　　　　　　　　　(b)

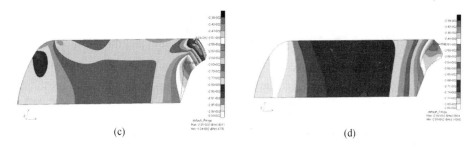

(c)   (d)

图 5 - 27   -40℃温度载荷下续航段药柱完整性计算

(a) Von Mises 应变分布云图;(b) 径向应变分布云图;(c) 环向应变分布云图;(d) 轴向应变分布云图。

参 考 文 献

[1] 彭培根,刘培谅,张仁,等. 固体推进剂性能及原理[M]. 长沙:国防科学技术大学出版社,1987.

[2] 刘继华. 火药物理化学性能[M]. 北京:北京理工大学出版社,1997.

[3] Huebner G,Geiuler G,Elsner P,et al. The importance of micromechanical phenomena in energetic materials [J]. Propellants,Explosives,Pyrotechnics,1999,24(3):119 - 125.

[4] Hackett R M,Bennett J G. An implicit nite element material model for energetic particulate composite materials[J]. International Jowrnal for Numerical Methods in Engineering 2000,49(9):1191 - 1209.

[5] Gyoo - Dong Jung,Sung - Kie Younb,Bong - Kyu kum. A three dimensional nonlinear viscoelastic consititutive model of solid propellant [J]. International Journal of Solid and Structures, 2000, 37 (34): 4715 - 4732.

[6] Subhananda Rao A,Krishana Y,Nageswara Rao B. Comparison of fracture models to assess the notched strength of composite/solid propellant tensile specimens[J]. Materials Science and Engineering,2004, A385:429 - 439.

[7] guoqiang Li,Jack E. Helms,Su - seng Pang. Analytical modeling of tensile strength of particulate - filled composites[J]. Polymer composites,2001,22(5): 593 - 603.

[8] 田德余,洪良伟,刘剑洪,等. 丁羟固体推进剂力学性能模拟计算[J]. 推进技术,2008,29(1): 114 - 118.

[9] 贵大勇,刘剑洪,田德余,等. NEPE 高能推进剂力学性能模拟计算[J]. 推进技术,2010,31(4): 444 - 447.

[10] 庞爱民. 复合固体推进剂过渡相(中间相)力学模型[J]. 推进技术,1998,19(5): 97 - 102.

[11] 刘著卿,李高春,王玉峰,等. 应变加载历史对推进剂力学性能的影响[J]. 火炸药学报,2010,33 (4):5 - 9.

[12] 李旭利,樊学忠,孙育坤,等. 壳体粘结型低特征信号固体推进剂力学性能研究[J]. 火炸药学报, 2000,23(3):4 - 6.

[13] Dick W A,Heath M T. Whole system simulation of solid propellant rockets[R]. AIAA 2002 - 4345.

[14] William A Dick W A,Heath M T. Advanced simulation of solid propellant rockets from first principles[R]. AIAA 2005 - 3990.

[15] 王元有. 推进剂药柱在内压力载荷下的应力、应变的黏弹性分析[J]. 兵工学报,1993,(3):20-33.

[16] 张海联,周建平. 固体推进剂药柱的近似不可压缩黏弹性增量有限元法. 固体火箭技术,2001,24(2):36-40.

[17] 沈成康. 断裂力学[M]. 上海:同济大学出版社,1996.

[18] 张晓宏,郑晓亚,李宏岩,等. 复杂型面固体装药结构的快速建模技术[J]. 航空计算技术,2012,42(1):32-38.

[19] 张晓宏,郑晓亚,李宏岩,等. 含人工脱粘层固体装药结构应力应变场分析[J]. 应用力学学报,2012,29(4):426-431.

第6章 热安全性能

6.1 概　述

固体推进剂是一种含能的高能复合材料,它和其他含能材料(发射药、单质炸药和混合炸药)一样在外来的刺激(亦称激发、激励)的条件下可能自动进行激烈的化学反应——燃烧或爆炸[1]。这些激励的作用可能是单一的,也可能是同时作用形成的综合激励[2]。固体推进剂受到外界能量(热、机械撞击、摩擦、静电火花或冲击波等)刺激时,发生燃烧和爆炸的难易程度称为固体推进剂的危险性。它不仅与推进剂生产、加工、运输、贮存、使用和销毁过程中的安全性息息相关,而且对以固体推进剂作为能源的火箭发动机乃至火箭导弹本身的贮存、使用安全性和生存能力也是密不可分的[3]。一旦发生事故,将给人们的生命和财产安全带来很大的威胁[4]。这些激励中机械撞击和热是最常见的激励。由于热能是一种最经常作用的形式,也是引起固体推进剂物理变化的最重要的外界作用,热安全性能是研究、评价和确定固体推进剂在热激励下的反应机理、过程、危险程度及危险反应的临界条件(状态)。

改性双基推进剂具有一定的潜在危险性,按照美国危险品等级分类属于A/7或 B/7 级,即具有爆炸、燃烧或点燃危险性,当部分点燃或遭到剧烈震动或撞击,整体立即发生爆炸(整体爆轰危险)[5]。本章仅对我们在小药量改性双基推进剂热安全性研究中所取得的一些成果[6-21],结合国内外有关学者的部分研究工作进行介绍[22-26]。其研究对象主要是含 RDX、CL - 20、NNHT、BTATz 等高能改性双基推进剂的小药量热安全性能参量计算。

6.2　热安全性能研究方法

目前改性双基推进剂的发展趋势是始终以能量为主线,添加了大量的高能量密度化合物(如 RDX、HMX、CL - 20 等),这些高能量密度化合物的加入,带来了感度高、危险性高等不利,在制备、贮存和使用过程中,受到激励后易引发快速化学反应,导致燃烧和爆炸,造成危害。

在改性双基推进剂的研发过程中,研究人员通常采用感度概念表征其危险性及程度。感度表征了一定条件下引发爆炸所需的初始刺激的最小作用量,即为对外界刺激的敏感程度。常见的感度有撞击感度、摩擦感度、火焰感度、5s 爆发点、冲击波感度、静电感度等。感度最常用的方法就是实测。但是由于实测的危险性,耗费较大的人力、物力、财力以及实验的不确定性,导致改性双基推进剂感度准确测试具有一定的难度。

根据 Bowden 的研究结果,含能材料在较弱的外界刺激的作用下,经过一系列过程,从最初的分解过程发展成为爆轰,这些阶段过程是:①在装药的一定区域内放热反应的引发;②在上述区域周围形成燃烧核;③燃烧加速并过渡到低速度的爆轰;④低速度的爆轰的传播;⑤高速度的爆轰的传播。

改性双基推进剂在较弱的热作用下的热自然(热爆炸)理论建立是与 Van't Hoff、Semenov 等研究者的工作相联系。热作用下装药热爆炸的可能性,是由如下两个过程之间的关系所确定的:化学反应的释热过程和热量向周围介质的耗散(热转移)过程。一旦系统产生的热量不能够全部从系统中传递出去或损失掉,系统就会出现热量的积累,使系统的温度有所上升,称为热平衡的破坏,或称为热失衡。热失衡的结果,是热产生的速率随着温度的提高指数地增加,释放更多的热量,热量积累和热量损失的失衡更加恶化,系统里出现更多的热量积累,温度进一步提高,相应的系统称为自热系统。如果自热过程未被控制,势必使系统达到温度很高的状态。一旦满足点火条件,系统就会出现起燃或起爆。由于热能聚集于一个很小的局部范围而导致的点火、起爆或爆炸,称为热点起爆。热点也称为"温度尖锋",它是对这种局部热爆炸的形象称谓,就物理意义而言,它代表了所研究的系统中的一个局部高温域。

通常认为热点学说是由英国著名学者 Bowden 提出的。但热点学说的渊源却可以追溯到 1883 年,那时 Berthelot 在他的书中已经指出,由于机械能的作用(如撞击、摩擦)而引起的炸药起爆,主要起因于机械(冲击)能量向热能的转换。这就是说,机械能必须首先转化为热能,后来的许多实验研究支持了这一观点。一个十分明显的证明是,在炸药落锤试验中,用来使炸药起爆的机械能都是很小的,它远远不足以把所试的炸药样品整体全部加热到起爆所需的温度。Bowden 在研究摩擦学的基础上,提出了热点学说。他认为机械能量集中在一些直径只有 $10^{-5} \sim 10^{-3}$ cm 的局部点上,热分解在此点上开始,并且由于分解的放热性质,分解速度迅速增加,结果产生了热爆炸,并扩大、成长,以至整个炸药开始爆轰。

Gray 认为,关于热点的研究,其实是反应物非对称加热的研究的极端情况。Merzhanov 认为,由于假设热点的化学动力学参数与整体反应物的完全一致,因此,热点实际上是一个热焦点(Thermal Focus)。章冠人认为,在热点学说中,瞬时加热和瞬时加温的物理条件是不同的,前者热源有限,后者热源无穷,所以应该有所区别。

通过热点引发机制和热爆炸理论研究,认识改性双基推进剂的热响应(热安全)性能,并进行预测成为可能,成为研究人员进行固体推进剂设计和定型研发工作中必须考虑到的核心问题。由于热安全性研究是以最初热效应为起始点,采用热分析方法,测定其失重或放热反应现象为基础的。

热分析技术是在程序控制温度的条件下,测量物质的物理性质随温度变化关系的一类方法。该方法已成为一种成熟有效的分析方法并广泛应用于科研和工业中。该类技术不仅可以检测物质因受热引起的各种物理、化学变化,还可以对其热力学和动力学问题进行研究。因此,热分析技术成为各学科领域的通用方法,并在各学科间占有特殊的重要地位。

通常人们对推进剂及其主要组分的热分解机理主要是研究其在不同条件下分解气体产物的组成和生成速度,从宏观或微观角度研究其热分解机理。热分析技术可以获得这些相关的热分解动力学参数。热分析技术主要包括:热重 – 微商热重法(TG – DTG)、差示扫描量热法(DSC)、微热量热法(MC)、热机械分析法(TMA、DMA)、热膨胀法(TD)、逸出气体分析法(EGA)等。

本章主要利用 DSC、TG – DTG 和 MC 法对改性双基推进剂配方的热分解行为和动力学进行了研究。通过 DSC 法测试得到了推进剂配方的起始温度、峰顶温度等热分解参数,利用这些参数计算得到了其动力学参数(表观活化能和指前因子)及热爆炸临界温度等;获得其在加热分解过程中的热分解反应机理函数,建立起热分解反应动力学方程,开展热安全性参量的数值计算。

6.3   热安全性理论研究

研究人员普遍认为,热是激发含能材料着火、燃烧或起爆的最基本形式,其他刺激均以此为基础。热引燃的最显著特点是含能材料的自加热过程。热安全性理论研究是以热爆炸和热点火理论来进行热风险预测和评估。1884 年 Van't Hoff 指出热爆炸发生在反应放出热量大于向周围散热量的情况下。1928 年 N. N. Semenov 采用均温系统假设,用 Arrhenius 定律描述生热速率,用牛顿冷却公式描述系统散热,根据系统放热速率等于散热速率得出系统达到临界状态的判断准则,即 Semenov 准则,因此 Semenov 被认为近代热爆炸理论之父。1938 年 Frank 和 Kamenetskii 建立了非均温系统热爆炸判据,P. H. Thomas 等分析了更一般边界条件下系统热爆炸问题。

6.3.1 Semenov 模型

设在含能材料中进行着放热分解反应,其反应速率遵循方程

$$\frac{d\alpha}{dt} = Af(\alpha)e^{-E/RT} \tag{6-1}$$

式中:α 为 t 时刻含能材料已反应的分数;t 为时间(s);A 为表观指前因子(s^{-1});E 为表观活化能($J \cdot mol^{-1}$);R 为普适气体常量($8.314J \cdot mol^{-1} \cdot K^{-1}$);$T$ 为温度(K);$f(\alpha)$ 为微分机理函数,对熔融态有机含能材料的热分解而言,$f(\alpha) = (1-\alpha)^n$,其中 n 为反应级数。

由于热分解过渡到热爆炸时含能材料的分解深度不大,可以认为 $f(\alpha) \approx 1$。因此,在图 6-1 所示的含能材料体积为 $V(cm^3)$ 的反应体系中,单位体积(cm^3)含能材料在单位时间内因反应而放出的热量等于

$$q_1 = dVQAe^{-E/RT} \tag{6-2}$$

式中:d 为含能材料的密度($g \cdot cm^{-3}$);Q 为分解反应的热效应($J \cdot g^{-1}$);q_1($J \cdot s^{-1}$)与 T 成指数关系,如图 6-2 曲线 I 所示。

与此同时,在单位时间内因传热由反应区通过器壁向周围环境散失的热量等于

$$q_2 = h(T - T_0)S \tag{6-3}$$

式中:h 为传热系数($J \cdot cm^{-2} \cdot K^{-1} \cdot s^{-1}$);$T$ 为药柱在某一时刻 t 的反应温度(K);T_0 为容器壁温度(K);S 为药柱表面积或容器内表面积(cm^{-2});q_2($J \cdot s^{-1}$)与 T 的关系为一直线,如图 6-2 直线 II 所示。

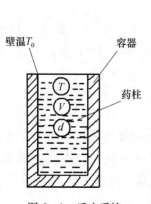

图 6-1 反应系统

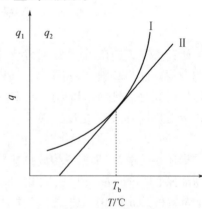

图 6-2 系统得热、散热与系统温度的关系

166

若反应系统内温度、浓度均匀一致,无传热、传质,反应单方向进行,则由放热曲线Ⅰ与散热直线Ⅱ相切时的切点条件:

$$\begin{cases} (q_1)_{T_b} = (q_2)_{T_b} & (6-4) \\ \left(\dfrac{dq_1}{dT}\right)_{T_b} = \left(\dfrac{dq_2}{dT}\right)_{T_b} & (6-5) \end{cases}$$

可得

$$\Delta T_b = T_b - T_0 = RT_b^2/E \qquad (6-6)$$

式中:ΔT_b 称爆前升温。

由式(6-6)知

$$RT_b^2 - ET_b + ET_0 = 0 \qquad (6-7)$$

$$T_b = \frac{E - \sqrt{E^2 - 4RET_0}}{2R} = \frac{1 - \sqrt{1 - \dfrac{4RT_0}{E}}}{\dfrac{2R}{E}} = \frac{1 - 1 + \dfrac{4RT_0}{2E} + \dfrac{(4RT_0)^2}{8E^2} + \cdots}{\dfrac{2R}{E}} \approx T_0 + \frac{RT_0^2}{E}$$

$$(6-8)$$

式(6-8)代入式(6-4)得

$$\frac{QAEe^{-\frac{E}{RT_0}}}{\lambda \dfrac{S}{V}RT_0^2} = \frac{1}{e} \qquad (6-9)$$

式(6-9)即 Semenov 热自燃(热爆炸)公式。

6.3.2 Frank – Kamenetskii 模型

Frank – Kamenetskii 模型着眼于实际情况而考虑的一个体系内具有温度分布的模型。该模型的特点是体系内温度分布随空间位置和时间的变化而变化,表示为空间坐标和时间坐标的函数。在实际应用中,一般认为 Frank – Kamenetskii 模型的温度分布具有对称性,图 6-3 是 Frank – Kamenetskii 模型温度分布示意图。

由于 Frank – Kamenetskii 模型具有空间性,故对于不同坐标系,其热平衡方程表达形式不同。

直角坐标系的热平衡方程:

$$\lambda \left(\frac{\partial^2 T}{\partial x^2} + \frac{\partial^2 T}{\partial y^2} + \frac{\partial^2 T}{\partial z^2} \right) + q' = \rho c_v \frac{\partial T}{\partial t} \qquad (6-10)$$

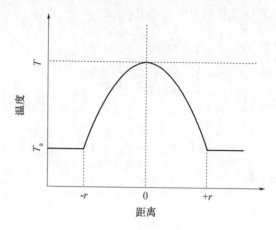

图 6 - 3　Frank - Kamenetskii 模型温度分布示意图

柱坐标系的热平衡方程：

$$\lambda \left(\frac{\partial^2 T}{\partial r^2} + \frac{1}{r} \frac{\partial T}{\partial r} + \frac{1}{r^2} \frac{\partial^2 T}{\partial \varphi^2} + \frac{\partial^2 T}{\partial z^2} \right) + q' = \rho c_\nu \frac{\partial T}{\partial t} \qquad (6-11)$$

球坐标系的热平衡方程：

$$\lambda \left(\frac{\partial^2 T}{\partial r^2} + \frac{2}{r} \frac{\partial T}{\partial r} + \frac{1}{r^2 \sin^2 \varphi} \frac{\partial^2 T}{\partial \varphi^2} + \frac{1}{r^2 \tan \psi} \frac{\partial T}{\partial \psi} \right) + q' = \rho c_\nu \frac{\partial T}{\partial t} \quad (6-12)$$

当体系不具备自然条件时，即稳定状态，$\partial T / \partial t = 0$，得到稳态温度分布方程

$$\lambda \ \nabla^2 T + q' = 0 \qquad (6-13)$$

式中：∇^2 为 Laplace 算符。

为便于分析，引入如下无量纲量，无量纲温度

$$\theta = \frac{T - T_a}{R T_a^2 / E_a} \qquad (6-14)$$

无量纲活化能

$$\varepsilon = \frac{R T_a}{E_a} \qquad (6-15)$$

无量纲时间

$$\tau = \frac{t}{t_{\text{ad}}} \qquad (6-16)$$

$$t_{\text{ad}} = \frac{c_\nu \rho R T_a}{Q E_a c_0^n A e^{-E_a / R T_a}} \qquad (6-17)$$

168

无量纲坐标

$$\eta = \frac{r}{a_0} \qquad (6-18)$$

得到无量纲方程

$$\nabla^2 \theta + \delta \exp\left(\frac{\theta}{1+\varepsilon\theta}\right) = 0 \qquad (6-19)$$

其中,Frank – Kamenetskii 参数

$$\delta = \frac{a_0^2 Q E_a c_0^n A \exp(-E_a/RT_a)}{\lambda R T_a^2} \qquad (6-20)$$

1. 一维 A 类形状的 Frank – Kamenetskii 系统的热自燃

1)无限大平板

控制方程的解为

$$\theta = \theta_0 - 2\ln\cosh\left[\left(\frac{1}{2}\delta e^{\theta_0}\right)^{1/2}\eta\right]$$

$$\exp(\theta_0/2) = \cosh\left[\left(\frac{1}{2}\delta e^{\theta_0}\right)^{1/2}\right] \qquad (6-21)$$

解存在的临界值即热自燃临界值为:$\delta_{cr} = 0.87846$,$\theta_{0,cr} = 1.186843$,$\theta_{0,cr} = 1.186843 - 2\ln[\cosh(1.199679\eta)]$。

2)无限长圆柱

控制方程的解为

$$\theta = \ln(8G/\delta) - 2\ln(G\eta^2 + 1)$$

$$\delta = 8G/(G+1)^2 \qquad (6-22)$$

解存在的临界值即热自燃临界值为:$\delta_{cr} = 2$,$G = 1$,$\theta_{0,cr} = 1.386294$,$\theta_{0,cr} = 1.386294 - 2\ln(\eta^2 + 1)$。

3)球

解存在的临界值即热自燃临界值为:$\delta_{cr} = 3.32199$,$\theta_{0,cr} = 1.6075$。

2. 二、三维非 A 类形状的 Frank – Kamenetskii 系统的热自燃

对于二维、三维非 A 类形状的 Frank – Kamenetskii 系统的热自燃,较为常用的是采用数值计算方法得到热自燃的临界值。目前常用当量球法,分为稳定和非稳定当量球法,表 6 – 1 列出了部分形状反应物的当量球半径及热自燃判据。

169

表 6-1　部分形状反应物的热自燃判据

形状	$N(R \equiv Nr_0)$			δ_{cr}
	稳定法	非稳定法	经典法	
无限大平板,半宽 r_0	—	—	—	0.87846
无限长圆柱,半径 r_0	—	—	—	2
无限长四面柱,半宽 r_0	—	1.087	—	1.68
无限长八面柱,内接圆半径 r_0	1.027	—	—	1.89
球,半径 r_0	1	1	1	3.32199
立方体,半宽 r_0	1.16	1.16	1.16	2.47
等高八面棱柱,内接圆半径 r_0	1.11	—	—	2.70
等高圆柱,半径 r_0	1.096	1.096	1.094	2.79

6.3.3　Thomas 模型

Thomas 理论模型既考虑体系内的温度分布,又考虑体系与环境的温度突跃。其特点是不仅体系内的温度分布随空间位置及时间的变化而变化,而且体系与环境的温度突跃也随时间的变化而变化。

Thomas 边界条件为

$$\lambda dT/dr + \chi(T_s - T_a) = 0 \qquad (r = a_0) \qquad (6-23)$$

其无量纲化形式为

$$d\theta/d\eta + Bi\theta = 0 \quad (\eta = 1) \qquad (6-24)$$

在系统中心处,边界条件仍为

$$d\theta/d\eta = 0 \quad (\eta = 0) \qquad (6-25)$$

对 A 类形状,热平衡方程为

$$\delta \frac{\partial \theta}{\partial \tau} = \frac{\partial^2 \theta}{\partial \eta^2} + \frac{j}{\eta} \frac{\partial \theta}{\partial \eta} + \delta \exp\left(\frac{\theta}{1 + \varepsilon\theta}\right) \qquad (6-26)$$

在指数近似($\varepsilon = 0$)下,可得到方程的分析解。

6.4　热安全性能参量

6.4.1　自加速分解温度(T_{SADT})

以等速升温速率(β)条件下推进剂试样放热分解热流曲线前缘上斜率最大

点的切线与外延基线的交点所对应的温度（Onset 温度，T_e），定为该实验条件下试样的分解温度，以 $\beta \to 0$ 的 T_e 值（T_{e0}），视为试样的自加速分解温度（Self - accelerating decomposition temperature，$T_{SADT} = T_{e0}$）。

定义 T_{00}，T_{e0} 和 T_{p0} 值的示意图如图 6 - 4 所示。$T_e = f(\beta)$ 的函数形式为

$$T_{ei} = T_{e0} + a_1\beta_i + a_2\beta_i^2 + a_3\beta_i^3 + \cdots + a_{L-2}\beta_i^{L-2}, i = 1,2,\cdots,L$$

$$(6 - 27)$$

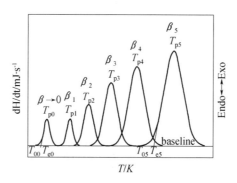

图 6 - 4　定义 T_{00}、T_{e0}（T_{SADT}）和 T_{p0} 值的热流曲线示意图

T_{SADT} 值越高，推进剂对热抵抗能力越好。

6.4.2　绝热分解温升

如果反应体系不能与外界交换能量，那么体系将成为绝热状态，在这种情况下，反应所释放的全部能量用来提高体系自身的温度。温升与释放的能量成正比。假设推进剂试样热分解反应放出的热量全部被其本身所吸收而引起的温度升高为其绝热分解温升：

$$\Delta T_{ad} = \frac{Q_{dec}}{c_p}$$

$$(6 - 28)$$

式中：Q_{dec} 为分解热（J·g^{-1}）；c_p 为定压比热容（J·g^{-1}·K^{-1}）。

6.4.3　基于 Berthelot 方程的热爆炸临界温度（T_b）

由基于 Berthelot 速率关系式的动力学方程 $d\alpha/dt = kf(\alpha) = A_0 f(\alpha) \exp(bT)$，结合 Semenov 热爆炸理论，依据热分解过渡到热爆炸的充分必要条件，推导出并定义式为

$$T_b = T_{e0} + \frac{1}{b}$$

$$(6 - 29)$$

式中:T_b 为基于 Berthelot 方程的热爆炸临界温度(K);T_{e0} 为 $\beta \rightarrow 0$ 的 onset 温度 (K);b 为 Berthelot 方程 $k = A_0 e^{bT}$ 的系数(K^{-1})。T_b 越高,对热抵抗能力越好。

6.4.4 基于 Arrhenius 方程的热爆炸临界温度($T_{be0\ or\ bp0}$)

由基于 Arrhenius 速率关系式的动力学方程 $\mathrm{d}\alpha / \mathrm{d}t = kf(\alpha) = A_0 e^{-E/RT} f(\alpha)$,结合 Semenov 热爆炸理论,依据热分解过渡到热爆炸的充分必要条件,推导出并定义式为

$$T_{be0\ or\ bp0} = \frac{E_{Oe\ or\ Op} - \sqrt{E_{Oe\ or\ Op}^2 - 4E_{Oe\ or\ Op}RT_{e0\ or\ p0}}}{2R} \tag{6-30}$$

式中:$T_{be0\ or\ bp0}$ 为基于 Arrhenius 方程的热爆炸临界温度(K);$E_{Oe\ or\ Op}$ 为由 $\lg\beta_i$ 与 $1/T_{ei}$ 或 $1/T_{pi}$ 关系所得的活化能($\mathrm{J} \cdot \mathrm{mol}^{-1}$);$T_{e0\ or\ p0}$ 为 $\beta \rightarrow 0$ 的 T_e 或 T_p 值(K)。$T_{be0\ or\ bp0}$ 值越高,对热抵抗能力越好。

6.4.5 基于 Harcourt – Esson 方程的热爆炸临界温度($T_{be0\ or\ bp0}$)

由基于 Harcourt – Esson 速率关系式的动力学方程 $\mathrm{d}\alpha / \mathrm{d}t = kf(\alpha) = A_0 T^a f(\alpha)$,结合 Semenov 热爆炸理论,依据热分解过渡到热爆炸的充分必要条件,推导出并定义式为

$$T_{be0\ or\ bp0} = \left(\frac{a_{e0\ or\ p0}}{a_{e0\ or\ p0} - 1} \right) T_{e0\ or\ p0} \tag{6-31}$$

式中:$T_{be0\ or\ bp0}$ 为基于 Harcourt – Esson 方程的热爆炸临界温度(K);$a_{e0\ or\ p0}$ 为方程 $k = A_0 T^a$ 的系数。$T_{be0\ or\ bp0}$ 值越高,对热抵抗能力越好。

6.4.6 热分解反应的活化自由能($\Delta G^{\neq}$)

改性双基推进剂热分解反应的活化自由能定义式为

$$\Delta G^{\neq} = E - RT\ln\left(\frac{Ah}{k_B T} \right) \tag{6-32}$$

式中:$\Delta G^{\neq}$ 为活化自由能($\mathrm{J} \cdot \mathrm{mol}^{-1}$);$h$ 为 Planck 常数($6.626 \times 10^{-34}\ \mathrm{J} \cdot \mathrm{s}$);$k_B$ 为 Boltzmann 常数($1.3807 \times 10^{-23}\ \mathrm{J} \cdot \mathrm{K}^{-1}$)。$\Delta G^{\neq}$ 正值越大,对热抵抗能力越好。

6.4.7 热分解反应的活化焓($\Delta H^{\neq}$)

改性双基推进剂热分解反应的活化焓定义式为

$$\Delta H^{\neq} = E - RT_{p0} \tag{6-33}$$

式中:$\Delta H^{\neq}$ 为活化焓($J \cdot mol^{-1}$)。$\Delta H^{\neq}$ 正值越大,对热抵抗能力越好。

6.4.8 热分解反应的活化熵($\Delta S^{\neq}$)

改性双基推进剂热分解反应的活化熵定义式为

$$\Delta S^{\neq} = \frac{\Delta H^{\neq} - \Delta G^{\neq}}{T_{p0}} \tag{6-34}$$

式中:$\Delta S^{\neq}$ 为活化熵($J \cdot mol^{-1} \cdot K^{-1}$)。$\Delta S^{\neq}$ 负值越大,对热抵抗能力越好。

6.4.9 延滞期为 5s 或 1000s 的爆发点(T_E)

改性双基推进剂延滞期为 5s 或 1000s 的爆发点定义式为

$$T_E = \frac{E}{R}\left(\ln t_{5s \text{ or } 1000s} + \ln A\right)^{-1} \tag{6-35}$$

式中:T_E 为 $t = 5s$ 或 $t = 1000s$ 的爆炸温度(K)。T_E 值越高,对热抵抗能力越好。

6.4.10 热点起爆临界温度($T_{cr,hot-spot}$)

改性双基推进剂热点起爆临界温度($T_{cr,hot-spot}$)计算式为

$$\left(\frac{4}{3}\pi a^3\right)\rho Q\left\{1 - \exp\left[-(t - t_0)A e^{-E/RT_{cr}}\right]\right\} = \int_a^{\infty} 4\pi r^2 \rho c_p\left[\frac{a\theta_0}{r}\mathrm{erfc}\left(\frac{r-a}{2\sqrt{Bt}}\right)\right]dr$$

$$= \int_a^{\infty} 4\pi r^2 \rho c_p\left\{\frac{a(T_{cr,hotspot} - T_{room})}{r}\mathrm{erfc}\left[(r-a)\bigg/2\sqrt{\frac{\lambda}{\rho c_p}t}\right]\right\}dr \tag{6-36}$$

式中:$T_{cr,hot-spot}$ 为热点起爆临界温度。$T_{cr,hot-spot}$ 值越高,对热抵抗能力越好。

6.4.11 撞击感度特性落高(H_{50})

改性双基推进剂撞击感度特性落高计算式为

$$c_1 \lg(H_{50}) + \lg\sqrt{\frac{\lambda}{A\rho Q_d}} - c_2 + \frac{c_5 E}{T_1 + c_3 H_{50}^{c_4}} = 0 \tag{6-37}$$

式中:H_{50} 为撞击感度 50% 特性落高(cm);c_1、c_2、c_3、c_4 为关联参数,$c_5 = 0.02612$。H_{50} 值越高,对热抵抗能力越好。

6.4.12 热感度概率密度函数[$S(t)$]曲线峰顶温度(T_{sp})

改性双基推进剂热感度概率密度函数定义式为

$$S(T) = \frac{W(E_K - 2RT)}{\sqrt{2\pi}\sigma_\delta RT^4}\exp\left\{-\left[W\frac{\exp(-E_K/RT)}{T^2} - \delta_{cr}\right]^2 \Big/ 2\sigma_\delta^2 - \frac{E_K}{RT}\right\}$$

$$(6-38)$$

T_{sp}值越高,对热抵抗能力越好。

6.4.13 热安全度(S_d)

改性双基推进剂热安全度定义式为

$$S_d = \int_0^{+\infty}\int_0^{+\infty} \frac{W(E_K - 2RT)}{2\pi\sigma_\delta\sigma_s RT^4}\exp\left\{-\left[W\frac{\exp(-E_K/RT)}{T^2} - \mu_\delta\right]^2 \Big/ 2\sigma_\delta^2 - \frac{E_K}{RT} - \frac{(y - T + \mu_s)^2}{2\sigma_s^2}\right\}\mathrm{d}T\mathrm{d}y$$

$$(6-39)$$

S_d值越高,对热抵抗能力越好。

6.4.14 热爆炸概率(P_{TE})

改性双基推进剂热爆炸概率定义式为

$$P_{TE} = 1 - S_d \qquad (6-40)$$

P_{TE}值越小,对热抵抗能力越好。

6.5 基于 Kooij 公式的放热系统热爆炸理论

6.5.1 基于 Kooij 公式热爆炸判据

如图 6-2 所示:

$$q_1 = dVQAT^B\mathrm{e}^{-E/RT} \qquad (6-41)$$

与此同时,在单位时间内因传热由反应区通过器壁向周围环境散失的热量等于

$$q_2 = h(T - T_0)S$$

若反应系统内温度、浓度均匀一致,无传热、传质,反应单方向进行,则由放热曲线 I 与散热直线 II 相切时的切点条件

$$\begin{cases} (q_1)_{T_b} = (q_2)_{T_b} \\ \left(\dfrac{\mathrm{d}q_1}{\mathrm{d}T}\right)_{T_b} = \left(\dfrac{\mathrm{d}q_2}{\mathrm{d}T}\right)_{T_b} \end{cases}$$

可得

174

$$T_{\mathrm{b}} = \frac{1 \pm \sqrt{1 - 4(1 - B)RT_a/E}}{2(1 - B)R/E} \qquad (6-42)$$

爆前升温 ΔT_{b}

$$\Delta T_{\mathrm{b}} = T_a + (1 - B)RT_a^2/E \qquad (6-43)$$

定义

$$\delta = \frac{r^2 QE\rho A_0 T^B \exp(-E/RT_0)}{\lambda RT_0^2} \qquad (6-44)$$

作为热爆炸判据。

6.5.2 热感度概率密度函数[$S(T)$]式的导出

从类似 Frank – Kamenetskii 热爆炸公式(6 – 44)

$$\frac{\delta\lambda}{r^2 Q\rho A_0} = \frac{E}{RT_0^{2-B}} \exp(-E/RT_0)$$

$$\frac{\delta\lambda}{r^2 Q\rho A_0} \frac{E^{1-B}}{R^{1-B}} = \frac{E^{2-B}}{R^{2-B}T_0^{2-B}} \left[\exp\left(-\frac{E}{(2-B)RT_0}\right) \right]^{(2-B)}$$

$$\left(\frac{\delta\lambda}{r^2 Q\rho A_0} \frac{E^{1-B}}{R^{1-B}} \right)^{\frac{1}{2-B}} = \frac{E}{RT_0} \left[\exp\left(-\frac{E}{(2-B)RT_0}\right) \right]$$

$$-\frac{1}{(2-B)} \left(\frac{\delta\lambda}{r^2 Q\rho A_0} \frac{E^{1-B}}{R^{1-B}} \right)^{\frac{1}{2-B}} = -\frac{E}{(2-B)RT_0} \left[\exp\left(-\frac{E}{(2-B)RT_0}\right) \right]$$

由 $We^w = a, x = W(a)$ 得

$$T_0 = \frac{-E}{(2-B)R \mathrm{Lambert}W_{-1}\left[-\frac{1}{(2-B)} \left(\frac{\lambda E^{1-B}\delta}{r^2 Q\rho A_0 R^{1-B}} \right)^{\frac{1}{(2-B)}} \right]} \qquad (6-45)$$

由 δ 服从正态分布,知 δ 的概率密度函数

$$f_\delta(x) = \frac{1}{\sqrt{2\pi}\sigma_\delta} \exp\left[-\frac{(x - \mu_\delta)^2}{2\sigma_\delta^2} \right] \qquad (6-46)$$

式中:μ_δ 为 Frank – Kamenetskii 参数 δ 的平均值;δ_δ 为 Frank – Kamenetskii 参数 δ 标准差。

假设 T_0 和 δ 是随机变量,$T_0(\delta)$ 是单调函数,则由式(6 – 45)和 $\mathrm{d}W(Z)/\mathrm{d}Z = W(Z)/Z[1 + W(Z)]$ ($W = \mathrm{Lambert}\ W$) 知

$$\frac{\mathrm{d}T_0}{\mathrm{d}\delta} = \frac{-E}{(2-B)R} \cdot \frac{-1}{W^2} \cdot \frac{\mathrm{d}W}{\mathrm{d}\delta} = \frac{E}{(2-B)RW^2} \cdot \frac{\mathrm{d}W}{\mathrm{d}a} \cdot \frac{\mathrm{d}a}{\mathrm{d}\delta} \qquad (6-47)$$

$$\frac{\mathrm{d}W(a)}{\mathrm{d}a} = \frac{W(a)}{a(1 + W(a))}$$

$$a = -\frac{1}{(2 - B)}\left(\frac{\lambda E^{1-B}\delta}{r^2 Q\rho A_0 R^{1-B}}\right)^{\frac{1}{(2-B)}}$$

$$\frac{\mathrm{d}a}{\mathrm{d}\delta} = \frac{-1}{(2 - B)^2}\left(\frac{\lambda E^{1-B}}{r^2 Q\rho A_0 R^{1-B}}\right)^{\frac{1}{(2-B)}} \cdot \delta^{\frac{1-B}{2-B}}$$

$$\frac{\mathrm{d}T_0}{\mathrm{d}\delta} = \frac{E}{(2 - B)^2 R\delta^{\frac{B}{2+B}}W(1 + W)}$$

由 Lambert $W(-1, x) < 1$，知 $\dfrac{\mathrm{d}T_0}{\mathrm{d}\delta} > 0$

令

$$\frac{r^2 QE\rho A}{\lambda R} = w \qquad (6 - 48)$$

式(6 - 48)代入式(6 - 44)，得

$$h(y) = wy^B \frac{\exp\left(-\dfrac{E}{Ry}\right)}{y^2} = w\frac{\exp\left(-\dfrac{E}{Ry}\right)}{y^{2-B}} \qquad (6 - 49)$$

$$\frac{\mathrm{d}h(y)}{\mathrm{d}y} = w\frac{\exp\left(-\dfrac{E}{Ry}\right) \cdot \left(\dfrac{E}{Ry^2}\right) \cdot y^{2-B} - (2 - B)y\exp\left(-\dfrac{E}{Ry}\right)}{y^{2(2-B)}}$$

$$= w\left(\frac{E - (2 - B)Ry}{Ry^{4-B}}\right)\exp\left(-\frac{E}{Ry}\right) \qquad (6 - 50)$$

式(6 - 46)、(6 - 49)和(6 - 50)代入单调函数的概率密度式

$$f_Y(Y) = f_x[h(y)]|h'(y)| \qquad (6 - 51)$$

得 δ 为正态随机变量时的环境温度 T_0 的概率密度函数

$$f_T(Y) = f_x[h(Y)]|h'(Y)|$$

$$= \frac{1}{\sqrt{2\pi}\sigma_\delta}\exp\left[-\frac{\left(w\dfrac{\exp\left(-\dfrac{E}{Ry}\right)}{y^{2-B}} - \mu_\delta\right)^2}{2\sigma_\delta^2}\right] \cdot w\left(\frac{E - (2 - B)Ry^{B+1}}{Ry^{4-B}}\right)\exp\left(-\frac{E}{Ry}\right)$$

$$= \frac{w(E - (2 - B)Ry^{B+1})}{\sqrt{2\pi}\sigma_\delta RY^{4-B}}\exp\left\{-\left[w\frac{\exp\left(-\dfrac{E}{Ry}\right)}{y^{2-B}} - \mu_\delta\right]^2 / 2\sigma_\delta^2 - \frac{E}{Ry}\right\} \quad (6 - 52)$$

当 $\mu_\delta = \delta_{cr}$ 时，得热感度概率密度函数式

$$S(x) = \frac{w(E - (2 - B)Rx^{B+1})}{\sqrt{2\pi}\,\sigma_\delta Rx^{4-B}}\exp\left\{-\left[w\,\frac{\exp\left(-\dfrac{E}{Rx}\right)}{x^{2-B}} - \delta_{\mathrm{cr}}\right]^2 \middle/ 2\sigma_\delta^2 - \frac{E}{Rx}\right\}$$

$$(6-53)$$

式中:σ_δ 为由式(6-51)代入随机变量函数 $Y = f(x)$ 的方差式。

$$D(Y) = [f'(\mu_x)]^2 D(x) \qquad (6-54)$$

所得的方程

$$\sigma_\delta = w\left(\frac{E - (2 - B)R\mu_{\mathrm{T}}^{1+B}}{R\mu_{\mathrm{T}}^{4-B}}\right)\exp\left(-\frac{E}{R\mu_{\mathrm{T}}}\right)\sigma_{\mathrm{T}} \qquad (6-55)$$

式中:σ_T 为实测环境温度 T_0 的标准偏差;μ_T 为 T 的均值,由下式

$$\mu_T = \frac{-E}{(2 - B)R\,\mathrm{Lambert}W\left[-1, -\dfrac{1}{(2 - B)}\left(\dfrac{\lambda E^{1-B}\delta_{\mathrm{cr}}}{r^2 Q\rho A_0 R^{1-B}}\right)^{\frac{1}{2-B}}\right]} \qquad (6-56)$$

给出。

6.5.3 安全度(S_{d})公式的导式

视强度(Strength)S 为 T_0 的临界值 T_{cr},应力(Stress)s 为 T_0 的亚临界值,$Y = S - s$ 为功能函数,由 s 服从正态分布

$$f_s(x) = \frac{1}{\sqrt{2\pi}\,\sigma_s}\exp\left[-\frac{(x - \mu_s)^2}{2\sigma_s^2}\right] \qquad (6-57)$$

知 $-s$ 的概率密度函数

$$f_{-s}(x) = \frac{1}{\sqrt{2\pi}\,\sigma_s}\exp\left[-\frac{(x + \mu_s)^2}{2\sigma_s^2}\right] \qquad (6-58)$$

式(6-52)和式(6-58)代入卷积公式:

$$f_x \times f_y = \int_{-\infty}^{+\infty} f_x(x) f_y(z - x)\,\mathrm{d}x \qquad (6-59)$$

得干涉变量 $y = S - s$ 的概率密度函数

$$f_y(Y) = \int_{-\infty}^{+\infty} \frac{w[E - (2 - B)Rx^{1+B}]}{\sqrt{2\pi}\,\sigma_\delta Rx^{4-B}}\exp\left\{-\left[w\,\frac{\exp\left(-\dfrac{E}{Rx}\right)}{x^{2-B}} - \delta_{\mathrm{cr}}\right]^2 \middle/ 2\sigma_\delta^2 - \frac{E}{Rx}\right\}$$

$$\frac{1}{\sqrt{2\pi}\,\sigma_s}\exp\left[-\frac{(y - x + \mu_s)^2}{2\sigma_s^2}\right]\mathrm{d}x$$

$$= \int_{-\infty}^{+\infty} \frac{w\left[E - (2 - B)Rx^{1+B}\right]}{2\pi\sigma_{\delta}\sigma_{s}Rx^{4-B}}$$

$$\exp\left\{-\left[w\frac{\exp\left(-\frac{E}{Rx}\right)}{x^{2-B}} - \delta_{cr}\right]^{2}\middle/2\sigma_{\delta}^{2} - \frac{E}{Rx} - \frac{(y - x + \mu_{s})^{2}}{2\sigma_{s}^{2}}\right\}dx(6-60)$$

式(6-60)代入 S_{d} 的定义式

$$s < S \text{ 的概率 } p(s < S) = p(Y > 0) = S_{d} = \int_{0}^{+\infty} f(y)dy \quad (6-61)$$

得

$$S_{d} = \int_{0}^{+\infty}\int_{0}^{+\infty} \frac{w\left[E - (2 - B)Rx^{1+B}\right]}{2\pi\sigma_{\delta}\sigma_{s}Rx^{4-B}}$$

$$\exp\left\{-\left[w\frac{\exp\left(-\frac{E}{Rx}\right)}{x^{2-B}} - \delta_{cr}\right]^{2}\middle/2\sigma_{\delta}^{2} - \frac{E}{Rx} - \frac{(y - x + \mu_{s})^{2}}{2\sigma_{s}^{2}}\right\}dxdy$$

$$(6-62)$$

6.5.4 发生热爆炸的概率

定义发生热爆炸的概率(P_{TE})

$$P_{TE} = 1 - S_{d}$$

6.6 改性双基推进剂的热安全性能参量计算流程

以差示扫描量热仪(DSC)和微热量计(MC)在等速升温速率(β)条件下试样放热分解热流曲线前缘上斜率最大点的切线与外延基线的交点所对应的温度(Onset 温度,T_{e}),定为试样的分解温度,以 $\beta\to0$ 的 T_{e} 值(T_{e0}),视为试样的自加速分解温度(T_{SADT})。将 Ozawa 公式求得的表观活化能(E_{Oe})和 T_{e0},代入 Zhang - Hu - Xie - Li 热点火温度计算式,得试样的热点火温度(T_{TIT}),代入 E_{Oe} 和 T_{p0},得到得试样的热爆炸临界温度(T_{b})。以平均分解热视为试样的分解热 Q_{d},将 Kissinger 法处理热流曲线确定的动力学参数(E_{K} 和 A_{K})、试样导热系数 λ 等代入撞击感度特性落高方程进行计算,得到 H_{50},再将比热容 c_{p} 等代入 Bruckman-Guillet 一级反应热点起爆临界温度估算式,得热点起爆临界温度($T_{cr,hot-spot}$),代入 Smith 方程,得到绝热至爆时间(t_{Tiad}),代入热爆炸临界环境温度式、热安全度和热爆炸概率式,得试样的热爆炸临界环境温度(T_{acr})、安全度(S_{d})和热爆炸概率(P_{TE})。对考察含能材料热分解过渡到热自燃(热爆炸)的现象、机制和过程具有重要的意义。计算以上热安全性值的流程及所用方程如图6-5所示。

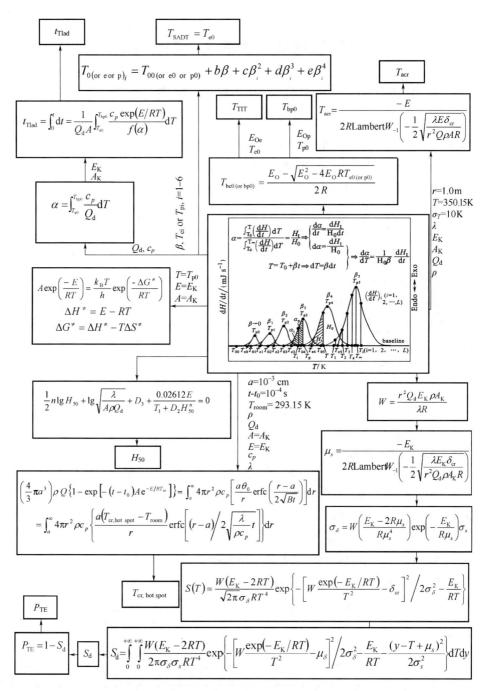

图 6-5　计算改性双基推进剂热安全性能参量的流程及所用方程

179

6.7 典型改性双基推进剂的热安全性参量计算

6.7.1 含RDX改性双基推进剂的热安全性能

硝胺系改性双基推进剂（如 RDX – CMDB 推进剂）是战术火箭、导弹常用的固体推进剂，其燃气无烟、雾，具有较高的能量水平。

所用 RDX – CMDB 推进剂配方组成如表6－2所示。推进剂试样由常规无溶剂成型工艺制得，药片结构致密，表面光滑，无气孔和裂纹。

表6－2　含 RDX 改性双基推进剂配方组成

试样编号	RDX/%	NC/%	NG/%	其他/%
MDBR－1	20.0	41.15	33.35	5.5
MDBR－2	30.0	35.62	28.88	5.5
MDBR－3	40.0	30.11	24.39	5.5
MDBR－4	50.0	24.58	19.92	5.5
MDBR－5	60.0	19.06	15.44	5.5
MDBR－6	55.0	21.82	17.68	5.5
MDBR－7	70.0	13.54	10.96	5.5
MDBR－8	10.0	46.69	37.81	5.5

推进剂试样分别采用 DSC 和 TG 分析；所用仪器为差示扫描量热仪：上海天平厂生产的 CDR – 4P 型差示扫描量热仪。空气气氛，升温速率分别为 $5℃ \cdot min^{-1}$、$10℃ \cdot min^{-1}$、$15℃ \cdot min^{-1}$ 和 $20℃ \cdot min^{-1}$，以 $\alpha – Al_2O_3$ 作为参比，试样量均为 0.5mg 左右，置于敞口铝坩埚中进行测定。热重－微商热重分析仪：美国 Perkin – Elmer 公司的 pyris – 1 型热重分析仪。升温速率分别为 $5℃ \cdot min^{-1}$、$10℃ \cdot min^{-1}$、$15℃ \cdot min^{-1}$ 和 $20℃ \cdot min^{-1}$，流动氮气气氛，流速 $20mL \cdot min^{-1}$，试样量均为 0.5mg 左右，置于铂金敞口坩埚中进行测定。

利用表6－3中的推进剂配方热分析数据，T_e 为起始温度、T_p 为峰顶温度、T_f 为分解终止温度及 ΔH 为分解焓变。

表6－3　含 RDX 改性双基推进剂配方热分析数据

试样编号	$\beta/(℃ \cdot min^{-1})$	$T_e/℃$	$T_p/℃$	$T_f/℃$	$\Delta H/(J \cdot g^{-1})$
MDBR－1	5	186.1	199.0	215.8	644.49
	10	192.0	206.2	223.6	612.10
	15	194.0	211.7	232.3	849.44
	20	196.7	214.8	236.1	889.06

试样编号	$\beta/(\text{℃} \cdot \text{min}^{-1})$	$T_e/\text{℃}$	$T_p/\text{℃}$	$T_f/\text{℃}$	$\Delta H/(\text{J} \cdot \text{g}^{-1})$
MDBR-2	5	180.6	194.6	213.3	730.17
	10	185.8	204.6	224.9	879.66
	15	188.1	208.7	231.0	666.18
	20	191.7	212.0	234.2	785.00
MDBR-3	5	186.8	199.4	214.3	324.40
	10	193.8	208.4	224.1	359.89
	15	195.5	213.1	232.6	367.64
	20	195.5	217.1	236.1	370.30
MDBR-4	5	192.2	201.7	217.9	242.75
	10	198.3	208.2	226.6	183.67
	15	199.0	213.4	233.3	259.22
	20	199.3	217.3	239.0	259.46
MDBR-5	5	193.3	203.6	214.7	89.18
	10	198.9	207.1	225.3	121.82
	15	199.1	213.6	230.2	173.34
	20	200.5	218.3	232.9	188.40
MDBR-6	5	199.9	206.6	220.8	514.65
	10	202.9	209.1	228.4	658.88
	15	203.0	219.0	232.8	516.67
	20	205.2	219.5	245.0	545.72
MDBR-7	5	185.3	201.5	228.7	661.51
	10	190.0	210.7	233.8	420.62
	15	195.5	217.3	247.4	552.16
	20	202.1	219.1	256.2	776.44
MDBR-8	5	188.2	202.9	217.8	769.37
	10	190.1	211.1	239.3	979.32
	15	193.0	215.2	249.7	848.20
	20	194.8	215.9	255.9	883.46

采用的 Ozawa、Kissinger 法计算推进剂热分解反应动力学参数

Kissinger 法：

$$\ln\frac{\beta}{T_p^2} = \ln\left(\frac{RA}{E}\right) - \frac{E}{R}\frac{1}{T_p} \tag{6-63}$$

Ozawa 法：

$$\lg\beta = \lg\left[\frac{AE}{RG(\alpha)}\right] - 2.315 - 0.4567\frac{E}{RT_p} \tag{6-64}$$

利用上述两种方法计算得到的动力学参数列于表 6-4。

表 6-4 含 RDX 改性双基推进剂配方热分解动力学参数

试样编号	方法	$E/(kJ \cdot mol^{-1})$	$\lg(A/s^{-1})$	r
MDBR-1	Kissinger 法	157.8	15.32	-0.9986
	Ozawa-Doyle 法	157.7	——	-0.9988
MDBR-2	Kissinger 法	141.4	13.59	-0.9954
	Ozawa-Doyle 法	142.0	——	-0.9959
MDBR-3	Kissinger 法	143.8	13.7	-0.9996
	Ozawa-Doyle 法	144.4	——	-0.9996
MDBR-4	Kissinger 法	163.6	15.88	-0.9962
	Ozawa-Doyle 法	163.2	——	-0.9965
MDBR-5	Kissinger 法	163.5	15.85	-0.9589
	Ozawa-Doyle 法	163.1	——	-0.9625
MDBR-6	Kissinger 法	156.8	15.00	-0.9223
	Ozawa-Doyle 法	156.8	——	-0.9290
MDBR-7	Kissinger 法	137.7	12.93	-0.9936
	Ozawa-Doyle 法	138.6	——	-0.9943
MDBR-8	Kissinger 法	183.6	18.04	-0.9823
	Ozawa-Doyle 法	182.2	——	-0.9837

利用表 6-4 中热分解动力学参数，计算含 RDX 改性双基推进剂热安全性能参数，表 6-5 分别列出了自加速分解温度、基于 Arrhenius 公式的热爆炸临界温度、热分解反应的活化自由能($\Delta G^{\neq}$)、热分解反应的活化焓($\Delta H^{\neq}$)和热分解反应的活化熵($\Delta S^{\neq}$)。

表 6 - 5　含 RDX 改性双基推进剂的热安全性能参数

试样编号	T_{e0}/℃	T_b/℃	$\Delta G^{\neq}$/(kJ·mol^{-1})	$\Delta H^{\neq}$/(kJ·mol^{-1})	$\Delta S^{\neq}$/(J·mol^{-1}·K^{-1})
MDBR - 1	153.8	160.6	138.40	154.25	37.12
MDBR - 2	168.1	180.1	137.73	133.42	9.77
MDBR - 3	171.0	183.0	137.54	140.11	5.79
MDBR - 4	175.8	186.5	138.57	159.87	47.44
MDBR - 5	175.5	186.3	138.75	159.77	46.85
MDBR - 6	189.0	200.9	138.95	152.96	30.31
MDBR - 7	181.1	194.2	138.60	134.42	- 9.20
MDBR - 8	189.4	199.6	138.16	179.05	88.21

6.7.2　含高氮化合物 BTATz 的 CMDB 推进剂热安全性研究

BTATz - CMDB 推进剂配方组成如表 6 - 6 所示。其中在计算 $T_{cr,hot-spot}$ 时，BT0601 条件:热点临界半径 $a = 10^{-3}$ cm,时间间隔 $t - t_0 = 10^{-4}$ s,环境温度 $T_{room} = 293.15$K,导热系数 $\lambda = 20 \times 10^{-4}$ J·cm^{-1}·s^{-1}·K^{-1},比热容 c_p(J·g^{-1}·K^{-1}) $= - 3.90 + 3.10 \times 10^{-2} T - 4.40 \times 10^{-5} T^2$,密度 $\rho = 1.655$g·cm^{-3},分解热 $Q_d = 1540$ J·g^{-1},$E = E_k = 194350$ J·mol^{-1},$A = A_k = 10^{19.51}$ s^{-1},气体常数 $R = 8.314$ J·mol^{-1}·K^{-1};BT0602 条件:$a = 10^{-3}$ cm,$t - t_0 = 10^{-4}$ s,$T_{room} = 293.15$ K,$\lambda = 30 \times 10^{-4}$ J·cm^{-1}·s^{-1}·K^{-1},c_p(J·g^{-1}·K^{-1}) $= - 3.33 + 2.73 \times 10^{-2} T - 3.81 \times 10^{-5} T^2$,$\rho = 1.660$g·cm^{-3},$Q_d = 1480$J·g^{-1},$E = E_k = 206490$ J·mol^{-1},$A = A_k = 10^{20.88}$ s^{-1}。

在计算 T_{acr}、S_d 和 P_{TE} 值时,两个试样取值:反应物特征尺寸 $r = 1.0$m,环境温度 $T = 350.15$K,标准偏差 $\sigma_T = 10$K。计算结果如表 6 - 7 ~ 表 6 - 9 所示。

根据上述计算方法,对试样 BT0601 和 BT0602 进行了计算,从计算结果可以看出,除了 $T_{cr,hot-spot}$ 外,T_{SADT}、T_{TIT}、T_b、H_{50}、T_{acr}、S_d 值 BT0602 均比 BT0601 高,说明在相同条件下,BT0602 对热的抵抗能力优于 BT0601;对于同一试样,相同半径条件下,球状装药比圆柱装药安全。

表 6 - 6　BTATz - CMDB 推进剂配方表

试样编号	NC + NG/%	BTATz/%	DINA/%	助剂/%	催化剂/%
BT0601	66	26	5	3	/
BT0602	66	26	5	3	3.5

表 6-7　试样 BT0601 和 BT0602 的计算结果

编号	BT0601	BT0602
T_{00}/K	391.2	413.3
$T_{e0}(=T_{SADT})/K$	434.1	456.6
T_{p0}/K	464.5	467.1
T_{TIT}/K	442.7	465.5
T_b/K	474.2	476.4
t_{TIad}/s	51.5	3.4
$\Delta S^{\neq}/(J \cdot mol^{-1} \cdot K^{-1})$	116.58	142.76
$\Delta H^{\neq}/(kJ \cdot mol^{-1})$	190.54	202.62
$\Delta G^{\neq}/(kJ \cdot mol^{-1})$	136.38	135.93
$T_{cr,hot-spot}/K$	642.6	633.9

表 6-8　试样 BT0601 和 BT0602 的 H_{50} 计算值

试样编号	$\lambda \times 10^4/$ $(J \cdot cm^{-1}$ $\cdot s^{-1} \cdot K^{-1})$	$\rho/$ $(g \cdot cm^{-3})$	$\lg$ $[A/(s^{-1})]$	$Q/$ $(J \cdot g^{-1})$	$E/$ $(J \cdot mol^{-1})$	H_{50} cm	n	D_2	D_3
BT0601	20.0	1.655	19.51	1540	194400	17.4	0.564623	33.8765	−0.347174
BT0602	30.0	1.660	20.88	1480	206530	18.1			

表 6-9　试样 BT0601、BT0602 的 $T_{S(T)max}$、S_d、T_{acr}、P_{TE} 计算值

试样编号	反应物形状类型	$T_{S(T)max}/K$	$S_d/\%$	T_{acr}/K	$P_{TE}/\%$
BT0601	无限大平板	355.5	41.46	350.7	58.54
	无限长圆柱	360.0	51.82	355.2	48.18
	球	362.8	57.24	358.0	42.76
BT0602	无限大平板	362.7	56.42	357.9	43.58
	无限长圆柱	367.1	62.79	362.3	37.21
	球	369.9	65.63	365.1	34.37

6.7.3　NNHT-CL-20-CMDB 推进剂热安全性研究

根据上述计算方法,对含 NNHT-CL-20-CMDB 推进剂试样编号为 NT0801~NT0804 进行了计算,所用 NNHT-CL-20-CMDB 推进剂配方组成

如表 6 – 10 所示。计算过程所用到的参数、计算过程中衍生的数据及 $T_{S(T)max}$、S_d、T_{acr}、P_{TE} 计算值分别列于表 6 – 11 ~ 表 6 – 13。

表 6 – 10　NNHT – CL – 20 – CMDB 推进剂配方表

试样编号	NC + NG/%	BTATz/%	CL – 20/%	助剂/%	催化剂/%
NT0801	54.7	28.0	10.0	7.3	/
NT0802	54.7	18.0	20.0	7.3	/
NT0803	54.7	18.0	20.0	7.3	3.3
NT0804	54.7	18.0	20.0	7.3	3.3

表 6 – 11　试样 NT0801 ~ NT0804 计算过程所用到的参数

编　号	NT0801	NT0802
$c_p/(\mathrm{J \cdot g^{-1} \cdot K^{-1}})$	$-0.036 + 0.622 \times 10^{-2}$ $T - 0.531 \times 10^{-5}T^2$	$-0.240 + 0.737 \times 10^{-2}$ $T - 0.689 \times 10^{-5}T^2$
$\lambda/(\mathrm{J \cdot cm^{-1} \cdot s^{-1} \cdot K^{-1}})$	20×10^{-4}	20×10^{-4}
$\rho/(\mathrm{g \cdot cm^{-3}})$	1.632	1.641
a/cm	10^{-3}	10^{-3}
$t - t_0/\mathrm{s}$	10^{-4}	10^{-4}
T_{room}(计算 $T_{cr,hot-spot}$时)	293.15	293.15
r/m	0.5	0.5
$T(\mathrm{K})$(计算 T_{acr}时)	330	330
σ_T/K	10	10
编　号	NT0803	NT0804
$c_p/(\mathrm{J \cdot g^{-1} \cdot K^{-1}})$	$-0.928 + 1.16 \times 10^{-2}$ $T - 1.33 \times 10^{-5}T^2$	$-0.402 + 0.836 \times 10^{-2}$ $T - 0.844 \times 10^{-5}T^2$
$\lambda/(\mathrm{J \cdot cm^{-1} \cdot s^{-1} \cdot K^{-1}})$	30×10^{-4}	30×10^{-4}
$\rho/(\mathrm{g \cdot cm^{-3}})$	1.650	1.650
a/cm	10^{-3}	10^{-3}
$t - t_0/\mathrm{s}$	10^{-4}	10^{-4}
T_{room}(计算 $T_{cr,hot-spot}$时)	293.15	293.15
r/m	0.5	0.5
$T(\mathrm{K})$(计算 T_{acr}时)	330	330
σ_T/K	10	10

表 6-12　试样 NT0801～NT0804 的衍生数据

编号	NT0801	NT0802	NT0803	NT0804
T_{00}/K	422.8	414.2	417.5	429.5
$T_{e0}(=T_{SADT})/K$	429.7	431.9	427.8	419.4
T_{p0}/K	444.5	442.5	442.3	442.2
T_{TIT}/K	440.9	443.8	438.9	430.0
T_b/K	456.0	455.1	454.3	453.6
$T_{cr,hot-spot}/K$	693.5	728.1	712.0	691.2
H_{50}/cm	15.04	14.52	15.17	15.07

表 6-13　试样 NT0801～T0804 的 $T_{S(T)max}$、S_d、T_{acr}、P_{TE} 计算值

试样编号	反应物形状类型	$T_{S(T)max}/K$	T_{acr}/K	$S_d/\%$	$P_{TE}/\%$
NT0801	无限大平板	333.9	329.1	38.78	61.22
	无限长圆柱	339.2	334.3	51.42	48.58
	球	342.5	337.6	58.13	41.87
NT0802	无限大平板	323.7	318.8	14.94	85.06
	无限长圆柱	329.1	324.3	26.93	73.07
	球	332.5	327.7	35.72	64.28
NT0803	无限大平板	330.1	325.3	29.25	70.75
	无限长圆柱	335.5	330.6	42.99	57.01
	球	338.9	334.0	51.15	48.85
NT0804	无限大平板	334.0	329.1	38.86	61.14
	无限长圆柱	339.2	334.3	51.49	48.51
	球	342.5	337.6	58.19	41.81

从以上计算结果来看,在相同实验条件下,对于试样 NT0801～NT0804,T_{SADT} 和 T_{TIT} 的值 NT0802 最大,NT0803 最小,说明对于热的抵抗能力:NT0802 > NT0801 > NT0804 > NT0803;T_{acr} 和 S_d 的值 NT0801 和 NT0804 相当且最大,

NT0802 最小,所以对于热感度:NT0801 ≈ NT0804 > NT0803 > NT0802。

6.7.4 BTATz – CL – 20 – CMDB 推进剂热安全性研究

以高氮化合物 3,6 – 双(1 – 氢 – 1,2,3,4 – 四唑 – 5 – 氨基) – 1,2,4,5 – 四嗪(BTATz)完全取代复合改性双基(CMDB)推进剂中的黑索今(RDX)制备了 BTATz – CMDB 推进剂,虽然 BTATz 的燃速很高,但由于 BTATz 自身能量较低,BTATz – CMDB 推进剂的各项能量特性参量较 RDX – CMDB 推进剂出现不同程度的降低。BTATz 如与氧平衡值较高的六硝基六氮杂异戊兹烷(CL – 20)配合使用,既可利用 CL – 20 能量高的优势,又能适当避免 CL – 20 带来的燃速压强指数较高的不足。本节开展了这类推进剂的热分解反应动力学研究,并在此基础上,系统计算了其热安全性特征量。

所用 BTATz – CL – 20 – CMDB 推进剂配方组成如表 6 – 14 所示。推进剂试样由常规无溶剂成型工艺制得,药片结构致密,表面光滑,无气孔和裂纹。

表 6 – 14   BTATz – CL – 20 – CMDB 推进剂配方表

试样编号	NC + NG/%	BTATz/%	CL – 20/%	助剂/%	催化剂/%
BC01	54.7	28.0	10.0	7.3	/
BC02	54.7	18.0	20.0	7.3	/
BC03	53.1	17.5	19.4	7.1	3.3
BC04	53.1	17.5	19.4	7.1	3.3

推进剂试样的 DSC 分析在德国 Netzsch 204HP 差示扫描量热仪上进行。升温速率(β):5K · min^{-1}、10K · min^{-1}、15K · min^{-1}、20K · min^{-1}、25K · min^{-1}、30K · min^{-1};气氛:N_2(N_2纯度 99.999%),流速 50 mL · min^{-1};试样量:1 mg 左右;压强 0.1 MPa;坩埚类型:铝质,卷边,带盖,不密封。

推进剂试样的比热容(c_p,J · mol^{-1} · K^{-1})测定在法国 Setaram Micro – DSC Ⅲ 微热量仪上进行。升温速率(β):0.15K · min^{-1},温度范围:293.15 ~ 303.15K,气氛:N_2(纯度 99.999%);试样量:100mg 左右;仪器校正:煅烧 α – Al_2O_3。

推进剂试样的导热系数(λ,W · m^{-1} · K^{-1})测定在俄罗斯新西伯利亚计量院 KT – 6 导热系数测定仪上进行。样品状态:圆片;温度:室温;湿度:55%。

推进剂试样的密度(ρ,g · cm^{-3})测定是利用密度瓶法进行的。执行标准:

GJB770B – 2005401.2。

BTATz – CL – 20 – CMDB 推进剂试样的 TG – DTG 曲线和 DSC 曲线分别见图 6 – 6 和图 6 – 7，主放热分解阶段的基本数据见表 6 – 15。

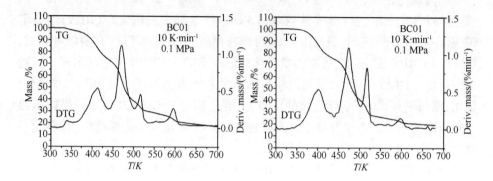

图 6 – 6　BTATz – CL – 20 – CMDB 推进剂试样 BC01 和 BC02 的 TG – DTG 曲线

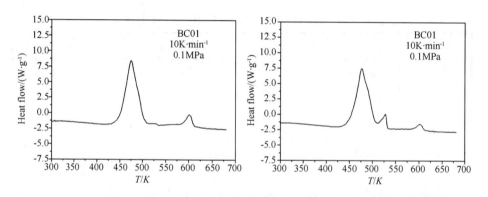

图 6 – 7　BTATz – CL – 20 – CMDB 推进剂试样 BC01 和 BC02 的 DSC 曲线

从 BTATz – CL – 20 – CMDB 推进剂的 TG – DTG 曲线（图 6 – 6）可以看出，每条 TG 曲线都表现出 4 个失重阶段，对应于 DTG 的 4 个分解峰（阶段Ⅰ、Ⅱ、Ⅲ、Ⅳ）。当升温速率为 10K·min⁻¹ 时，阶段Ⅰ始于 350K，终于 440K，伴随有 25% 左右的质量损失，该质量与配方中 NG 的量（23%）相当，这有可能是 NG 挥发和分解造成的，表现在 DSC 曲线（图 6 – 7）上 350 K ~ 440 K 区间内无明显的放热峰或吸热峰；阶段Ⅱ紧随阶段Ⅰ而发生，终于 503K，该阶段 DTG 的峰顶温度为 471K，质量损失 35% 左右，这是由于 NC 及助剂分解造成的；阶段Ⅲ终于 537K，DTG 峰顶温度为 515K，对应于 CL – 20 的分解（峰顶温度 513.2K）；阶段Ⅳ始于 572K，终于 614K，DTG 峰温为 595K，这是由 BTATz 分解（峰顶温度599.2K）造成的。

表 6 – 15　BTATz – CL – 20 – CMDB 推进剂试样主放
热分解阶段的基本数据(0.1 MPa)

试样编号	$\beta/(K \cdot min^{-1})$	T_0/K	T_e/K	T_p/K	T_f/K	$\Delta T/K$	$\Delta H_d/(J \cdot g^{-1})$	ΔH_d平均值$/(J \cdot g^{-1})$
BC01	5	423.4	442.6	468.4	502.9	79.5	1.81×10^3	1.71×10^3
	10	427.5	450.4	475.2	510.3	82.8	1.84×10^3	
	15	430.1	454.0	479.7	515.1	85.0	1.70×10^3	
	20	432.9	458.1	483.9	520.6	87.7	1.81×10^3	
	25	436.3	460.0	486.9	525.6	89.3	1.54×10^3	
	30	439.8	461.7	489.2	529.8	90.0	1.58×10^3	
BC02	5	420.9	445.9	468.2	500.0	79.1	1.71×10^3	1.58×10^3
	10	427.5	454.0	476.4	510.3	82.8	1.64×10^3	
	15	434.1	458.2	482.0	514.0	79.9	1.52×10^3	
	20	437.5	462.3	486.2	520.0	82.5	1.50×10^3	
	25	438.1	465.5	489.1	523.1	85.0	1.57×10^3	
	30	439.8	468.6	492.1	526.8	87.0	1.52×10^3	
BC03	5	424.0	446.0	468.3	498.5	74.5	1.48×10^3	1.45×10^3
	10	427.1	451.6	475.1	510.2	83.1	1.59×10^3	
	15	430.7	455.6	480.2	513.2	82.5	1.33×10^3	
	20	434.6	460.6	484.4	520.6	86.0	1.51×10^3	
	25	436.7	464.3	488.2	521.2	84.5	1.50×10^3	
	30	444.8	465.4	491.0	524.9	80.1	1.28×10^3	
BC04	5	423.6	445.0	467.2	498.5	74.9	1.63×10^3	1.52×10^3
	10	429.0	451.8	474.8	508.3	79.3	1.50×10^3	
	15	435.6	456.5	480.2	515.1	79.5	1.63×10^3	
	20	436.4	461.6	484.3	518.8	82.4	1.32×10^3	
	25	434.7	462.7	487.5	523.1	88.4	1.47×10^3	
	30	438.7	464.9	489.9	526.2	87.5	1.59×10^3	

在进行推进剂试样的热分解动力学参数求解时,目前有较多的方法,如积分法和微分法。采用了表 6 – 16 所示的 5 种常用方法,其中式(1)~式(4)为积分法,式(5)为微分法,非等温 DSC 法通常采用式(1)~式(3),等转化率法采用式(4),当 $T = T_p$ 时,采用式(5)。所用的 41 种机理函数积分式[$G(\alpha)$]和微分式[$f(\alpha)$]源自文献。

表 6 – 16　动力学计算方法

方法	方程	
General – integral	$\ln[\,G(\alpha)/T^2\,] = \ln[\,(AR/E)(1-2RT/E)\,] - E/RT$	(1)
Mac Callum – Tanner	$\lg[\,G(\alpha)\,] = \lg[\,(AE/\beta R) - 0.4828E^{0.4357} - (0.449 + 0.21E)/0.001T$	(2)
Šatava – Šesták	$\lg[\,G(\alpha)\,] = \lg[\,(A_s E_s/\beta R) - 2.315 - 0.4567E_s/RT$	(3)
Flynn – Wall – Ozawa	$\lg\beta = \lg\{A_s E_s/[\,RG(\alpha)\,]\} - 2.315 - 0.4567E/RT$	(4)
Kissinger	$\ln(\beta_i/T_{pi}{}^2) = \ln(A_k R/E_k) - E_k/RT_{pi}, i = 1,2,\cdots$	(5)

表 6 – 16 中,α 为放热分解反应的转化率,$\alpha = H_t/H_0$;H_0 为总的放热量;H_t 为 t 时刻的放热量;dH_t/dt 为 t 时刻的热流量;T 为 t 时刻的温度;$d\alpha/dT = (dH_t/dt)/(H_0\beta)$;$T_0$ 为初始温度;R 为气体常数;$f(\alpha)$ 和 $G(\alpha)$ 分别为分解反应的积分表达式和微分表达式。

将试样的温度 – 反应深度(T – α)数据和 41 种机理函数分别代入动力学方程(表 6 – 16)中,运用最小二乘法计算得到动力学参数:E_a、$\lg A$、线性相关系数(r)和标准方差(Q),最可几机理函数可通过下列条件的同时满足程度来筛选:

(1)固体材料热分解动力学参数 E_a 和 $\lg A$ 一般应满足:$E_a = 80 \sim 250$ kJ·mol^{-1},$\lg A = 7 \sim 30$s^{-1};

(2)$r \geqslant 0.98$;

(3)微分法和积分法获得的 E_a 和 $\lg A$ 应大体一致(最大差值一般不超过 10%);

(4)机理函数必须符合样品的状态。

同时满足上述条件的计算结果,就是最终结果,得到的函数就是试样主放热分解反应的最可几机理函数。

按照前述的研究方法(1)~(5),得到了推进剂试样的热分解反应动力学计算结果(表 6 – 17)。最终确定了试样 0.1MPa 时主放热分解反应的机理函数、活化能、指前因子和动力学方程列于表 6 – 18。

190

表6-17 BTATz - CL - 20 - CMDB 推进剂试样热分解反应动力学计算结果(0.1MPa)

方法	β/K·min^{-1}	BC01			BC02			BC03			BC04		
		E_a/kJ·mol^{-1}	$\lg(A/s^{-1})$	r	E_a/kJ·mol^{-1}	$\lg(A/s^{-1})$	r	E_a/kJ·mol^{-1}	$\lg(A/s^{-1})$	r	E_a/kJ·mol^{-1}	$\lg(A/s^{-1})$	r
(1)	5	155.0	14.98	0.9930	141.3	12.73	0.9905	139.9	12.59	0.9911	147.4	13.48	0.9945
	10	155.9	15.08	0.9942	142.2	12.84	0.9896	130.2	11.54	0.9905	149.1	13.69	0.9951
	15	152.8	14.75	0.9952	142.7	12.89	0.9925	133.6	11.93	0.9904	143.0	12.99	0.9954
	20	156.1	15.09	0.9948	141.1	12.71	0.9927	131.1	11.66	0.9902	154.8	14.28	0.9952
	25	154.5	14.92	0.9953	143.4	12.95	0.9921	136.7	12.26	0.9919	142.8	12.95	0.9958
	30	153.8	14.84	0.9962	144.7	13.09	0.9934	138.3	12.42	0.9904	147.3	13.44	0.9959
(2)	5	155.3	14.96	0.9937	141.5	12.69	0.9915	140.1	12.56	0.9921	147.7	13.45	0.9951
	10	156.4	15.08	0.9948	142.6	12.82	0.9908	130.5	11.52	0.9916	149.4	13.67	0.9956
	15	153.3	14.75	0.9957	143.1	12.89	0.9933	134.1	11.92	0.9915	143.4	12.98	0.9959
	20	156.7	15.10	0.9954	141.6	12.71	0.9935	131.6	11.65	0.9914	155.4	14.29	0.9957
	25	155.2	14.93	0.9958	144.0	12.96	0.9930	137.3	12.27	0.9928	143.3	12.95	0.9963
	30	154.5	14.86	0.9966	145.3	13.10	0.9942	138.9	12.43	0.9916	147.9	13.46	0.9964
(3)	5	154.8	14.95	0.9937	141.8	12.77	0.9915	140.5	12.65	0.9921	147.6	13.48	0.9951
	10	155.8	15.06	0.9948	142.8	12.89	0.9908	131.4	11.67	0.9916	149.3	13.70	0.9956
	15	152.9	14.75	0.9957	143.3	12.95	0.9933	134.8	12.05	0.9915	143.6	13.05	0.9959
	20	156.1	15.08	0.9954	141.9	12.79	0.9935	132.4	11.79	0.9914	154.9	14.27	0.9957
	25	154.7	14.92	0.9958	144.1	13.01	0.9930	137.8	12.37	0.9929	143.5	13.01	0.9963
	30	154.0	14.85	0.9966	145.4	13.15	0.9942	139.3	12.53	0.9916	147.9	13.49	0.9964
Mean		154.8	14.94		142.8	12.88		135.3	12.09		147.6	13.48	
(4)		150.1(E_{0e})		0.9986	132.0(E_{0e})		0.9981	141.9(E_{0e})		0.9894	142.5(E_{0e})		0.9960
		153.8(E_{0p})		0.9976	136.4(E_{0p})		0.9994	141.4(E_{0p})		0.9952	141.0(E_{0p})		0.9989
(5)		153.8	15.02	0.9973	135.4	12.91	0.9993	140.7	13.54	0.9946	140.3	13.51	0.9988

表 6 - 18   BTATz - CL - 20 - CMDB 推进剂试样热分解反应的机理
函数、活化能和动力学方程(0.1 MPa)

	BC01 ($\alpha = 0.10 \sim 0.98$)	BC02 ($\alpha = 0.10 \sim 0.98$)	BC03 ($\alpha = 0.2 \sim 0.98$)	BC04 ($\alpha = 0.20 \sim 0.84$)
机理函数 反应级数	$f(\alpha) = 1 - \alpha$ $n = 1$	$f(\alpha) = 4(1 - \alpha)^{3/4}$ $n = 1/4$	$f(\alpha) = 4(1 - \alpha)^{3/4}$ $n = 1/4$	$f(\alpha) = 4(1 - \alpha)^{3/4}$ $n = 1/4$
函数序号	16	28	28	28
$E_a/\text{kJ} \cdot \text{mol}^{-1}$	154.8	142.8	135.3	147.6
A/s^{-1}	$10^{14.94}$	$10^{12.88}$	$10^{12.09}$	$10^{13.48}$
$d\alpha/dt$	$10^{14.94}(1 - \alpha)$ $\exp(-1.86 \times 10^4/T)$	$10^{13.48}(1 - \alpha)^{3/4}$ $\exp(-1.72 \times 10^4/T)$	$10^{12.69}(1 - \alpha)^{3/4}$ $\exp(-1.63 \times 10^4/T)$	$10^{14.08}(1 - \alpha)^{3/4}$ $\exp(-1.78 \times 10^4/T)$

利用表 6 - 18 中热分解动力学参数,计算含 BTATz - CL - 20 改性双基推进剂热安全性能参数,包括自加速分解温度、热点火温度、热爆炸临界温度、热点起爆临界温度、撞击感度特性落高、热爆炸临界环境温度、热安全度和热爆炸概率 8 个重要指标。计算过程所用到的基本参数及热安全性计算值分别列于表 6 - 19 ~ 表 6 - 21。得到的含 BTATz - CL - 20 改性双基推进剂的热感度概率密度函数曲线如图 6 - 8 所示。

表 6 - 19   BTATz - CL - 20 - CMDB 推进剂试样的基本参数

编号	BC01	BC02
$c_p/\text{J} \cdot \text{g}^{-1} \cdot \text{K}^{-1}$	$-0.755 + 1.10 \times 10^{-2}T - 1.28 \times 10^{-5}T^2$	$-2.28 + 2.01 \times 10^{-2}T - 2.64 \times 10^{-5}T^2$
$\lambda/(\text{J} \cdot \text{cm}^{-1} \cdot \text{s}^{-1} \cdot \text{K}^{-1})$	20×10^{-4}	20×10^{-4}
$\rho/\text{g} \cdot \text{cm}^{-3}$	1.64	1.65
a/cm	10^{-3}	10^{-3}
$t - t_0/\text{s}$	10^{-4}	10^{-4}
T_{room}(计算 $T_{\text{cr,hot-spot}}$时)	293.15	293.15
r/m	0.5	0.5
$T(\text{K})$(计算 T_{acr}时)	330	330
σ_T/K	10	10
编号	BC03	BC04
$c_p/\text{J} \cdot \text{g}^{-1} \cdot \text{K}^{-1}$	$-1.21 + 1.34 \times 10^{-2}T - 1.62 \times 10^{-5}T^2$	$-0.40 + 0.83 \times 10^{-2}T - 0.83 \times 10^{-5}T^2$
$\lambda/(\text{J} \cdot \text{cm}^{-1} \cdot \text{s}^{-1} \cdot \text{K}^{-1})$	30×10^{-4}	30×10^{-4}
$\rho/\text{g} \cdot \text{cm}^{-3}$	1.66	1.66
a/cm	10^{-3}	10^{-3}
$t - t_0/\text{s}$	10^{-4}	10^{-4}

编号	BC01	BC02
T_{room}（计算 $T_{cr,hot-spot}$ 时）	293.15	293.15
r/m	0.5	0.5
$T(K)$（计算 T_{acr} 时）	330	330
σ_T/K	10	10

表 6-20　BTATz-CL-20-CMDB 推进剂试样的热安全性计算值（1）

热安全性参量	BC01	BC02	BC03	BC04
T_{00}/K	415.1	421.0	429.5	432.2
$T_{e0}(=T_{SADT})/K$	428.6	430.7	436.2	440.4
T_{p0}/K	458.0	457.1	458.0	456.2
T_{TIT}/K	439.3	443.1	448.0	452.3
T_b/K	469.9	470.6	471.0	469.2
$T_{cr,hot-spot}/K$	712.8	783.8	781.1	777.1
H_{50}/cm	17.1	17.6	18.6	18.4
$\Delta T_{ad}/K$	1248.2	1179.1	1090.2	1151.5
$\Delta H^{\neq}/kJ \cdot mol^{-1}$	149.99	131.60	136.89	136.51
$\Delta S^{\neq}/J \cdot mol^{-1} \cdot K^{-1}$	30.74	-9.63	2.41	1.87
$\Delta G^{\neq}/kJ \cdot mol^{-1}$	135.91	136.00	135.79	135.65

表 6-21　BTATz-CL-20-CMDB 推进剂试样的热安全性计算值（2）

试样编号	反应物形状类型	W/K^2	μ_T/K	σ_T/K	T_p/K	$S(x)_{T_p}$	$S_d/\%$	$P_{TE}/\%$
BC01	无限大平板	5.68×10^{28}	340.52	1.36	345.37	0.0632	62.64	37.36
	无限长圆柱	5.68×10^{28}	345.92	2.99	350.79	0.0622	68.94	31.06
	球	5.68×10^{28}	349.35	4.88	354.21	0.0616	71.52	28.48
BC02	无限大平板	4.25×10^{26}	345.21	1.22	350.08	0.0597	69.42	30.58
	无限长圆柱	4.25×10^{26}	351.27	2.67	356.13	0.0587	74.03	25.97
	球	4.25×10^{26}	355.11	4.34	359.97	0.0581	75.83	24.17
BC03	无限大平板	4.02×10^{25}	343.27	1.16	348.14	0.0584	67.98	32.02
	无限长圆柱	4.02×10^{25}	349.61	2.55	354.47	0.0574	73.93	26.07
	球	4.02×10^{25}	353.64	4.13	358.49	0.0568	76.23	23.77
BC04	无限大平板	1.13×10^{27}	350.14	1.22	355.01	0.0599	72.81	27.19
	无限长圆柱	1.13×10^{27}	356.16	2.69	361.03	0.0589	75.57	24.43
	球	1.13×10^{27}	359.98	4.37	364.85	0.0583	76.70	23.30

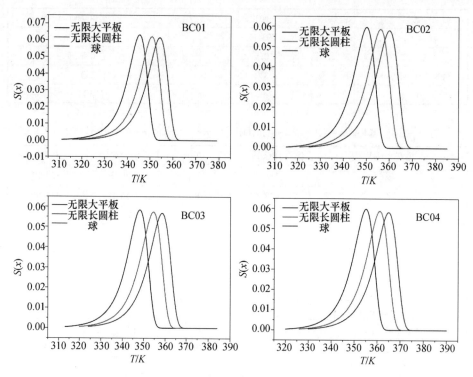

图 6-8　BTATz-CL-20-CMDB 推进剂试样热感度概率密度曲线

以新型高氮化合物3,6-双(1-氢-1,2,3,4-四唑-5-氨基)-1,2,4,5-四嗪(BTATz)和高能量密度材料六硝基六氮杂异戊兹烷(CL-20)搭配使用,取代原复合改性双基(CMDB)推进剂中的黑索今(RDX)而制得了BTATz-CL-20-CMDB 推进剂试样,开展了常压下的热分解特性和非等温反应动力学及热安全性评价研究,获得了重要的 8 个技术参数:自加速分解温度(T_{SADT})、热点火温度(T_{TIT})、热爆炸临界温度(T_b)、热点起爆临界温度($T_{cr,hot-spot}$)、撞击感度特性落高(H_{50})、热爆炸临界环境温度(T_{acr})、热安全度(S_d)和热爆炸概率(P_{TE})。研究发现:CL-20含量对 CMDB 推进剂试样的热分解机理有着较大的影响,当 CL-20 含量为10%时,分解反应受成核和核生长过程控制,反应机理服从 Mampel 规则;当 CL-20 含量为20%时,$n=1/4$ 化学反应控制着整个反应。BTATz-CL-20-CMDB 推进剂基础试样分解反应的机理均不受催化剂体系影响,只是活化能等动力学参数有些变化。在相同实验条件下,对于试样 BC01~BC04,T_{SADT} 和 T_{TIT} 的值依次增大,说明,对于热的抵抗能力:BC04 > BC03 > BC02 > BC01;T_{acr} 和 S_d 的值 BC01 最大,BC02 最小,所以对于热感度：BC01 ＞ BC03 ＞ BC04 ＞ BC02。对于同一试样，相同半径条件下，球状装药比圆柱装药安全。

参 考 文 献

[1] 彭培根,刘培谅,张仁. 固体推进剂性能及原理[M]. 长沙：国防科学技术大学出版社,1987.

[2] 陈光南,张为华. 固体火箭发动机热安全[M]. 北京：国防工业出版社,2008.

[3] 王泽山,欧育湘,任务正. 火炸药科学技术[M]. 北京：北京理工大学出版社,2005.

[4] 李上文,赵凤起. 钝感推进剂及其研究方法[M]. 燃烧与爆炸技术重点实验室,2006.

[5] 张端庆. 固体火箭推进剂[M]. 北京：兵器业出版社,1991.

[6] Hu Rong – zu,Zhao Feng – qi,Gao Hong – xu,et al. The thermal safety and a density functional theoretical study on bis(2,2,2 – trinitroethyl) – nitramine (BTNNA)[J]. Chinese Journal of Explosives and Propellants,2013,36(1)：9 – 16.

[7] Hu Rong – zu,Zhao Feng – qi,Gao Hong – xu,et al. The thermal safety and a density functional theoretical study on N'N' – bis[N – (2,2,2 – trinitroethyl) – N – nitro]ethylenediamine [J]. Chinese Journal of Energetic Materials,2012,20(5)：505 – 513.

[8] Zhang Jiaoqiang,Gao Hongxu,Ji Tiezheng,et al. Non – isothermal decomposition kinetics,heat capacity and thermal safety of 37. 2/44/16/2. 2/0. 2/0. 4 – GAP/CL – 20/Al/N – 100/PCA/auxiliaries mixture[J]. Journal of Hazardous Materials,2011,193：183 – 187.

[9] Zhao Fengqi,Xue Liang,Xing Xiaoling,et al. Thermochemical properties and thermokinetic behavior of energetic triazole ionic salts[J]. Science China：Chemistry,2011,54(3)：461 – 474.

[10] Zhao Fengqi,Hu Rongzu,Zhang Hai,et al. Estimation of critical temperature of thermal explosion for energetic materials based on non – isothermal kinetic equation $d\alpha/dt = A_0 \exp(bT)[1 + (T - T_0)b]f(\alpha)$ [J]. Chemical Research in Chinese Universities,2010,26(5)：829 – 832.

[11] Zhao Fengqi,Hu Rongzu,Gao Hongxu,et al. The thermal safety and a density functional theoretical study on 2,4,8,10 – tetranitro – 2,4,8,10 – tetraazaspiro[5,5]undecane – 3,9 – dione (TTUD)[M]. Energetic Materials Chemistry, Hazard and Environmental Aspects. New York：Nova Science Publishers, Inc. ,2010.

[12] Zhao Fengqi,Hu Rongzu,Gao,Hongxu. A simple method based on Harcourt – Esson's equation to estimate the critical temperature of thermal explosion for energetic materials using non – isothermal DSC[J]. Chinese Journal of Chemistry,2009,27(6)：1067 – 1072.

[13] 赵凤起,胡荣祖,高红旭. 三基发射药 M32 和 SD 的热安全性[J]. 含能材料,2008,16(5)：490 – 493.

[14] 高红旭,赵凤起,胡荣祖,等. 3,4 – 二硝基呋咱基氧化呋咱的比热容、热力学性质、绝热至爆时间及热感度概率密度分布[J]. 高等学校化学学报,2008,29(5)：981 – 986.

[15] Gao Hongxu,Zhao Fengqi,Hu Rongzu,et al. Estimation of the critical temperature of thermal explosion for azido – acetic – acid – 2 – (2 – azido – acetoxy) – ethylester using non – isothermal DSC[J]. Journal of Thermal Analysis and Calorimetry,2009,95(2)：477 – 482.

[16] Yi Jianhua,Zhao Fengqi,Wang Bozhou,et al. Thermal behaviors,nonisothermal decomposition reaction ki-

netics,thermal safety and burning rates of BTATz – CMDB propellant[J]. Journal Hazardous Materials, 2010,181: 432 –439.

[17] 胡荣祖,高胜利,赵凤起,等. 热分析动力学[M]. 第二版. 北京:科学出版社,2008.

[18] Yi Jianhua,Zhao Fengqi,Hu Rongzu,et al. Thermal safety study on TEGDN/NG/NC gun propellant [J]. Journal of Energetic Materials,2010,28(4): 285 – 298.

[19] 胡荣祖,高红旭,赵凤起. 塑料黏结炸药 JH – 94 和 JO – 96 的热安全性[J]. 火炸药学报,2008,31 (6):28 – 31.

[20] 胡荣祖,赵凤起,高红旭,等. 高聚物黏结炸药 JH –94 和 JO –96 撞击感度特性落高的估算[J]. 含能材料,2009,17(3):251 –254.

[21] 胡荣祖,高红旭,赵凤起,等. 含能材料热点起爆临界温度的估算[J]. 含能材料,2009,17(2):127 – 130.

[22] Smith L C. An approximate solution of the adiabatic explosion problem [J]. Thermochimica Acta,1975,13 (1): 1 –6.

[23] Friedman M H. A correlation of impact sensitivities by means of the hot spot model [A]. Proceedings of the 9th (international) Symposium on Combustion [C],pp 294 –302. New York: Academic Press. 1963.

[24] Bruckman H J,Guillet J E. Theroretical calculations of hot – spot initiation in explosives [J]. Canadian Journal Chemistry,1968,41: 3221 –3228.

[25] Frank – Kamenetskii D A,Frank – Kamenetskii O A. Temperature distribution in reaction vessel and stationary theory of thermal explosion [J]. Journal Physical Chemistry (USSR),1939,13(6): 738 –755.

[26] 王鹏,杜志明. 含能材料热感度的概率分布研究[J]. 含能材料,2007,15(6):633 –636.

第7章 贮 存 性 能

7.1 概 述

固体推进剂的贮存性能是指推进剂在贮存中保持原有的能量性能、力学性能、燃烧性能和弹道使用性能的能力,又称安定性能。固体推进剂的安定性可分为物理安定性和化学安定性两个方面。固体推进剂的物理安定性是指其在贮存期内维持物理性质不变的能力,主要指推进剂的吸湿、氧化剂与黏合剂界面间的脱湿、溶剂的挥发、增塑剂的迁移和汗析、结晶组分的晶变和晶析等;固体推进剂的化学安定性是指其在贮存期内延缓分解,防止其自动发生化学变化的能力,主要有固体推进剂的热分解、水解、降解、氧化、后固化、氧化交联等。固体推进剂应具有良好的物理安定性和化学安定性,以保证在气候条件变化范围很大的情况下可以长期贮存,保持其使用性能。研究推进剂的贮存性能,实质上是研究推进剂的老化规律,从而采取防止老化的措施,延长推进剂的贮存寿命,保证武器的使用期限[1,2]。

目前,对于固体推进剂的贮存性能,主要采用贮存寿命来评价。固体推进剂的贮存寿命一般可分为安全贮存寿命和安全使用寿命,这取决于临界点的选择。安全贮存寿命是以推进剂自身催化分解的起始点,作为安全贮存的临界点,主要针对组分放热分解、存在着自燃危险的推进剂(如双基推进剂)而言的。它表示固体推进剂在标准贮存条件下不发生着火的时间,但不能保证推进剂的使用性能;安全使用寿命则是以保证弹道性能不变的某一化学和物理性能的下限指标,作为贮存的临界点,主要指固体推进剂在标准贮存条件下保持其物理、化学性质不发生不可容忍变化的时间。显然,安全使用寿命要比安全贮存寿命短,安全使用寿命比安全贮存寿命更有意义。使用寿命从老化的角度还分为化学使用寿命和物理机械使用寿命。前者取决于推进剂中的化学反应,后者由物理过程决定,如裂纹的形成、材料的分离、塑性变形和扩散过程等。

影响使用寿命的因素很多,有物理的、化学的以及环境等因素,凡是影响推进剂物理老化和化学老化的诸因素均影响使用寿命。推进剂在贮存和使用时，不能完全与外界隔离，大型贴壁浇注装药更是如此，必然受到环境温度、湿度、辐射和机械负载的作用，其中温度比湿度的影响更为严重。对于大型火箭装药，其必然会经受不同环境温度的影响，使推进剂的物理、化学性能发生变化。在贮存、运输和发射时，推进剂都受到巨大的外力，如自重产生的长期静负载、振动、交变和撞击负载。这些因素都会引起推进剂老化，从而影响推进剂的安全使用寿命和安全贮存寿命。因此，研究固体推进剂的老化规律，预估其贮存寿命，对保证武器装备的弹药性能、提高经济效益具有重要意义。

7.2　改性双基推进剂的热分解特性

对于含硝酸酯(如硝化纤维素、硝化甘油等)的改性双基推进剂，通常其硝酸酯类化合物在贮存条件下都会缓慢分解，而分解产物又对分解起催化加速的作用，导致贮存中组元变质、能量下降、力学性能变坏、机械强度下降、燃速减慢，严重时还会引起自燃。因此，对于改性双基推进剂，其贮存安定性问题主要是化学安定性(又称化学老化稳定性)的问题，而引起改性双基推进剂化学不安定的主要原因是推进剂的分解，特别是受热分解[3-6]。

改性双基推进剂在通常贮存温度条件下，会发生缓慢热分解。一般认为，硝化纤维素和硝化甘油的硝酸酯键易于断裂(打开此键仅需 150.5 ~ 167.2 $kJ \cdot mol^{-1}$ 的能量)，产生热分解，放出大量的气体和热量，分解产生 NO_2，又加速热分解，形成自催化过程。造成化学不安定的原因主要有三个方面：

1. 推进剂的热分解

改性双基推进剂中，硝酸酯的热分解可以分为两个阶段。

第一阶段，硝酸酯的热分解

$$RCH_2ONO_2 \rightarrow NO_2 + RCH_2O - Q_1$$

这个热分解反应为单分子吸热分解反应，设分解吸热量为 Q_1。

第二阶段，硝酸酯热分解产物的相互反应和热分解产物 NO_2 与硝酸酯的反应

$$NO_2 + RCH_2O \rightarrow NO + H_2O + CO_2 + R' + Q_2$$

这个反应为放热反应，设放出的热量为 Q_2。NO_2 与硝酸酯的反应

$$NO_2 + RONO_2 \rightarrow NO + H_2O + CO_2 + R + Q_3$$

这个反应也为放热反应，设放出的热量为 Q_3。这个阶段的分解产物 NO 在常温下即能与空气中的 O_2 发生反应生成 NO_2，即

$$2NO + O_2 \rightarrow 2NO_2$$

NO_2又可与分解产物醛和硝酸酯反应。NO_2的这种循环反应称为自催化反应,它加速了硝酸酯的热分解。

在这两个热分解阶段中,总的放热效应是分解放热大于分解吸热,即$Q_2 + Q_3 > Q_1$,因而,总的分解反应为放热反应,使得推进剂在贮存中就可能产生热积累而使自身的温度不断升高。

2. 热积累的加速作用

由于NO_2的自动催化放热反应,若热量不能及时导出,热量不断积累,推进剂内部就会产生热积累而使其温度升高,增加了活化分子和反应速度。一般化合物的分解活化能在$30kJ \cdot mol^{-1}$以下,而硝酸酯类化合物的分解活化能为$40 \sim 200kJ \cdot mol^{-1}$。因而,硝酸酯的热分解对温度的变化非常敏感。研究表明,火药的温度每升高$10℃$,火药的分解反应速度就要增加$2 \sim 4$倍。

3. H^+的催化作用

含有硝酸酯的推进剂分解出的NO_2和NO遇到其中的水分,能生成HNO_3和HNO_2,这时H^+对推进剂的分解起催化作用。实际贮存中发现,在潮湿空气中贮存推进剂要比在干燥空气中贮存的推进剂寿命短$1.5 \sim 2$倍。这说明在微量水和酸性的条件下,推进剂的水解是相当严重的。因此贮存推进剂要谨防潮湿和微量酸,防止水解,否则推进剂的寿命将要缩短。

从上述三方面的原因可知,硝化纤维素和硝化甘油等硝酸酯的热分解是改性双基推进剂化学安定性差的原因,而初始分解产物NO_2又是其加速老化的根本原因。推进剂热分解产生的气体和热会引起不良的后果。硝酸酯基含量降低,可使推进剂能量下降;在装药内部由于热积累能引起自加热和着火;对固体火箭发动机装药,由于积累气体,引起装药药柱破裂;热和酸性氧化物可以加速硝化纤维素的裂解、断裂,使推进剂老化。

7.3 改性双基推进剂用安定剂

为防止改性双基推进剂的分解和老化,常在其配方中加入少量的安定剂,以吸收硝酸酯基分解产生的具有自动催化作用的氮氧化物,同时生成各种不同的相对比较稳定的衍生物,从而抑制自催化分解反应的发生,延长推进剂的贮存寿命。安定剂的分子结构通常由芳香族苯环组成,这些苯环能与硝酸酯(硝化纤维素/硝化甘油)分解所生成的硝基NO_2发生反应[7-9]。

7.3.1 安定剂的种类

目前,常用的安定剂有中定剂、二苯胺(DPA)、2 - 硝基二苯胺(2 - NDPA)、间苯二酚、氧化镁等。在双基系推进剂中应用的安定剂主要为中定剂（含量1%～4%）。中定剂应用于双基火药中最初并不是作为安定剂而是作为一种良好的塑化剂来使用的。后来发现，在火药分解时，中定剂能被硝基化而生成各种硝基衍生物，因而中定剂在双基药中便作为安定剂而使用。中定剂是尿素（$NH_2-CO-NH_2$）的衍生物，由于尿素中的氢原子被不同的基团所取代，可以生成三种中定剂，即1号中定剂（N,N'-二乙基二苯基脲），2号中定剂（N,N'-二甲基二苯基脲）和3号中定剂（N-甲基-N'-乙基二苯基脲），其结构与部分性能如表7-1所示。研究表明，双基推进剂中加入中定剂后，可增加使用寿命2.5～3倍。同时中定剂还能与硝化甘油、二硝基甲苯互溶，对硝化棉也有良好的溶解能力。

表7-1 改性双基推进剂用安定剂的种类、结构及性能用途

安定剂	名 称	代 号	结构式	性 能	主要用途
乙基中定剂	N,N'-二乙基二苯基脲	C_1	$C_2H_5-N-\overset{\overset{O}{\|\|}}{C}-N-C_2H_5$	白色晶体 熔点:72.5℃	由于苯基的存在，碱性很弱，用作安定剂、胶凝剂和冷却剂；赋予火箭推进剂配方更好的可压延性
甲基中定剂	N,N'-二甲基二苯基脲	C_2	$H_3C-N-\overset{\overset{O}{\|\|}}{C}-N-CH_3$	白色晶体 熔点:121℃	与C_1中定剂类似，用作NC粉末的安定剂和表面胶凝剂(缓和剂)
甲乙基中定剂	N-甲基-N'-乙基二苯基脲	C_3	$H_3C-N-\overset{\overset{O}{\|\|}}{C}-N-C_2H_5$	白色晶体 熔点:57℃	目前使用较少
二苯胺	N,N-二苯基苯胺	DPA	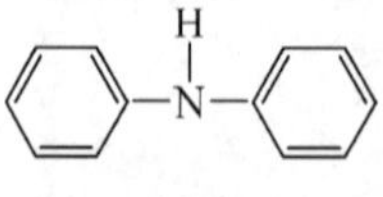 $\overset{H}{N}$	白色晶体 熔点:50℃	主要用于单基推进剂，对双基和三基推进剂而言，碱性太强

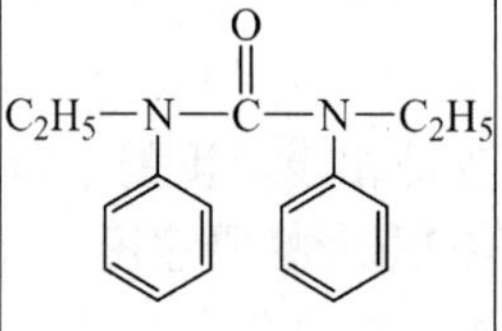

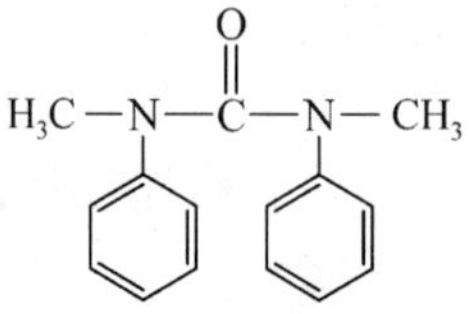

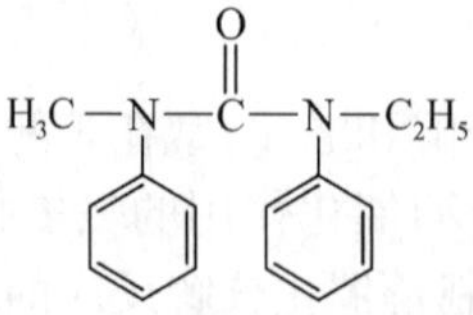

200

安定剂	名　称	代　号	结构式	性　能	主要用途
2－硝基二苯胺	2－硝基－N－苯基苯胺	2－NDPA	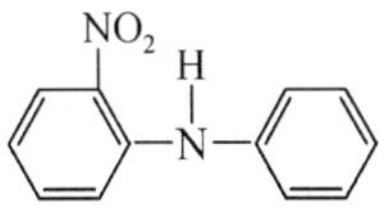	橙黄色固体熔点：76℃~78℃	DPA 的优选替代品。一般用于火箭推进剂，优于 C_1 中定剂，但可加工/可压延性能变得较差
间苯二酚	1,3－苯二酚	Res	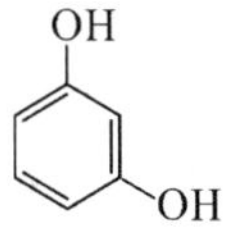	无色或白色固体熔点：110.7℃	常与 2 号中定剂、DPA 等配合使用，用于浇注及交联改性双基推进剂中

7.3.2　安定剂的作用机理

对于安定剂的作用机理，许多学者作了专门深入的研究，重点研究了二苯胺与氮氧化物的作用机理。为了弄清二苯胺是与 NO 还是与 NO_2 发生反应，在二苯胺中通入干燥的 NO，发现 NO 与二苯胺不发生反应；在二苯胺中同时通入 NO 和 O_2，或者单独通入 NO_2，均与二苯胺发生反应，在湿空气条件下，可加速二苯胺与 NO_2 的反应。人们为了弄清二苯胺和 NO_2 反应的产物，用高压液相色谱、质谱和薄层色谱等手段，研究不同贮存时间的火药和高温下不同老化时间的火药的安定剂含量及其衍生物的变化来研究火药的老化过程。通过分析，火药中二苯胺或中定剂与 NO_2 反应生成的衍生物在 25 种以上。通过对主要衍生物的分析，人们提出二苯胺和 1 号中定剂的可能反应机理如图 7 － 1 和图 7 － 2 所示[10－12]。

7.3.3　安定剂含量的测定[13,14]

安定剂含量的减少和安定剂衍生物的变化可以判定推进剂在贮存中的老化程度，因此，安定剂含量的测定对准确计算推进剂的贮存寿命至关重要。目前，常用的安定剂含量的测定方法主要有以下几种：

（1）溴化法。这是一种常规的化学分析方法。用溴与安定剂反应生成溴化物,以溴化物消耗量即可确定安定剂的含量。

（2）薄层色谱法。用乙醚提取安定剂及衍生物,用二维薄层色谱板分离出安定剂和各种衍生物。采用不同温度下安定剂消耗的时间作图外推至贮存温度就可以得到预估的贮存期。

（3）高压液相色谱法。高压液相色谱可以测定安定剂和它的各种衍生物,分析速度比化学法和薄层色谱法快得多,而且灵敏度高。

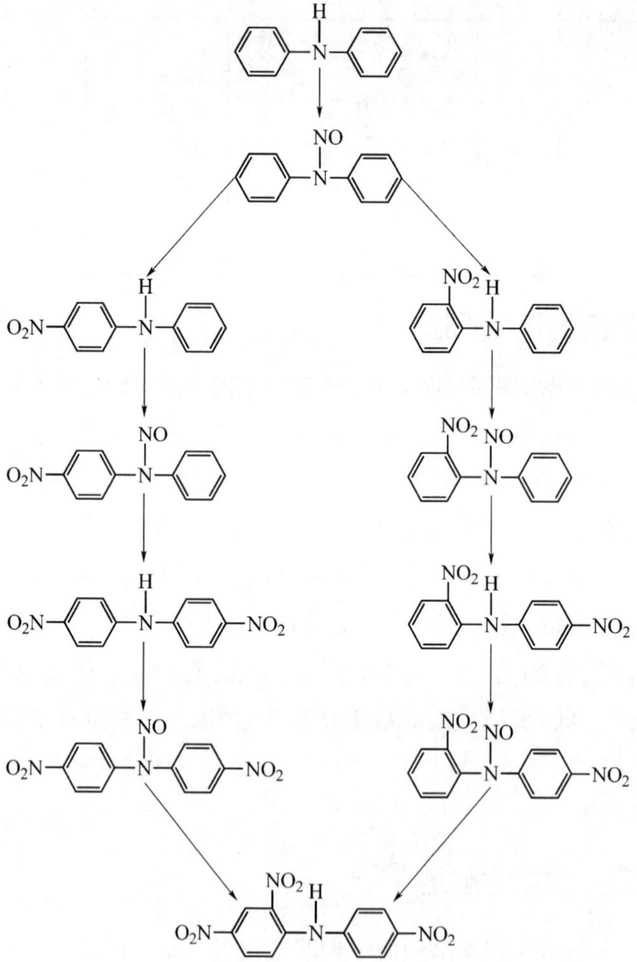

图 7 - 1　二苯胺的作用机理

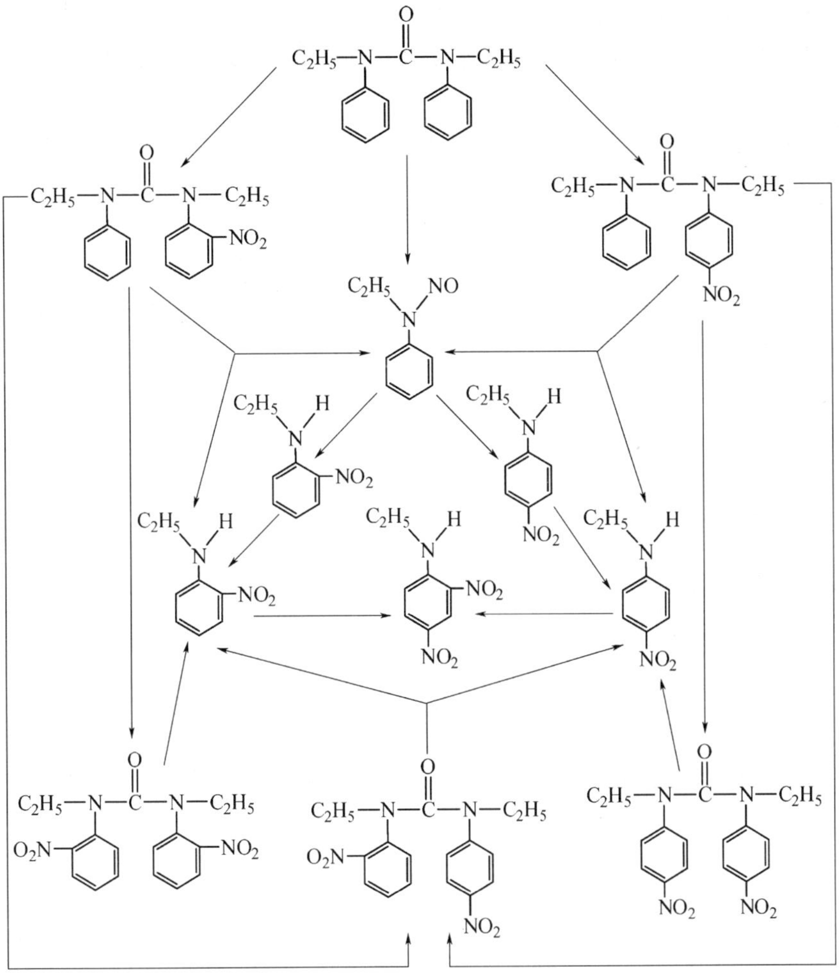

图 7 – 2　1 号中定剂的作用机理

7.4　改性双基推进剂的贮存寿命

　　对于含硝酸酯基的改性双基推进剂,硝酸酯的热分解是不可避免的,在推进剂中加入中定剂并不能阻止硝酸酯的热分解,只能在一段时间内延缓推进剂热分解的自催化作用。中定剂的加入能使推进剂的贮存期大大延长,推进剂贮存过程中不断发生热分解,中定剂也不断被消耗,当中定剂被消耗完时,推进剂的自动催化作用将加速推进剂的分解,推进剂的贮存寿命也即终结。所以,中定剂被消耗的程度,是衡量双基系推进剂贮存寿命的重要标志之一。目前,国内外大多将有效安定剂含量下降到初始含量的50%,作为安全贮存寿命的临界点(失效判据)[15-18]。

研究推进剂的贮存性能,实质上是研究推进剂的老化过程。推进剂的贮存寿命是由推进剂的老化过程控制的。所以,为了可靠地估算并提高推进剂的贮存寿命,就必须研究老化规律,并弄清老化机理。而目前采用自然贮存老化的方法虽可真实反映推进剂的老化过程,但所需的时间周期长,试验费用高昂。为了在短时间内了解推进剂的老化过程并估算推进剂的安全贮存寿命,目前普遍采用高温加速老化法。高温加速老化法是通过提高推进剂的老化温度,并测定不同温度下的老化时间,然后建立相应的数学关系式,再通过外推至贮存温度来确定其自然老化特性。

目前,对于含硝酸酯基的改性双基推进剂,其贮存寿命的预估主要是建立在加速老化的基础上,依据推进剂中中定剂含量的变化,得到推进剂老化分解速度与温度的关系,再通过贝瑟洛特(Berthelot)法和阿伦尼乌斯(Arrhenius)法而得到。

7.4.1　Berthelot 法[19-23]

通过在不同温度下对改性双基推进剂进行加速老化试验,依据改性双基推进剂中中定剂含量的变化,测定其老化分解速度与温度的关系,由 Berthelot 方程即可求得改性双基推进剂的贮存寿命。Berthelot 法的导出如下:

通常,转化率(α)随时间(t)变化的等温微分动力学方程为

$$\frac{\mathrm{d}\alpha}{\mathrm{d}t} = kf(\alpha) \tag{7-1}$$

式(7-1)分离变量并积分,得

$$\int_0^\alpha \frac{d\alpha}{f(\alpha)} = g(\alpha) = \int_0^t k\mathrm{d}t = kt \tag{7-2}$$

式中:$g(\alpha)$为积分形式的机理函数;$f(\alpha)$为微分形式的机理函数;k为反应速率常数。

$g(\alpha)$与$f(\alpha)$的关系为

$$f(\alpha) = \frac{1}{g'(\alpha)} \tag{7-3}$$

T与k的关系用 Arrhenius 方程描述

$$k = A\exp\left(-\frac{E}{RT}\right) \tag{7-4}$$

若不同温度下达到同一反应深度的$g(\alpha)$形式不变,则

$$g(\alpha) = k_{T+md}t_{T+md} = k_T t_T \tag{7-5}$$

和

$$\frac{k_{T+md}}{k_T} = r_d^m = \frac{t_T}{t_{T+md}} \qquad (7-6)$$

式中:T 为试验温度;$(m+1)$ 为试验温度点的个数;d 为试验温度以等差级数排列的公差;r_d 为温度间隔 d 时的反应速率的温度系数;k_T 为试验温度 T 时的反应速率常数;k_{T+md} 为试验温度为 $T+md$ 时的反应速率常数。

由方程(7-6)知

$$t_T = t_{T+md} r_d^m = t_{T+md} r_d^{\frac{T_m-T}{d}} \qquad (7-7)$$

式中:$T_m = T + md$。

方程(7-7)两边取对数,即得计算寿命的 Berthelot 方程

$$\lg t_T = a + bT \qquad (7-8)$$

式中:T 为贮存温度(K);t_T 为推进剂在给定温度(T)下所能贮存的时间(天);a、b 为与推进剂性质、试验条件及所用时间单位有关的常数,其中,

$$a = \lg t_{T+md} + \frac{T_m}{d} \lg T_d \qquad (7-9)$$

$$b = -\frac{1}{d} \lg r_d \qquad (7-10)$$

取 n 个温度 T_1、T_2、$\cdots$、T_n 进行试验,得到对应的老化时间 t_1、t_2、$\cdots$、t_n,用最小二乘法求得系数 a 和 b

$$b = \frac{n\sum_{i=1}^{n}(T_i \lg t_i) - \sum_{i=1}^{n}T_i \sum_{i=1}^{n}\lg t_i}{n\sum_{i=1}^{n}T_i^2 - \left(\sum_{i=1}^{n}T_i\right)^2} \qquad (7-11)$$

$$a = \frac{\sum_{i=1}^{n}T_i^2 \sum_{i=1}^{n}\lg t_i - \sum_{i=1}^{n}T_i \sum_{i=1}^{n}(T_i \lg t_i)}{n\sum_{i=1}^{n}T_i^2 - \left(\sum_{i=1}^{n}T_i\right)^2} = \frac{1}{n}\left(\sum_{i=1}^{n}\lg t_i - b\sum_{i=1}^{n}T_i\right) \quad (7-12)$$

将求得的系数 a、b 代入式(7-8)即可计算出改性双基推进剂在常温 $T = 30\,℃$ 的使用寿命 t_{30}。

7.4.2　Arrhenius 法[24-30]

用 Arrhenius 法来预估安全贮存寿命,其导出如下:
由方程(7-4)和式(7-5)知

$$t_T = \frac{g(\alpha)}{A}\exp\left(\frac{E}{RT}\right) \tag{7-13}$$

方程(7-13)两边取对数,即得计算寿命的 Arrhenius 方程

$$\ln t_T = a' + \frac{b'}{T} \tag{7-14}$$

即

$$t_T = \exp\left(a' + \frac{b'}{T}\right) \tag{7-15}$$

式中:t_T 为推进剂在给定温度(T)下所能贮存的时间(天);a'、b' 为与推进剂性质、试验条件及所用时间单位有关的常数,其中,

$$a' = \ln[g(\alpha)/A] \tag{7-16}$$
$$b' = E/R \tag{7-17}$$

取 n 个温度 T_1、T_2、$\cdots$、T_n 进行试验,得到对应的老化时间 t_1、t_2、$\cdots$、t_n,用最小二乘法求得系数 a' 和 b'

$$b' = \frac{n\sum_{i=1}^{n}(\ln t_i/T_i) - \sum_{i=1}^{n}(1/T_i)\sum_{i=1}^{n}\ln t_i}{n\sum_{i=1}^{n}(1/T_i)^2 - \left[\sum_{i=1}^{n}(1/T_i)\right]^2} \tag{7-18}$$

$$a' = \frac{n\sum_{i=1}^{n}(1/T_i)^2\sum_{i=1}^{n}\ln t_i - \sum_{i=1}^{n}(1/T_i)\sum_{i=1}^{n}(\ln t_i/T_i)}{n\sum_{i=1}^{n}(1/T_i)^2 - \left[\sum_{i=1}^{n}(1/T_i)\right]^2} = \frac{1}{n}\left[\sum_{i=1}^{n}\ln t_i - b\sum_{i=1}^{n}(1/T_i)\right] \tag{7-19}$$

将求得的系数 a'、b' 代入式(7-15)即可计算出改性双基推进剂在常温 $T = 30℃$ 的使用寿命 t_{30}。

7.5　改性双基推进剂老化反应规律及反应动力学

汇总双基和改性双基推进剂定型配方热加速老化预估寿命结果,已得到 20 余种推进剂安定剂消耗随温度/时间的变化规律。见表 7-2[31]。其中 8 种推进剂中有效安定剂含量随老化温度/贮存时间变化曲线见图 7-3。通过等温动力学处理,由 Arrhenius 方程进行线性回归,获得 $\ln k \sim 1/T$ 的回归方程,通过方程的斜率和截距,获得安定剂反应动力学参数 E_a、$\ln A$ 和最可几机理函数 $g(\alpha)$,8 种典型推进剂安定剂消耗反应的活化能、指前因子和最可几机理函数,见表 7-3。结果表明,双基类推进剂安定剂消耗反应大多为三维扩散或一级反应,反应

活化能越高,贮存寿命越长(含 CdO 的 GST - 13 除外)。

表 7 - 2 典型推进剂在不同温度下的安全贮存时间

样品代号	95℃	90℃	85℃	75℃	65℃	t_{30}/年	R	r_{10}
ST - 01	6.50		23.00	77.00		55.5	-0.9999	3.44
ST - 02	4.30	7.80	17.70	73.00	337	152	-0.9995	4.33
ST - 03	5.50	10.20	17.90	64.00	244	53.4	-0.9996	3.53
ST - 04	4.00	7.50	13.70	49.00	180	41	-0.9999	3.55
ST - 05	8.03	17.70	35.50	158.50	605.2	269	-0.9997	4.23
ST - 06	2.60		9.50	44.00	239	120	-0.9983	4.55
ST - 07	2.40		10.10	49.00	217	117	-0.9999	4.53
ST - 08	2.50		8.80	41.00	186	78	-0.9990	4.26
ST - 09	2.90		11.70	47	206	18.8	-0.9999	4.13
ST - 10	2.60		8.50	47	160	65.1	-0.9974	4.11
ST - 11	4.10		16.20	66	280	104	-0.9999	4.09
GST - 01	5.00		17.70	76	254	74.9	-0.9994	3.76
GST - 02	0.80		3.20	12.2	39.2	11	-0.9992	3.68
GST - 03	0.97	1.60	3.70	15.7	69.3	29.9	-0.9989	4.27
GST - 04	2.40	4.00	10.40	42.3	185	89.7	-0.9987	4.38
GST - 07	1.30	3.70	5.30	14.8	31.8	4.1	-0.9846	2.84
GST - 09	4.60	9.00	15.80	63	188	43.3	-0.9992	3.49
GST - 10	0.48	0.90	2.20	7.2	26	8	-0.9984	3.80
GST - 11	1.70	3.10	4.80	18	67	12.9	-0.9985	3.42
GST - 12	1.90	3.20	8.30	35	105	40.6	-0.9962	3.98
GST - 13	0.90	1.80	3.30	13.8	59	20.5	-0.9997	4.03
GST - 14	0.90	1.50	3.30	11.5	58	19.3	-0.9981	4.04
GST - 15	1.20	2.20	4.00		63	17.8	-0.9995	3.78
GST - 16	2.30		6.10	21.5	81.5	14	-0.9976	3.33
GST - 17	1.30		3.80	20	80	29.9	-0.9969	4.1
GST - 18	1.60		4.40	16	64	12.5	-0.9976	3.46

表 7 – 3　典型推进剂安定剂消耗反应的动力学参数

样品代号	安定剂	$E_a/kJ \cdot mol^{-1}$	$\ln A/s^{-1}$	$g(\alpha)$	$t_{30}/年$	机理
ST – 06	C_2	158.28	26.54	$[1/(1-\alpha)^{1/3}-1]^2$	120	三维扩散
ST – 08	C_2	138.21	19.97	$[1/(1-\alpha)^{1/3}-1]^2$	78.0	三维扩散
ST – 10	C_2	139.52	27.29	$[1/(1-\alpha)^{1/3}-1]^2$	65.1	三维扩散
GST – 17	C_2	159.90	28.21	$[1/(1-\alpha)^{1/3}-1]^2$	29.9	三维扩散
GST – 11	C_2	133.71	26.60	$-\ln(1-\alpha)$	12.9	1 级化学反应
GST – 07	C_2/Res	100.81	15.65	$-\ln(1-\alpha)$ 或 $(1-\alpha)^2$	4.10	1 或 2 级化学反应
GST – 13	$C_2/Res/CdO$	138.66	21.17	$[1/(1-\alpha)^{1/3}-1]^2$	20.5	三维扩散
GST – 09	$C_2/2-NDPA$	128.44	16.29	$[1/(1-\alpha)^{1/3}-1]^2$	43.3	三维扩散

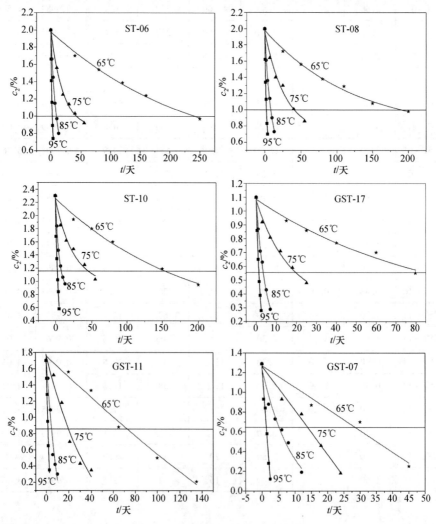

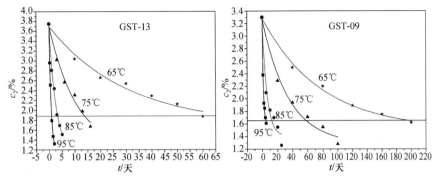

图 7 - 3 有效安定剂随温度时间变化曲线

7.6 配方组成对贮存寿命影响规律研究

7.6.1 安定剂加入量对安定剂消耗速率的影响

为研究安定剂(2 号中定剂)含量对改性双基推进剂中安定剂消耗速率的影响,设计了含不同含量 2 号中定剂的改性双基推进剂配方,其中 NC 含量为 45%,NG 含量为 35%,RDX 含量为 30%,2 号中定剂含量分别为 0.5%、1.0%、1.5%、2.0% 和 2.5%,结果如表 7 - 4 所示。在 95℃、85℃、75℃和 65℃老化后,2 号中定剂消耗曲线见图 7 - 4。

表 7 - 4 含不同含量 2 号中定剂的改性双基推进剂配方

试样编号	主要组分及含量			
	NC/%	NG/%	RDX/%	C_2/%
ZDJ - 1	45	35	20	0.5
ZDJ - 2	45	35	20	1.0
ZDJ - 3	45	35	20	1.5
ZDJ - 4	45	35	20	2.0
ZDJ - 4	45	35	20	2.5

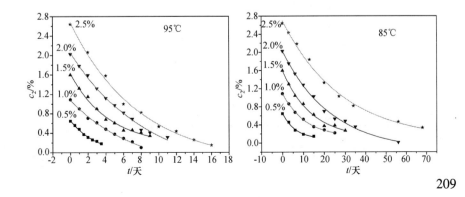

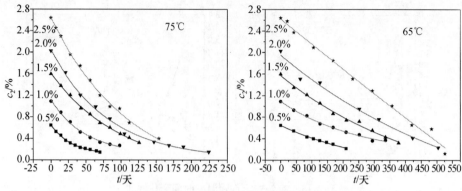

图 7 - 4   2 号中定剂加入量的影响

从图 7 - 4 可以看出,改性双基推进剂配方中有效安定剂含量以相同规律下降,加入量越多到达临界点的时间越长,其近似呈指数方式降低,因此,根据 95℃、85℃、75℃、65℃ 四个温度下获得安定剂的含量下降速率,建立 2 号中定剂含量与贮存时间的关系为

$$y = c_0\exp(Bt) \qquad\qquad (7 - 20)$$

式中:y 为 C_2 含量(%);c_0 为 C_2 初始加入量,为实际测量值(%);B 为系数;t 为贮存时间(天)。

根据式(7 - 20),对图 7 - 4 中不同温度下安定剂含量下降速率进行拟合,结果如表 7 - 5 所示。从表 7 - 5 中可以看出,安定剂的消耗速率与温度时间有关。图 7 - 5 为不同温度下系数 B 随 c_0 的变化曲线,由图 7 - 5 可以看出,c_0 含量越高、温度越低,B 值越大;B 值随温度的降低,其变化速率越小,65℃ 近似为直线。

表 7 - 5   安定剂含量随时间变化关系

$T/℃$	$c_0/\%$	数学模型	R^2
95	0.6447	$y = 0.6447\exp(-0.3564t)$	0.9943
	1.0889	$y = 1.0889\exp(-0.2181t)$	0.9918
	1.5972	$y = 1.5972\exp(-0.1863t)$	0.9722
	2.0257	$y = 2.0257\exp(-0.1601t)$	0.9775
	2.6405	$y = 2.6405\exp(-0.1571t)$	0.9890
85	0.6447	$y = 0.6447\exp(-0.1145t)$	0.9744
	1.0889	$y = 1.0889\exp(0.0714t)$	0.9910
	1.5972	$y = 1.5972\exp(-0.0594t)$	0.9952
	2.0257	$y = 2.0257\exp(-0.0502t)$	0.9902
	2.6405	$y = 2.6405\exp(-0.0340t)$	0.9917

210

$T/℃$	$c_0/\%$	数学模型	R^2
75	0.6447	$y = 0.6447\exp(-0.0225t)$	0.9772
	1.0889	$y = 1.0889\exp(-0.0158t)$	0.9778
	1.5972	$y = 1.5972\exp(-0.0119t)$	0.9964
	2.0257	$y = 2.0257\exp(-0.0115t)$	0.9955
	2.6405	$y = 2.6405\exp(-0.0108t)$	0.9915
65	0.6447	$y = 0.6447\exp(-0.0048t)$	0.9866
	1.0889	$y = 1.0889\exp(-0.0035t)$	0.9844
	1.5972	$y = 1.5972\exp(-0.0038t)$	0.9711
	2.0257	$y = 2.0257\exp(-0.0029t)$	0.9649
	2.6405	$y = 2.6405\exp(-0.0108t)$	0.9618

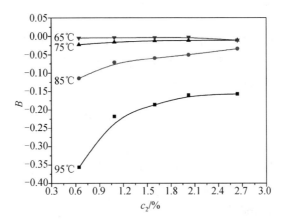

图 7-5　安定剂加入量对温度的依赖性

7.6.2　含能组分对安定剂消耗速率的影响

　　为研究不同含能组分对改性双基推进剂中安定剂消耗速率的影响,分别设计了含 RDX 或 HMX 的改性双基推进剂,其中 NC 含量为 45%,NG 含量为 35%,RDX 或 HMX 的含量为 20%,2 号中定剂含量为 1.5%,结果如表 7-6 所示。将试样 HNZF-1 和 HNZF-2 分别在 75℃和 65℃老化后,安定剂消耗曲线见图 7-6。

表7-6　含不同含能组分的改性双基推进剂配方

试样编号	主要组分及含量				
	NC/%	NG/%	RDX/%	HMX/%	C_2/%
HNZF-1	45	35	20	—	1.5
HNZF-2	45	35	—	20	1.5

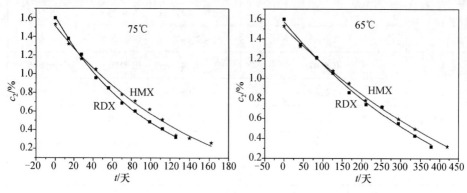

图7-6　含能组分的影响

从图7-6可以看出,相同含量的RDX和HMX对安定剂消耗速率的影响基本相同,主要由于RDX和HMX在此温度范围内安定性较好,不易发生分解反应,从而对安定剂的影响较小。

7.6.3　RDX加入量对安定剂消耗速率的影响

为研究RDX加入量对改性双基推进剂中安定剂消耗速率的影响,分别设计了含不同RDX含量的改性双基推进剂,其结果如表7-7所示。在95℃、85℃、75℃、65℃四个温度下老化后,安定剂的消耗速率有所不同,见图7-7,四个温度下安定剂消耗到达临界点(50%)的时间见表7-8。

表7-7　含不同量RDX的改性双基推进剂配方

试样编号	主要组分及含量			
	NC/%	NG/%	RDX/%	C_2/%
RJRL-1	50	40	10	1.5
RJRL-2	45	35	20	1.5
RJRL-3	35	25	40	1.5

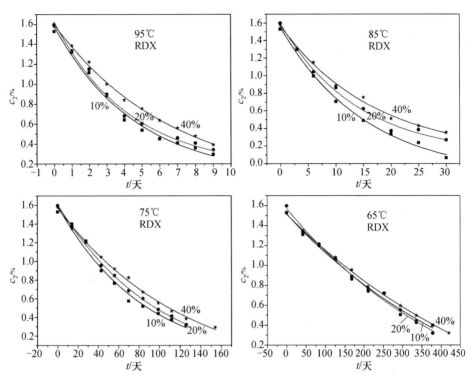

图 7 – 7   RDX 加入量的影响

表 7 – 8   不同 RDX 含量样品安定剂消耗 50% 的时间比较

试样编号	RDX/%	95℃/天	85℃/天	75℃/天	65℃/天	t_{30}/年
RJRL – 1	10	3.51	9.38	55.47	211.94	84.2
RJRL – 2	20	3.78	11.02	61.71	191.67	65.7
RJRL – 3	40	4.12	12.90	72.32	244.42	96.4

从图 7 – 7 和表 7 – 8 可以看出，配方中 RDX 含量越高，安定剂消耗速率越慢，贮存寿命越长。这可能是因为 RDX 为环状硝胺化合物，结构很稳定，不易发生分解，RDX 含量越高，NG 量相对越少，用来抑制硝酸酯分解的中定剂用量就少，故安定剂消耗的速率越慢，贮存寿命越长。

7.6.4   催化剂加入对安定剂消耗速率的影响

为研究不同催化剂及含量对改性双基推进剂中安定剂消耗速率的影响，分别设计了含 4%β – 雷锁辛酸铅（β – Pb）、4% 邻苯二甲酸铅（Φ – Pb）、1.6%β –

雷锁辛酸铜(β - Cu)及不加任何催化剂的空白配方,结果如表 7 - 9 所示。在 75℃和65℃老化后安定剂消耗速率变化曲线如图 7 - 8 所示。

表 7 - 9　含不同催化剂的改性双基推进剂配方

试样编号	主要组分及含量					
	NC/%	NG/%	RDX/%	DINA/%	C_2/%	催化剂/%
CHJ - 1	37.1	28.0	26.0	4.9	1.5	0
CHJ - 2	37.1	28.0	26.0	4.9	1.5	β - Pb 4%
CHJ - 3	37.1	28.0	26.0	4.9	1.5	Φ - Pb 4%
CHJ - 4	37.1	28.0	26.0	4.9	1.5	β - Cu 1.6%

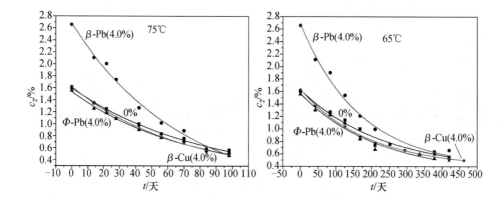

图 7 - 8　催化剂的影响

从图 7 - 8 中可以看出,CHJ - 3、CHJ - 4 的消耗曲线几乎与 CHJ - 1 重合,说明 Φ - Pb 和 β - Cu 的加入并没有影响安定剂的消耗速率。只有 CHJ - 2 相差较大。经进一步用安定剂含量测定法 - 提取 - 溴化法分析,发现 CHJ - 2 中 β - Pb 可以部分被乙醚提取,β - Pb 可以参与溴化反应,造成测试结果偏高。

7.6.5　铝粉加入量对安定剂消耗速率的影响

为研究含铝粉的改性双基推进剂中铝粉的加入量对安定剂消耗速率的影响,分别在基础配方体系中加入 5%、10% 的铝粉,安定剂加入量均为 1.5%,如表 7 - 10 所示。在 95℃、85℃、75℃、65℃ 四个温度下老化后,其安定剂的消耗速率曲线如图 7 - 9 所示。

表7-10　含不同含量铝粉的改性双基推进剂配方

试样编号	主要组分及含量				
	NC/%	NG/%	RDX/%	Al/%	C₂/%
LF-1	40	30	30	0	1.5
LF-2	40	30	30	5	1.5
LF-3	40	30	30	10	1.5

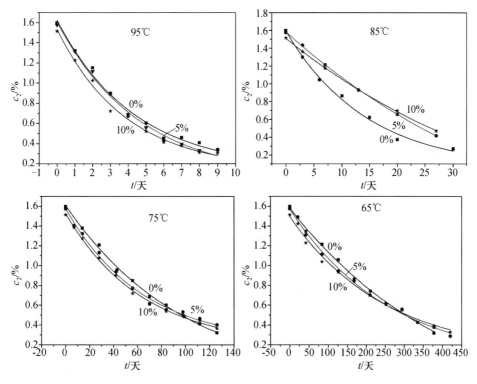

图7-9　铝粉加入量的影响

从图7-9可以看出,与不加铝粉的LF-1配方相比,铝粉加入量对安定剂消耗速率没有明显影响。除85℃降低了安定剂消耗速率,其余95℃、75℃和65℃三个温度的安定剂消耗速率没有太大差别。

7.6.6　DINA加入量对安定剂消耗速率的影响

为研究含DINA对改性双基推进剂中安定剂消耗速率的影响,在基础配方体系中分别加入3%和5%的DINA,安定剂加入量均为1.5%,如表7-11所示。

在95℃、85℃、75℃、65℃四个温度下老化后,其安定剂的消耗速率曲线如图7-10所示。

表7-11　含不同含量铝粉的改性双基推进剂配方

试样编号	主要组分及含量				
	NC/%	NG/%	RDX/%	DINA/%	C_2/%
JN-1	40	30	30	0	1.5
JN-2	40	30	30	3	1.5
JN-3	40	30	30	5	1.5

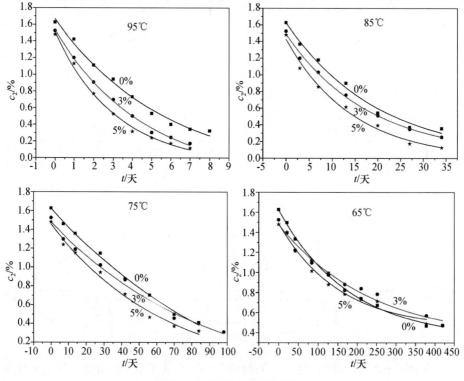

图7-10　DINA加入量的影响

从图7-10可以看出,与不加DINA的JN-1配方相比,除65℃外,其余95℃、85℃和75℃三个温度下的安定剂消耗速率均加快,DINA影响安定剂的消耗速率,DINA加入量越多,安定剂消耗速率越快。原因是DINA也属于硝酸酯类,不稳定易分解,含量越高,所需的安定剂量越大,故安定剂消耗速率越快。

7.6.7 氧化物的加入对安定剂消耗速率的影响

为研究含不同氧化物对改性双基推进剂中安定剂消耗速率的影响,分别在基础配方体系中分别加入1.39%的 Al_2O_3、1.39%的 MgO,1.39%的 Ni 粉,安定剂加入量均为1.5%,如表7-12所示。在95℃、85℃、75℃、65℃四个温度下老化后,其安定剂的消耗速率曲线如图7-11所示。

表7-12 含不同氧化物的改性双基推进剂配方

试样编号	主要组分及含量				
	NC/%	NG/%	RDX/%	氧化物/%	C_2/%
YHW-1	40	30	30	0	1.5
YHW-2	40	30	30	Al_2O_3 1.39	1.5
YHW-3	40	30	30	MgO 1.39	1.5
YHW-4	40	30	30	Ni 1.39	1.5

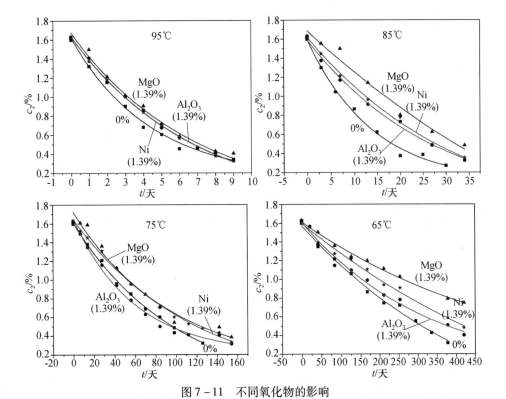

图7-11 不同氧化物的影响

从图7-11可以看出,MgO、Ni 粉和 Al_2O_3 的加入均使安定剂消耗速率变缓

217

（Al_2O_3 除 75℃ 外），MgO 在初期明显使安定剂消耗速率变缓（除 65℃），三种氧化剂中 MgO 减缓安定剂消耗速率最明显，Ni 粉次之，最后是 Al_2O_3。早期苏联曾用 MgO 作为双基推进剂的安定剂。

7.6.8 NG 加入量对安定剂消耗速率的影响

为研究不同 NG 含量对改性双基推进剂中安定剂消耗速率的影响，分别设计了 NG 含量为 30%、35%、45% 的改性双基推进剂，安定剂加入量均为 1.5%，如表 7 − 13 所示。在 95℃、85℃、75℃、65℃ 四个温度下老化后，其安定剂的消耗速率曲线如图 7 − 12 所示。

表 7 − 13   含不同含量 NG 的改性双基推进剂配方

试样编号	主要组分及含量		
	NC/%	NG/%	C_2/%
XHGY − 1	70	30	1.5
XHGY − 2	65	35	1.5
XHGY − 3	55	45	1.5

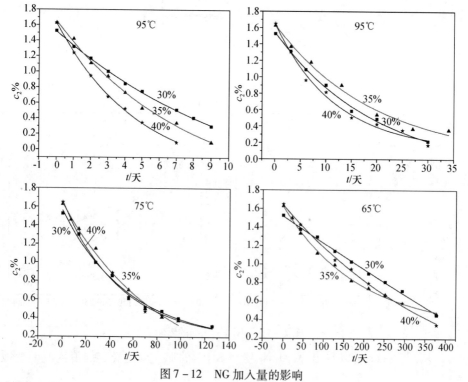

图 7 − 12   NG 加入量的影响

从图 7 - 12 可以看出,安定剂的消耗速率随着 NG 含量增高而增快,NG 加入量越多,安定剂消耗速率越快。

7.6.9 DEP 加入量对安定剂消耗速率的影响

为研究不同 DEP 含量对改性双基推进剂中安定剂消耗速率的影响,分别设计了 DEP 含量为 5%、10% 的改性双基推进剂,安定剂加入量均为 1.5%,如表 7 - 14 所示。在 75℃、65℃下老化后,其安定剂的消耗速率曲线如图 7 - 13 所示。

表 7 - 14 含不同含量 DEP 的改性双基推进剂配方

试样编号	主要组分及含量			
	NC/%	NG/%	DEP/%	C_2/%
DEP - 1	45	35	5	1.5
DEP - 2	45	35	10	1.5

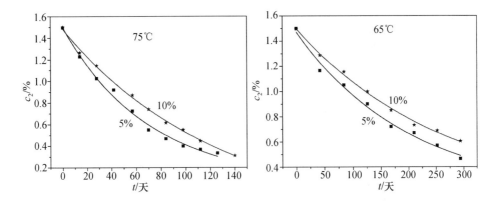

图 7 - 13 DEP 加入量的影响

从图 7 - 13 可以看出,含不同 DEP 的改性双基推进剂中,安定剂的消耗速率无明显差别,DEP 对安定剂的消耗速率物影响。

7.6.10 DBP 加入量对安定剂消耗速率的影响

为研究不同 DBP 含量对改性双基推进剂中安定剂消耗速率的影响,分别设计了 DBP 含量为 5%、10% 的改性双基推进剂,安定剂加入量均为 1.5%,如表7 - 15 所示。在 75℃、65℃下老化后,其安定剂的消耗速率曲线如图 7 - 14 所示。

表 7 - 15 含不同含量 DBP 的改性双基推进剂配方

试样编号	主要组分及含量			
	NC/%	NG/%	DBP/%	C_2/%
DEP - 1	45	35	5	1.5
DEP - 2	45	35	10	1.5

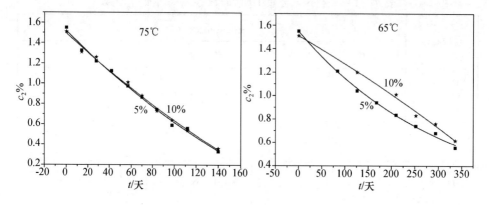

图 7 - 14 DBP 加入量的影响

从图 7 - 14 可以看出,含不同 DBP 的改性双基推进剂中,安定剂的消耗速率无明显差别,DBP 对安定剂的消耗速率无影响。

7.7 硝酸酯基含量与贮存时间的相关性

对配方已知的 15 种试样的安定剂消耗速率及贮存寿命结果进行比较分析,发现硝酸酯基团是影响贮存寿命的主要因素。

根据火药的配方组成,通过相对分子质量和基团百分含量计算,把火药中所含的硝酸酯基加和起来,得到配方中硝酸酯基 O - NO_2 总含量,列于表 7 - 16。其中,NC 的 O - NO_2 含量分别为 57. 57% (13% N)、53. 14% (12% N)、56. 69% (按 12. 8% N)、55. 8% (12. 6%),NG 的 O - NO_2 含量为 81. 94% ,TEGDN 为 51. 63% ,DINA 为 51. 65% ,DEGDN 为 63. 23% 。

取安定剂绝对消耗量(即不论加入量多少,只计消耗掉的) 进行比较,得到 65℃温度下到达绝对消耗量 1% 的时间,见表 7 - 16。

表 7 - 16　O - NO$_2$含量及安定剂消耗速率

试样	NC/%	NG/%	TEGDN/%	DINA/%	O - NO$_2$/%	65℃安定剂消耗1%时间/天
GSF - a	34.20	19.34	—	—	53.54	141.81
GSF - b	34.52	22.53	4.90	—	61.95	147.30
GSF - c	27.98	17.21	3.61	—	48.80	165.89
GSF - d	25.91	16.39	—	—	42.30	254.00
GSF - e	17.01	20.65	—	—	37.66	382.05
GSF - f	37.82	26.30	—	—	64.12	107.30
GSF - g	37.08	11.80	6.40	—	55.28	194.30
GSF - h	26.57	24.17	—	—	50.74	277.12
GSF - i	16.98	13.11	—	—	30.09	430.95
GSF - j	23.14	22.94	—	—	46.08	237.53
GST - k	29.76	22.12	—	—	51.88	200.71
GST - l	27.63	26.22	—	—	53.85	188.51
GST - m	29.76	24.66	—	4.65	59.07	153.45
GST - n	13.24	18.03	—	—	31.27	487.70
GST - o	19.71	21.14	—	2.17	43.02	335.74

　　以65℃温度下改性双基推进剂中安定剂消耗至1%的时间对 O - NO$_2$ 含量作图(图7 - 15)发现,硝酸酯基含量与贮存时间的对数存在线性关系:

$$\lg t_{65} = 3.2032 - 0.0175w, R = -0.9323$$

式中:t_{65}为65℃(338 K)下有效安定剂消耗1%所经历的时间(天);w 为改性双基推进剂组成中 O - NO$_2$总含量(%)。

　　硝酸酯基总含量是影响改性双基推进剂贮存安定性的关键因素,O - NO$_2$含量越高,安定性越差,安定剂消耗反应速率越快,贮存寿命越短。

　　选取了经验配方中的17种试样,计算了配方中的硝酸酯基含量,同时根据不同温度下的老化曲线,找到了各温度下安定剂消耗绝对1%的时间,详见表7 - 17,各温度下试样安定剂消耗至1%的时间对硝酸酯基含量的关系见图7 - 16。

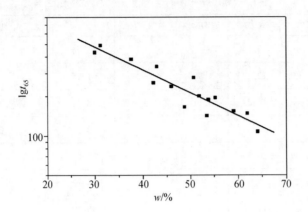

图 7 – 15　改性双基火药贮存时间与硝酸酯基 O – NO₂ 含量的关系

表 7 – 17　17 种经验配方硝酸酯含量及安定剂消耗速率

No.	O – NO₂/%	95℃安定剂消耗 1%时间/天	85℃安定剂消耗 1%时间/天	75℃安定剂消耗 1%时间/天	65℃安定剂消耗 1%时间/天
LH – 1	56.15503	5.46	14.37	82.61	291.2
LH – 2	51.14051	5.21	16.5	84.88	274.97
LH – 5	39.77354	7.51	18.24	96.02	316.23
LH – 8	51.48308	—	28.82	140.72	—
LH – 9	51.31855	5.78	17.7	73.96	347.62
LH – 10	50.96248	4.96	15.5	62.55	235.32
LH – 11	50.78444	3.36	16	48.01	202.55
LH – 12	49.40066	4.94	22.47	80.61	279.52
LH – 13	47.77949	5.14	25.57	92.36	316.45
LH – 14	50.42836	4.97	22.75	70.63	321.95
LH – 15	50.42836	5.1	27.04	92.76	—
LH – 16	50.42836	4.92	23.63	94.12	360.36
LH – 17	61.09024	6.87	18.19	69.96	355.42
LH – 18	62.49414	4.58	18.64	61.43	279.86
LH – 19	65.08350	4.1	12.77	57.79	262.95
LH – 20	62.16283	3.91	19.6	67.4	396.83
LH – 21	61.85953	3.24	17.11	56.45	—

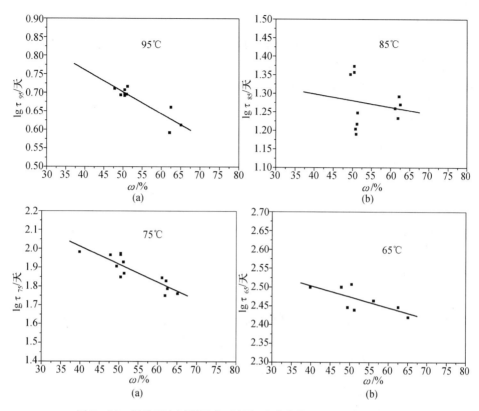

图 7 - 16 经验配方试样贮存时间与硝酸酯基 O - NO$_2$ 含量的关系

从图 7 - 16 可看出, 95℃、75℃ 和 65℃ 下硝酸酯基含量与贮存时间的对数存在一定的线性关系, 从而验证了硝酸酯基总含量是影响火药贮存安定性的关键因素, O - NO$_2$ 含量越高, 安定性越差, 安定剂消耗反应速率越快, 贮存寿命越短。

从上述根据不同温度、不同原料配比下的老化曲线可看出, 影响推进剂中安定剂含量变化的主要因素有温度、硝酸酯基含量、安定剂初始含量。同时测得每个老化温度下、不同时间的 C$_2$ 含量, 经对高温下的老化数据进行拟合, 获得了推进剂不同温度下贮存过程中安定剂含量与贮存时间关系数学模型:

$$y_{C_2} = c_0 \exp[- h(T) x_N t] \qquad (7 - 21)$$

$$h(T) = a \exp(bT) \qquad (7 - 22)$$

式中: $y_{C_2}(T)$ 为 C$_2$ 在某一温度下贮存 t 时刻后的含量 (%); c_0 为 C$_2$ 初始加入量 (%); $h(T)$ 为推进剂中硝酸酯基分解反应速率的响应函数; t 为贮存时间 (天), x_N 为推进剂中硝酸酯基含量 (%); a、b 为受推进剂添加剂种类及含量影响的修正系数。

由上述可以看出,安定剂及含硝酸酯基的 NC、NG 和 DINA 是决定改性双基推进剂贮存寿命的主要因素。安定剂的消耗量与温度时间有关,其消耗速率变化趋势基本相同,NC、NG 和 DINA 等含硝酸酯基组分的含量越高,安定性越差,安定剂消耗反应速率越快,贮存寿命越短;相同含量的 RDX 和 HMX 对安定剂消耗速率的影响相同,由于 RDX 和 HMX 为结构稳定的环状硝胺化合物,其含量越高,配方中 NG 量相对越少,硝酸酯基含量就相对越少,贮存寿命越长;RDX 含量越高,安定剂消耗速率越慢,贮存寿命越长(LH - 2 配方 65℃除外)。这可能是因为 RDX 为不易发生分解,RDX 含量越高,用来抑制硝酸酯分解的中定剂用量就少,故安定剂消耗的速率越慢,贮存寿命越长;催化剂(Φ - Pb、β - Cu)、铝粉以及增塑剂(DEP、DBP)的加入对安定剂的消耗速率并没有影响,对贮存寿命的影响也相对较小;MgO、Ni 粉和 Al_2O_3 的加入均使安定剂消耗速率变缓,且 MgO 减缓安定剂消耗速率最明显。

为提高改性双基推进剂的贮存寿命,应严格控制硝酸酯原料的安定性质量;推进剂成品的质量指标,特别要严格控制水分的含量。对贮存条件,贮存仓库温度要保持恒定或温度波动小,包装箱要密封防漏、防潮,堆放厚度要适中,既要提高仓库的利用率,又要有利于通风散热,露天暂时存放要加盖防晒防雨篷布等;选择与推进剂品种相匹配的安定剂和适度的含量。

参 考 文 献

[1] 潘统学,衡淑云,陆明芝,等.改性双基推进剂安定性测试方法探索研究[J].火炸药,1987,10(1):10 - 17,24.

[2] Asthana S N, Ghavate R B, Singh H. Effect of high energy materials on the thermal stability and shelf life of CMDB propellants [J]. Journal of Hazardous Materials, 1990, 23(2):235 - 244.

[3] Asthana S N, Divekar C N,Singh H. Studies on thermal stability, autoignition and stabilizer depletion for shelf life of CMDB propellants[J]. Journal of Hazardous Materials, 1989, 21(1),35 - 46.

[4] 张端庆.固体火箭推进剂[M].北京:兵器工业出版社,1991.

[5] 刘继华.火药物理化学性能[M].北京:北京理工大学出版社,1997.

[6] 刑耀国,董可海,沈伟,等.固体火箭发动机使用工程[M].北京:国防工业出版社,2010.

[7] 张续柱.双基火药[M].北京:北京理工大学出版社,1997.

[8] 达纳.固体火箭推进剂技术[M].张德雄,等译.北京:宇航出版社,1997.

[9] McDonald B A. Study of the effects of aging under humidity control on the thermal decomposition of NC/NG/ BTTN/RDX propellants [J]. Propellants, Explosives, Pyrotechnics, 2011, 36(6):576 - 583.

[10] Curtis N J. Isomer distribution of nitro derivatives of diphenylamine in gun propellants:nitrosamine chemistry [J]. Propellants,Explosives,Pyrotechnics, 1990, 15(5):222 - 230.

[11] Chin A, Ellison D S, Poehlein S K, et al. Investigation of the decomposition mechanism and thermal stability of nitrocellulose/nitroglycerine based propellants by electron spin resonance[J]. Propellants, Explosives, Pyrotechnics, 2007, 32(2): 117 – 126.

[12] 李宜敏,张中钦,张远君. 固体火箭发动机原理[M]. 北京:北京航空航天大学出版社,1991.

[13] 安定性、相容性和预估安全贮存寿命热减量法. 中华人民共和国国家军用 标准,GJB 770B – 2005,方法 505. 1.

[14] 预估安全贮存寿命热加速老化法. 中华人民共和国国家军用标准,GJB 770B – 2005,方法 506. 1.

[15] Levy J B. The thermal decomposition of nitrate esters. I. Ethyl nitrate[J]. Journal of the American Chemical Society, 1954, 76(12): 3254 – 3257.

[16] Levy J B. The thermal decomposition of nitrate esters. II. The effect of additives on the thermal decomposition of ethyl nitrate [J]. Journal of the American Chemical Society, 1954,76(14): 3790 – 3793.

[17] 王克秀,李葆萱,吴心平. 固体火箭推进剂及燃烧[M]. 北京:国防工业出版社,1983.

[18] 李葆萱. 固体推进剂性能[M]. 西安:西北工业大学出版社,1990.

[19] Bohn M A, Eisenreich N. Kinetic modelling of the stabilizer consumption and of the consecutive products of the stabilizer in a gun propellant [J]. Propellants, Explosives, Pyrotechnics,1997, 22(3): 125 – 136.

[20] Bellerby J M, Sammour M H. Stabilizer reactions in cast double base rocket propellants. Part I: HPLC Determination of stabilizers and their derivatives in a propellant containing the stabilizer mixture para – nitro – N – methylaniline and 2 – nitrodiphenylamine aged at 80℃ and 90℃[J]. Propellants, Explosives, Pyrotechnics, 1991, 16(5): 235 – 239.

[21] Bellerby J M, Sammour M H. Stabilizer reactions in cast double base rocket propellants. Part II: Formation and subsequent reactions of N – nitroso derivatives of para – nitro – N – methylaniline and 2 – nitrodiphenylamine in mixed – stabilizer propellants aged at 80℃ and 90℃[J]. Propellants, Explosives, Pyrotechnics, 1991, 16(6): 273 – 278.

[22] Bellamy A J,Sammour M H. Stabilizer reactions in cast double base rocket propellants. Part III: Evidence for stabilizer interaction during extraction of propellant for HPLC quantitative analysis [J]. Propellants, Explosives, Pyrotechnics,1993, 18(1): 46 – 50.

[23] Sammour M H. Stabilizer reactions in cast double base rocket propellants. Part IV: A comparison of some potential secondary stabilizers for use with the primary stabilizer 2 – nitrodiphenylamine [J]. Propellants, Explosives, Pyrotechnics, 1993, 18(4): 223 – 229.

[24] Sammour M H. Stabilizer reactions in cast double base rocket propellants. Part V: Prediction of propellant safe life[J]. Propellants, Explosives, Pyrotechnics, 1994, 19(2): 82 – 86.

[25] Sammour M H,Bellamy A J. Stabilizer reactions in cast double base rocket propellants. Part VI: Reactions of propellant stabilizers with the known propellant decomposition products NO_2,HNO_2 and HNO_3[J]. Propellants, Explosives, Pyrotechnics, 1995, 20(3): 126 – 134.

[26] Sammour M H. Stabilizer reactions in cast double base rocket propellants. Part VIII: Characterization of propellant gassing properties during simulated ageing[J]. Propellants,Explosives,Pyrotechnics,1996, 21(5): 276 – 283.

[27] Bellamy A J,Bellerby J M,Sammour M H. Stabilizer reactions in cast double base rocket propellants. Part VII: Effect of lead – based ballistic modifiers on the reactions of propellant stabilizers during simulated aging of cast double base solid propellants [J]. Propellants, Explosives, Pyrotechnics, 1996, 21(2): 85 –

89.

[28] Zhao Fengqi, Heng Shuyun, Hu Rongzu, et al. A study of kinetic behaviours of the effective centralite/sta-
bilizer consumption reaction of propellants using a multi – temperature artificial accelerated ageing test [J].
Journal of Hazardous Materials, 2007, 145(1 –2): 45 –50.

[29] Lussier L S, Gagnon H, Bohn M A. On the chemical reactions of diphenylamine and its derivatives with ni-
trogen dioxide at normal storage temperature conditions [J]. Propellants, Explosives, Pyrotechnics, 2000,
25(3): 117 –125.

[30] 李兆民. 固体火箭发动机使用寿命的确定[J]. 推进技术, 1989, 10(4): 50 –55, 83.

[31] 衡淑云, 韩芳, 张林军, 等. 硝酸酯火药安全贮存寿命的预估方法和结果[J]. 火炸药学报, 2006, 29
(4): 71 –76.

内 容 简 介

　　本书对改性双基推进剂相关性能的计算模拟进行了系统的介绍。全书共分为 7 章,主要介绍了改性双基推进剂的组成、主要性能以及最新研究进展,并重点介绍了改性双基推进剂在能量性能、燃烧性能、特征信号性能、力学性能、热安全性能以及贮存性能方面的理论模型及性能计算模拟方法。

　　本书可供从事改性双基推进剂科研、生产的专业技术人员参考,也可作为高等院校从事相关研究和教学工作的教师及研究生的参考书。

In the book, the calculation simulation of related properties of modified double base propellant is introduced. This book is divided into seven chapters, mainly introduces the composition, main properties and the recent research progress of modified double base propellant. The look also emphatically introduces the theoretical model and performance calculation simulation of the energy properties, combustion properties, signature properties, mechanical properties, thermal safety properties and storage properties of the modified double base propellant.

This book can be used as a reference book for engineers engaged in research and manufacture of modified double base propellant. It also can be used as a reference book for teachers and graduated students who come from universities or institutes and engaged in relevant research and teaching work.